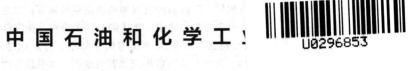

中国石油和化学工!

普通高等教育"十三五"规划教材

无机及分析化学实验

WUJI JI FENXI HUAXUE SHIYAN

第3版

商少明　主编

汪 云　刘 瑛　副主编

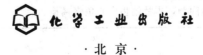

化学工业出版社

·北京·

《无机及分析化学实验》（第 3 版）共两部分内容，一是实验的基本知识与基本操作，包含了器皿的洗涤与干燥，物质的称量与天平，试剂及其取用，溶液的配制与物质的定量转移等；二是具体的实验，包含无机物的提纯、制备、性质及反应原理，有关常数的测定，物质的分离与分析，探究性实验与综合设计实验等四种类型的实验共 53 个。"扩展与链接"中引入相关的国家标准、行业标准简介以及"8S"与"PDCA"管理理念；介绍了相关的新技术、新方法，可以扩充读者的视野。本书最大的亮点是采用了二维码技术，在课程的学习与教材的使用过程中，可以通过扫描二维码，观看实验基本操作以及演示实验的微视频。

《无机及分析化学实验》（第 3 版）适用于高等学校工科类专业，如生物工程、生物技术、食品科学和工程、食品质量与安全、动物科学、化学工程与工艺、轻化工程、高分子材料与工程、环境工程、制药工程，以及农、林、医等专业，也可用于网络教育相关专业的教学使用。本书还可作为公司、企业的产品检测方法的研发、应用的技术人员的参考书，以及为企业标准的制订提供参考。

图书在版编目（CIP）数据

无机及分析化学实验/商少明主编. —3 版. —北京：
化学工业出版社，2019.2（2024.7重印）
中国石油和化学工业优秀教材
普通高等教育"十三五"规划教材
ISBN 978-7-122-33471-8

Ⅰ. ①无…　Ⅱ. ①商…　Ⅲ. ①无机化学-化学实验-高等学校-教材②分析化学-化学实验-高等学校-教材
Ⅳ. ①O61-33②O65-33

中国版本图书馆 CIP 数据核字（2018）第 286629 号

责任编辑：刘俊之　　　　　　　　　　　装帧设计：韩　飞
责任校对：王鹏飞

出版发行：化学工业出版社（北京市东城区青年湖南街 13 号　邮政编码 100011）
印　　刷：北京云浩印刷有限责任公司
装　　订：三河市振勇印装有限公司
787mm×1092mm　1/16　印张 13½　字数 347 千字　2024 年 7 月北京第 3 版第 6 次印刷

购书咨询：010-64518888　　　　　　　售后服务：010-64518899
网　　址：http://www.cip.com.cn
凡购买本书，如有缺损质量问题，本社销售中心负责调换。

定　　价：37.00 元　　　　　　　　　　　　　　　　版权所有　违者必究

前　言

由商少明主编的《无机及分析化学实验》（第 2 版）出版以来，得到了兄弟高校同行的关心与支持，并提出了宝贵的改进意见；本校师生在使用过程中也提出了批评与建议。本次再版已经得到"十三五"规划教材的立项，使我们更有信心与责任，尽最大努力将教材修订好。

《无机及分析化学实验》第 3 版的变动主要有以下几个方面。

1. 本书附有 45 个实验基本操作及演示实验的微视频。为了便于查找与使用，列在目录里。阅读、预习或课后，可以根据需要，扫描书中所附的二维码，观看相关的微视频。

2. 为了方便查找，"扩展与链接"也列在目录里。

3. 第 2 章内容的调整主要有三部分：

（1）原溶液配制、容量瓶定容以及滴定的搅拌、摇匀等内容分别调整至相关操作单元。

（2）原"一般化学实验中的固液分离"拆分为"一般化学实验中的倾滗法与粗过滤""一般化学实验中的减压过滤与真空泵""离心机与离心分离"等三部分；原"定量分析中的固液分离与称量分析法"拆分为"定量分析中的常压过滤与称量分析法"以及"定量分析中的减压过滤"等两部分。

（3）原"容量瓶，移液管与吸量管的使用"拆分为"容量瓶与物质的定量转移"以及"吸量管与移液管及其使用"。原"物质的定量转移""容量瓶的摇匀"均调整至相关部分。

4. 第 3 章中补充了"酸碱解离平衡"实验。

5. 第 5 章的实验调整主要有三部分：

（1）将原来的"酸碱标准溶液的配制与比较"中，配制的内容移至"滴定分析基本操作练习"，并更名为"酸碱标准溶液的配制与滴定分析基本操作练习"。

（2）考虑到实验教学安排以及学生预习的方便，将原来的"醋酸溶液中 HAc 含量的测定""工业纯碱中总碱量的测定""硫酸铜中铜含量的测定""钙盐中钙含量的测定""水的总硬度的测定"以及"铅、铋混合液中 Pb^{2+}、Bi^{3+} 的连续滴定"中标准溶液的配制及标定，与测定实验分开。

（3）删除了四个定性分析实验。

6. 原第 6 章"综合实验和设计实验"更名为"探究性与综合设计实验"。

参与第三版修订及微视频制作工作的有：江南大学无机及分析化学教学团队的商少明、刘瑛、汪云、朱振中、沈晓东、傅成武、李玲、宋健、孙芳、董伟、胥月兵、杜立永、沈洁、王婵，无机及分析化学实验室的陈小萍、康秀英、许春华、熊万兵以及化学与材料工程学院分析测试中心的虞学俊、吴秀明、陈新、苗红艳、刘静、刘俊康以及专业教学实验室的顾丹等。全书编写、审稿责任人商少明、汪云、刘瑛，由商少明统稿。

本书修订过程中，得到了江南大学各级领导的关心与支持，同时参考了大量兄弟高校同名教材与其他相关教材，在此一并表示最衷心的感谢！

由于编者水平有限，疏漏在所难免，敬请读者批评指正。

编者

2018 年 8 月于江南大学

第一版编写说明

本书是根据教学需要，配合无锡轻工大学与大连轻工业学院合编的《无机及分析化学》而编写的。

80年代初，无锡轻工大学开始试行"无机及分析化学"课程的改革，至今已有十多年了。所用的实验讲义经过十多年教学实践，已三次修订。这次编写在原讲义的基础上作了较大的调整和充实。在编写过程中，着重注意了以下几点：

一、本书编写以工科化学课程教学指导委员会1993年修订的"无机化学课程教学基本要求"和"分析化学课程教学基本要求"为依据，从相关专业培养目标实际需要出发，兼顾一定的适用面，突出重点，保证基础。

二、随着教学改革的深入，"无机及分析化学实验"已单独设课。因此，本书在编写时，既注意与《无机及分析化学》教材的配合与互补，同时又尽量注意实验课程和教材自身的系统性与相对独立性。

三、本书共十章，着重围绕以下四个方面进行教学：1. 化学实验基本常识的学习；2. 基本操作和基本技能的训练；3. 无机及分析化学基础知识和基本理论的验证；4. 综合运用能力的培养和训练。

四、本书注意引入适当比例的具有一定难度和实用意义的综合实验，并且引入一部分反映科研成果的具有一定水平的设计性实验，配置了计算机应用实验，使教材体现了一定的先进性。

本书共编入实验55个。可适用于高等工科院校生物工程、大食品类、精细化工、造纸、塑料加工等各专业，也可适用于其他各相近专业。

为达到教学基本要求，实验总学时应不少于110学时，选做实验约26～30个。

本书由陈烨璞任主编，杨丽萍、商少明任副主编。参加编写的有无锡轻工大学宋云翔（第4章以及实验55）、汪纪三（第8章中实验15～36）、商少明（第3章、第5章以及实验54）、倪静安（第1章、第2章）、陈烨璞（第10章中实验46～53）、大连轻工业学院杨丽萍（实验10～14）、张敬乾（实验5～9、34、39、40、45）、李英华（实验1、2、3、41）、翟滨（实验4、42、43）、尹军英（实验37、38、44）。全书由陈烨璞、杨丽萍、商少明修改统稿。

本书由北京大学华彤文、刘淑珍、赵凤林、刘铎、刘万祺等老师审阅，他们提出了许多宝贵意见，在此我们谨表示衷心的感谢。

无锡轻工大学刘俊康同志参加了各章微机程序的校验和修改，并参加了部分新实验的试做。大连轻工业学院的于吉震同志参加了部分录入和校对工作，在此一并表示感谢。

由于编者水平有限，错误缺点之处敬请读者批评指正。

编者
1996 年 12 月

第二版前言

《无机及分析化学实验》(陈烨璞主编,杨丽萍、商少明副主编)出版以来,得到了兄弟高校同行的关心与支持。随着课程建设的不断加强,教学实践的体会也不断地加深;结合兄弟高校使用本教材所提出的宝贵意见与建议,我们对《无机及分析化学实验》进行了修订再版。

本次再版的较大亮点是增添了相关章节中的"扩展与链接",重点在于本实验课程的扩充内容(方法与手段)与相关"标准"的窗口。引入一些较新的实验手段,扩展学生的视野,引导学生关注这些实验手段的应用与进展;引入相关的国家标准或行业标准,不仅使学生从低年级起,就了解在许多领域与方面,国家及相关主管部门的标准与规定,在做许多事情时可以引用相关标准,同时引导学生注意教材使用的方法与标准方法的对比,从中发现问题或提出问题;引入"8S"与"PDCA"管理的理念,让学生从一年级开始,就知道什么是8S,什么是PDCA,8S与PDCA与每个实验者以及实验室管理之间的关系,努力学会管理自己、管理实验团队、管理实验室,培养起良好的实验作风与个人素养。

第2版的变动主要有以下几个方面。

1. 将原第1章"无机及分析化学实验的一般知识"、原第3章"实验数据的采集与处理"与原第5章"计算机应用基础"删减修改,归并为第1章"绪论"。

2. 将原第2章"无机及分析化学实验基本操作"与原第4章"常用实验仪器的使用方法"归并为第2章"无机及分析化学实验基本知识与基本操作",并按实验单元编写,如"器皿的洗涤与干燥;物质的称量与天平;试剂及其取用;溶液的配制与物质的定量转移……",每一实验单元又按制备或一般化学实验、分析实验编排。

3. 将原第6章与第7章归并为第3章"无机物的提纯、制备、性质及反应原理"。内容未作大的变动,仅将原第6章中的实验5"从硝酸锌废液中回收硫酸锌"归入"综合实验和设计实验"一章,原第7章中7.2的实验全部归入"物质的分离与分析"一章。

4. 将原第9章"常数的测定"提前至第4章,名称调整为"有关常数的测定",内容基本未变。

5. 原第8章"定量化学分析"改为第5章,名称变为"物质的分离与分析"。原实验34归入"综合实验和设计实验"一章。

6. 原第10章"综合实验和设计实验"相应调整为第6章,名称与内容基本不变,还是根据本门课程的教学要求、专业特点,针对一年级学生所掌握的基础知识、基本操作与基本技能等实际情况,重点以实际应用对象的检测、无机物的制备及检测为主,表征手段主要以所学方法为主。

7. 附录补充完善了有关溶液的配制、相关常数以及常见化合物的相对分子质量等。

参与第2版编写工作的为江南大学无机及分析化学课程组与实验室的部分教师。由商少明担任主编(主要负责第1章、第2章中2.1~2.10,以及第6章的审核、修改),汪云(承担第2章中2.11~2.17、第3章以及附录的审核与修改)、刘瑛(负责第4章、第5章的审核及修改)担任副主编。参与编写的其他教师有:朱振中、沈晓东、傅成武、宋健、孙芳、董伟、陈小萍、康秀英以及许春华。"扩展与链接"未署名的内容由商少明编写。孙芳负责文字及图表处理,全书由商少明统稿。

本书修订过程中,参阅了大量兄弟高校的同名教材与其他相关教材,汲取了许多宝贵的内容与精华,在此一并表示最衷心的感谢!

由于编者水平有限,差错难免,敬请读者批评指正。

编者

2014 年 6 月于江南大学

目 录

第1章 绪论 ··· 1
1.1 课程学习的目的、方法与成绩评定 ······ 1
扩展与链接 "标准""术语"标准简介 ······ 5
1.2 实验室规则、安全与废弃物处理 ······ 6
扩展与链接 8S 与 PDCA 简介、系列安全国
家标准与行业标准简介 ······ 12
1.3 无机及分析化学实验常用器具 ······ 13
扩展与链接 "玻璃仪器"标准简介 ······ 18
1.4 实验误差与有效数字 ······ 19
扩展与链接 "误差""数据处理"标准
简介 ······ 23
1.5 实验信息的采集、处理与结果表示 ······ 23
扩展与链接 "国际单位制""量和单位"
标准简介 ······ 25
1.6 计算机应用基础 ······ 26
扩展与链接 "Origin"软件应用简介 ······ 32

第2章 无机及分析化学实验基本知识与
基本操作 ······ 35
2.1 器皿的洗涤与干燥 ······ 35
微视频 1 器皿的刷洗 ······ 35
微视频 2 容量瓶、移液管的铬酸洗液
润洗 ······ 35
2.2 天平与物质的称量 ······ 37
微视频 3 电子分析天平的外部构造 ······ 37
扩展与链接 "天平"标准简介、电光分析
天平简介 ······ 40
微视频 4 普通电子天平的使用及直接
称量法 ······ 39
微视频 5 定量分析中的固定质量称量法 ··· 39
微视频 6 定量分析中的减量法 ······ 40
2.3 试剂及其取用 ······ 42
扩展与链接 "试剂"标准简介、MOS 试
剂简介 ······ 44
2.4 溶液的配制 ······ 44
微视频 7 盐酸标准溶液的配制 ······ 46
微视频 8 氢氧化钠标准溶液的配制 ······ 46
扩展与链接 "溶液配制"标准简介 ······ 46
2.5 物质的加热、冷却与干燥 ······ 47
微视频 9 酒精灯及其使用 ······ 47
微视频 10 远红外加热炉及其使用 ······ 48

微视频 11 溶液的蒸发加热 ······ 49
微视频 12 试管的加热 ······ 49
微视频 13 水浴加热 ······ 50
微视频 14 干燥器使用 ······ 50
扩展与链接 马弗炉与高温焙烧、固相反应
简介 ······ 52
2.6 混合与搅拌 ······ 52
微视频 15 磁力搅拌器及其使用 ······ 53
扩展与链接 电动搅拌、漩涡混匀、高速
剪切等简介 ······ 54
微视频 16 旋涡混匀器及其使用 ······ 54
2.7 试纸及其使用 ······ 55
微视频 17 使用 pH 试纸检验溶液的酸
碱性 ······ 56
微视频 18 使用试纸检验气体组分 ······ 56
2.8 酸度计及其使用 ······ 56
微视频 19 酸度计及其使用 ······ 58
扩展与链接 "酸度计与电极""缓冲溶液"
"pH 测定"等标准简介 ······ 59
2.9 沉淀、蒸发与结晶 ······ 59
扩展与链接 均相与小体积沉淀法、水热
法简介 ······ 61
2.10 固液分离与称量分析法 ······ 62
微视频 20 一般化学实验中的常压过滤
(倾滗法) ······ 63
微视频 21 一般化学实验中的减压过滤 ······ 66
微视频 22 离心机与离心分离 ······ 66
微视频 23 定量分析中的常压过滤与
洗涤 ······ 67
扩展与链接 "滤纸"标准简介、热过滤简
介、膜分离简介 ······ 71
2.11 试样的采集、溶解与分解 ······ 73
扩展与链接 "采样"标准简介、新型试样
分解法简介 ······ 75
2.12 容量瓶与物质的定量转移 ······ 75
微视频 24 物质的定量转移与容量瓶 ······ 76
扩展与链接 "容量瓶"标准简介 ······ 77
2.13 吸量管与移液管及其使用 ······ 78
微视频 25 移液管及其使用 ······ 78
微视频 26 使用吸量管吸取不同体积
的溶液 ······ 78

扩展与链接 "吸量管"与"移液器"标准简介、
　　　　移液器简介 ……………… 79

2.14 滴定管的使用 ……………………… 80

微视频 27 玻璃旋塞滴定管的涂油与
　　　　检漏 …………………………… 81

微视频 28 旋塞滴定管的润洗与赶气泡 …… 82

微视频 29 旋塞滴定管的操作与滴定
　　　　管的读数 …………………… 82

微视频 30 碱式滴定管的使用 ……………… 83

微视频 31 滴定的操作与滴加方式 ………… 83

扩展与链接 "滴定管"标准简介 ………… 84

2.15 可见光分光光度计及其使用 ……… 84

微视频 32 可见光分光光度计及其使用 …… 86

扩展与链接 "光度计"标准简介 ………… 87

2.16 常用分离与提取方法 ……………… 87

微视频 33 萃取分离 ………………………… 87

微视频 34 柱色谱中层析柱的装柱 ……… 90

微视频 35 柱色谱分离 ……………………… 91

微视频 36 薄层色谱中薄板的制备与
　　　　活化 ………………………… 91

微视频 37 薄层色谱分离 ………………… 91

扩展与链接 超声、微波提取简介 ……… 92

2.17 纯水的制备与检验 ………………… 93

微视频 38 电导率仪及其使用 …………… 96

扩展与链接 "实验室用水"标准简介、超
　　　　纯水器简介 ………………… 96

2.18 气体的制备、净化、干燥与收集 …… 97

第3章 无机物的提纯、制备、性
**　　　　质及反应原理** ……………… 101

实验 1 玻璃管的加工 …………………… 101

实验 2 硫酸铜的提纯 …………………… 102

微视频 39 蒸发浓缩与结晶膜的出现 …… 102

实验 3 硫酸亚铁铵的制备 ……………… 103

实验 4 酸碱解离平衡 …………………… 104

实验 5 缓冲溶液的配制和性质 ………… 106

实验 6 氧化还原反应、电化学 ………… 107

实验 7 卤素的基本性质 ………………… 109

实验 8 氧、硫、氮、磷等元素的主要
　　　　性质 ………………………… 111

实验 9 锡、铅、锑、铋等元素的主要
　　　　性质 ………………………… 116

第4章 有关常数的测定 ……………… 119

实验 10 化学反应速率和化学平衡常数的
　　　　测定 ………………………… 119

实验 11 弱酸解离常数的测定 ………… 123

实验 12 硫酸钙溶度积的测定（离子交

换法） ……………………………… 125

实验 13 邻菲啰啉合铁（Ⅱ）配合物组成
　　　　及稳定常数的测定 ………… 126

实验 14 二氧化碳分子量的测定 ……… 128

第5章 物质的分离与分析 ………… 131

实验 15 分析天平的称量练习 ………… 131

实验 16 酸碱标准溶液的配制与滴定分析
　　　　基本操作练习 ……………… 132

微视频 40 滴定终点的判断与控制之一——酸
　　　　碱滴定（酚酞指示剂）……… 133

实验 17 容量器皿的校正 ……………… 134

扩展与链接 "量器校准"标准简介 …… 136

实验 18 酸碱标准溶液浓度的比较 …… 136

实验 19 氢氧化钠标准溶液浓度的标定 … 137

扩展与链接 邻苯二甲酸氢钾相关标准
　　　　简介 ………………………… 138

实验 20 食用白醋中 HAc 含量的测定 … 138

扩展与链接 醋及醋酸相关标准简介 … 139

实验 21 盐酸标准溶液浓度的标定 …… 140

微视频 41 滴定终点的判断与控制之一——酸
　　　　碱滴定（甲基橙指示剂）…… 140

扩展与链接 无水碳酸钠相关标准简介 … 140

实验 22 工业纯碱中总碱量的测定 …… 141

扩展与链接 总碱度测定标准简介 …… 141

实验 23 碱灰中碱度的测定 …………… 142

扩展与链接 碱度测定相关标准简介 … 142

实验 24 尿素的测定 …………………… 143

扩展与链接 总氮测定相关标准简介 … 143

实验 25 可溶性氯化物中氯含量的测定 … 144

扩展与链接 氯化钠基准试剂及氯化物测
　　　　定相关标准简介 …………… 145

实验 26 氯化钡中钡含量的测定 ……… 145

扩展与链接 工业级、试剂级氯化钡相关
　　　　标准简介 …………………… 146

实验 27 磷肥中水溶磷的测定 ………… 146

扩展与链接 磷肥相关标准简介 ……… 148

实验 28 硫代硫酸钠标准溶液的配制与
　　　　浓度的标定 ………………… 148

扩展与链接 基准试剂碘酸钾标准简介 … 149

实验 29 硫酸铜中铜含量的测定 ……… 149

微视频 42 间接碘量法测定铜含量的滴定控制
　　　　（含有沉淀的体系中判断滴定
　　　　终点）……………………… 150

扩展与链接 硫酸铜相关标准简介 …… 150

实验 30 高锰酸钾标准溶液的配制与浓度
　　　　的标定 …………………… 150

扩展与链接　基准试剂草酸钠标准简介 …… 151
实验 31　钙盐中钙含量的测定 ………… 151
微视频 43　高锰酸钾法间接测定钙含量的
　　　　　滴定控制 ………………… 152
扩展与链接　碳酸钙及其测定相关标准
　　　　　简介 …………………… 153
实验 32　苯酚的测定 …………………… 153
实验 33　EDTA 标准溶液的配制与浓度
　　　　的标定（一） ……………… 154
微视频 44　滴定分析终点的判断与控制之
　　　　　二——配位滴定（铬黑 T 指
　　　　　示剂） ……………………… 155
扩展与链接　基准试剂碳酸钙标准简介 …… 156
实验 34　水的总硬度的测定 …………… 156
扩展与链接　镁及水的硬度测定相关标准
　　　　　简介 …………………… 157
实验 35　EDTA 标准溶液的配制与浓度的
　　　　标定（二） ……………… 157
扩展与链接　基准试剂氧化锌标准简介 …… 158
实验 36　铅、铋混合液中 Pb^{2+}、Bi^{3+} 的连
　　　　续滴定 …………………… 158
实验 37　陈醋的电势滴定 ……………… 159
微视频 45　简易电势滴定装置及其
　　　　　使用 …………………… 160
扩展与链接　电位滴定及酿造食醋相关标
　　　　　准简介 ………………… 161
实验 38　磺基水杨酸法测定铁的含量 …… 161
扩展与链接　铁含量测定相关标准简介 …… 162
实验 39　天然水中亚硝酸盐氮的测定
　　　　（盐酸-α 萘胺分光光度法） …… 162
扩展与链接　水中亚硝酸盐测定标准
　　　　　简介 …………………… 164
实验 40　$Cr_2O_7^{2-}$、MnO_4^- 混合溶液的分
　　　　光光度分析 ……………… 164
实验 41　钴和铁的离子交换色谱分离与
　　　　测定 …………………… 165

第 6 章　探究性与综合设计实验 ……… 168
实验 42　从硝酸锌废液中回收硫酸锌 …… 168
实验 43　过氧化钙的制备及含量分析 …… 169

实验 44　硫代硫酸钠的制备和应用 …… 170
实验 45　磁性体法处理含铬废水 …… 173
实验 46　三氯化六氨合钴（Ⅲ）的制备及
　　　　组成的测定 …………… 174
实验 47　纸浆的高锰酸钾值的测定 …… 176
实验 48　Ni^{2+}、Co^{2+}、Fe^{3+} 交换色谱分
　　　　离与测定 …………… 177
实验 49　蘑菇罐头中溶锡量的测定 …… 178
实验 50　活性氧化锌的制备及其部分化学
　　　　指标测定 …………… 180
实验 51　由天青石矿制备高纯碳酸锶及产
　　　　品质量鉴定 …………… 181
实验 52　简单提纯 …………………… 182
实验 53　价态分析 …………………… 182

附录 ……………………………………… 183
附录 1　本实验教材试剂溶液的配制
　　　　方法 …………………… 183
附录 2　常用酸碱缓冲溶液的配制 …… 184
附录 3　常用 pH 标准缓冲溶液 …… 185
附录 4　常用指示剂的配制方法 …… 186
附录 5　常用基准试剂 …………… 187
附录 6　实验室常用洗液 …………… 188
附录 7　常见无机离子的检出方法 …… 188
附录 8　常见化学危险品的分类与性质 …… 190
附录 9　常用酸碱溶液的密度与浓度 …… 190
附录 10　部分无机盐在水中不同温度下的
　　　　溶解度 …………… 191
附录 11　不同温度下水的饱和蒸气压 …… 195
附录 12　常见酸碱溶液的解离常数
　　　　（298.15K） …………… 196
附录 13　常见难溶物的溶度积常数
　　　　（298.15K，离子强度 $I=0$） …… 198
附录 14　常见配合物的稳定常数 …… 198
附录 15　常见电对的标准电极电势 …… 200
附录 16　常见化合物的分子量 …… 203
附录 17　原子量 …………… 205
附录 18　相关网站 …………… 205
参考文献 ……………………………… 207

第1章 绪 论

1.1 课程学习的目的、方法与成绩评定

1.1.1 课程学习的主要目的

"无机及分析化学实验"是生物工程、生物技术、食品科学和工程、食品质量与安全、动物科学、化学工程与工艺、轻化工程、高分子材料与工程、环境工程、制药工程等工科专业的第一门化学实验课程。

"无机及分析化学实验"课程学习的主要目的是：熟练掌握化学实验，特别是无机化学、分析化学的基本操作，掌握基本的实验方法，正确使用无机及分析化学实验中的常见仪器；学会测定实验数据并加以正确地处理和概括；通过仔细观察实验现象，直接获取化学感性知识，巩固和加深对课堂中所获得知识的理解，为理论联系实际提供具体的条件；培养严谨的科学态度和良好的工作作风，以及发现问题、分析问题与解决问题的能力；初步掌握科学研究的基本方法，为学习后续课程以及将来进一步深造或参加生产实际、科学研究打下良好的基础。

1.1.2 课程学习的基本方法

要达到上述目的，必须有正确的学习态度和学习方法。"无机及分析化学实验"的学习方法，大致可从预习与预习报告、实验与实验报告等两方面来掌握。

(1) 预习与预习报告

为了使实验能够获得良好的效果，实验前必须进行充分的预习。预习的内容包括：

① 明确实验的目的和要求，理解实验的基本原理；明了实验的主要内容、所需物品、基本步骤、注意事项以及做好实验的关键；认真思考实验前应准备的相关问题，并通过相互讨论或查阅相关参考书，从理论上加以解决；通过网络或直接查阅有关教材、参考书或手册，获取该实验所需的有关信息，如化学反应方程式、溶解度、分子量以及常数等。

需要说明的是，由于大多数院校此门实验课为独立设课，实验内容的编排或具体安排与"无机及分析化学"课程内容不一定同步。因此，实验预习时，有些实验原理的理解需要自行阅读《无机及分析化学》教材的相关内容或查阅有关资料或参考书获得帮助。

② 根据具体的实验类型，阅读本教材第1章中的相关内容，特别是预习报告与实验报告的格式、安全与废弃物处理、误差与有效数字以及数据处理的要求；根据实验内容所涉及的基本操作，阅读本教材第2章中相关内容。需要的话可以通过扫描本书或有关参考书的二维码，观看实验操作或演示实验的微视频。

在以上预习的基础上完成实验预习报告的撰写。

有条件的学校，可以通过网上实验预习系统完成预习报告的填写与输出，并进行近仿真或虚拟实验；也可以扫描教材或参考书相关的实验演示、讲解的二维码，通过微视频辅助预习。

实验前未预习者不准进行实验。

所谓的实验预习报告，就是没有填写实验现象、实验数据与相关处理、实验讨论的实验

报告框架。实验预习报告不是简单填写相关项目，以及将教材中的相关内容抄写到实验记录本上。对于不同类型的实验，实验预习报告的内容及格式有所不同。每个实验的报告最好均从实验记录本的左面开始。

实验预习报告编写的基本原则是，信息完整、简洁明了。所谓信息完整，是指该实验报告所需的信息，包含基本信息与其他必要信息。实验基本信息包含实验序号、名称、日期，对于某些实验还应注明气温、气压或合作者；其他必要信息包含实验原理、实验内容及步骤、实验结果及处理。简洁明了是指文字简单，但能说明问题。实验原理是在理解教材上所述原理的基础上，尽量用自己的语言文字来表达；实验步骤尽可能用流程图或框图、箭头等符号表示，原则是自己与别人均能看得懂；实验现象、解释及结论，以及实验数据与处理应留有足够的空间，以便实验中填写；实验结果应尽量采用表格化的报告形式，预先绘制好表格。

此外，预习报告的最后一项为实验讨论。实验讨论是非常重要的环节，在学习阶段要努力学会。对于方法原理、相关问题的讨论，既可以在预习时完成，也可以做完实验后，根据自己的理解或体会填写。

以下列举几种类型实验的预习报告基本格式予以分别说明，仅供参考。

① 制备与提纯实验

实验＿＿＿＿＿＿　硫酸亚铁铵的制备

日期：

一、实验目的

（预习时填写）

二、实验原理

（预习时填写，应包含制备方法、主要化学反应式、反应条件；若是提纯实验，应包含提纯的方法，依据的化学反应或物理性质、相应的条件等）

三、实验步骤

（预习时填写）

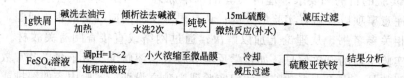

四、实验现象及处理

（应留有一定的空间，实验中填写）

五、结果报告

（大部分在实验中填写，理论产量应在预习时计算出来，并列出相应的计算公式；若是提纯实验，理论产量、实际产量及产率分别改为原料质量、产品质量以及得率）

产品外观、色泽＿＿＿＿＿＿＿＿＿＿＿＿＿＿＿＿＿；

理论产量＿＿＿＿＿＿＿＿＿＿＿＿＿＿＿＿＿＿＿；

实际产量＿＿＿＿＿＿＿＿＿＿＿＿＿＿＿＿＿＿＿；

产率＿＿＿＿＿＿＿＿＿＿＿＿＿＿＿＿＿＿＿＿＿；

纯度检验结果＿＿＿＿＿＿＿＿＿＿＿＿＿＿＿＿。

六、问题讨论

（可以是每个实验所附思考题，也可以是对实验结果的讨论，或实验的心得体会。部分

在预习时，部分在实验后完成）

② 性质与分离鉴定实验

实验_____ 卤素的基本性质

日期：

一、实验目的

（预习时填写）

二、实验内容、步骤与结果报告

（由于实验所涉及元素及其主要化合物的性质，以及相应的化学反应方程式在这部分的相关栏目中填写，故实验原理不必单列）

1. 卤素的基本性质

（本表格最好跨实验记录本左右两面，使之具有较大的书写及记录空间，预习时绘制好，除现象、解释及结论外，其他在预习时填写好）

项 目	步 骤	现 象	反应方程式	解释及结论
(1)卤化氢还原性的比较	(1)…… (2)…… (3)……			
(2)次氯酸的氧化性	(1)…… (2)……			
……				

2. Cl^-、Br^-、I^- 混合物的分离与鉴定

（分离鉴定实验一般均采用流程图或框图方式报告实验结果。流程图预习时绘制好，现象及结论在实验中填写。根据分离与鉴定的内容，流程图同样最好跨实验记录本左右两面）

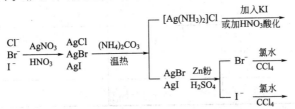

主要的化学反应方程式（预习时填写）：

三、问题讨论

（同制备实验要求）

③ 标定与测定实验

实验_____ NaOH 标准溶液浓度的标定

日期：

一、实验目的

（预习时填写）

二、实验原理

（预习时填写，对于标定实验，应包含基准物、滴定反应、指示剂、计算公式及摩尔质量等基本信息；若是含量测定实验，应包含有滴定剂浓度的信息）

基准物：邻苯二甲酸氢钾

滴定反应：$KHC_8H_4O_4 + NaOH \rightleftharpoons KNaC_8H_4O_4 + H_2O$

指示剂：酚酞

计算公式：

$$c_{NaOH} = \frac{m_{邻苯二甲酸氢钾}}{M_{邻苯二甲酸氢钾}V_{NaOH}}, 其中 M_{邻苯二甲酸氢钾} = 204.2$$

三、实验步骤

（预习时填写）

准确称取 $KHC_8H_4O_4$ 0.8~1.2g 于锥形瓶中（3份）→50mL H_2O →温热、溶解→冷却→2滴酚酞→NaOH 溶液滴定至微红，30s 不褪色→平行测定三次，记录数据并计算。

四、数据记录与处理

（预习时绘制好，并留有足够的空间，以便增加次数时的记录；实验中填写）

实验序号		1	2	3	
$m_{邻苯二甲酸氢钾}$/g					
V_{NaOH}/mL	始读数				
	终读数				
	净读数				

五、结果报告

（预习时绘制好表格，只需留有三份数据的空间，实验中填写）

实验次数	1	2	3
$m_{邻苯二甲酸氢钾}$/g			
V_{NaOH}/mL			
c_{NaOH}/mol/L			
平均值[①]/mol/L			
相对相差[②]/%			

① 无论是平均值，还是相对相差，均应注明是哪两份结果的平均值或相对相差；

② 对于初学者，操作训练的初级阶段常会出现一些未能注意到的过失。因此在数据处理时，会采取舍去部分偏离较大的测量值，仅保留最接近的两个测量值，求取它们的相差（$|x_1 - x_2|$）及其平均值 $\bar{x}$，并用**相对相差**衡量测定结果精密度的做法，即相对相差 = $\frac{相差}{\bar{x}} \times 100\%$。严格来说应采用相对平均偏差或相对标准偏差表示（见"精密度与随机误差"）。

六、问题讨论

（同制备实验要求）

其他类型的实验预习报告请参照以上大致样板，以及上述实验预习报告编写的基本原则撰写。

(2) 实验与实验报告

根据预习以及对指导老师讲解的认识，进一步明确实验的目的与要求，并努力做到如下几点。

① 按规定的方法、步骤、试剂用量、实验操作规程以及注意事项进行实验，安全第一。

② 注意实验环境的规范，整洁。从实验柜中只取出实验所需的物品，并按大小、高低以及顺序摆好，尽量做到同一实验台面横看一条线，不同实验台面竖看一条线；除自己配制的溶液外，试剂架上的试剂及溶液或公用物品不要长时间放在自己跟前；定量实验时，滴定台或漏斗架应放置在操作者所处位置，离实验台边缘约 $10\sim15cm$ 的地方；一般实验中可准备好一只废物杯以及一只废液杯，实验结束后再倒到指定的地方，不能随地扔废弃物以及倒溶液，及时清理实验台面，保持清洁、干净。

③ 对于使用实验装置的实验，装置的搭建应符合要求，且尽量搭建美观、稳固。

④ 做实验要努力做到"耐心、细心与匠心"。耐心与细心是做好实验的前提，匠心是做好实验的保障。应努力培养耐心细致的工作作风。努力学会思考，培养发现问题、分析问题与解决问题的能力。

⑤ 要有实事求是的科学态度。观察到的实验现象、实验的原始数据，应如实、详细地记录在实验记录本上，不得记录在纸片上，不得转移、拼凑，不得涂改。当发现观察到的现象和理论不符，或实验数据及结果异常时，先要尊重实验事实，然后加以分析，认真查找原因，再耐心细致地重做实验。但应注意的是，有些实验的重做应征得指导老师的同意，必要时可做对照试验、空白试验或自行设计的试验来核对，直到从中得出正确的结论或结果。

实验过程结束后，对制备与提纯实验，还需完成产率或得率的计算；对于性质与分离鉴定实验，需对相关的实验现象进行解释并作出结论；对标定与测定实验，最后完成平均值、相对相差等的正式计算（在三份数据填入结果报告表前，已初步计算能符合指导老师的要求）。最后进行实验讨论，或对实验现象、实验结果的讨论。后一种讨论的收获甚至大于获得好的实验结果，往往可以指导自己今后既快又好地完成实验，同时又培养了发现问题、分析问题与解决问题的能力。

1.1.3　实验成绩的评定

实验成绩的评定主要由两部分构成，分别为平时成绩与期末考核成绩，分别占 60％与 40％。平时成绩又由预习及预习报告、实验态度与实验操作、实验结果及实验报告三部分构成，分别占 30％、20％、30％＋20％。期末考核成绩分为笔试成绩与操作考核成绩两部分，各占 60％、40％。笔试内容第 1 章占 60％，第 2～5 章各占 10％；现场操作考核为本课程主要的基本操作。

课程学习过程中，还可以注册相关的在线开放实验课程，辅助课程的学习。

扩展与链接　"标准""术语"标准简介

(1)"标准"简介

"GB/T 20000.1—2002 标准化工作指南　第 1 部分：标准化和相关活动的通用词汇" 中对标准的定义是：为了在一定范围内获得最佳秩序，经协商一致制定并由公认机构批准，共同使用的和重复使用的一种规范性文件。

"标准"按内容划分可分为**基础标准**、**术语标准**、**试验标准**、**产品标准**以及**过程标准**、**服务标准**、**接口标准**、**数据待定标准**。前面四类标准与我们关系较为密切。基础标准为具有广泛的适用范围或包含一个特定领域的通用条款的标准。在某领域中基础标准是覆盖面最大的标准，它是该领域中所有标准的共同基础。如"GB/T 6678 化工产品采样总则"就属于此类标准；术语标准是指与术语有关的标准，通常带有定义，有时还附有注、图、示例等。如"GB/T 14666 分析化学术语"就是"术语标准"；试验标准则是指与试验方法有关的标准，有时附有与测试有关的其他条款，例如抽样、统计方法的应用、试验步骤等。例如"GB/T 14827 有机化工产品酸度、碱度的测定方法 容量法"；产品标准则规定产品应满足的要求以确保其适用性的标准。例如"GB 4291 冰晶石"就属于产品标准。

按"标准"制定以及使用的范围划分有**国际标准**（ISO 国际标准）、**区域标准**、**国家标准**（ANSI 美国国家标准、BS 英国国家标准、DIN 德国国家标准、NF 法国国家标准、JIS 日本工业标准、GB 中国国家标准）、**行业标准**、**地方标准**以及**企业标准**。国际标准由国际标准化组织（ISO）理事会审查，ISO 理事会接纳国际标准并由中央秘书处颁布。在中国，国家标准是由国务院标准化行政主管部门制定；行业标准是由国务院有关行政主管部门制定；企业生产的产品若没有国家标准和行业标准的，就应制定企业标准，作为组织生产的依据，并报有关部门备案。企业标准可以高于国家标准或行业标准。企业标准制订时可以引用或参照相关的国家标准或行业标准。在化学试剂、化工产品等相关标准的制订中，"化学分析用标准溶液、制剂及制品的制备""杂质标准溶液的制备""分析试验室用水规格和试验方法""总则""通则""规则"等之类的标准常常被引用（见第 2 章相关扩展与链接中的简介）。

按"标准"的成熟程度不同又划分有**法定标准**、**推荐标准**、**试行标准**、**标准草案**。例如中国的国家标准就分为强制性国标（GB）（即法定标准）和推荐性国标（GB/T）（即推荐标准）。

（2）"GB/T 14666"与"GB/T 6325"简介

"GB/T 14666 分析化学术语" 规定了化学分析、电化学分析、光谱分析、色谱分析、质谱分析、核磁共振波谱分析、数据处理的分析化学术语 525 词条，适用于编写国家标准、行业标准、地方标准、企业标准、技术文件和书刊以及学术交流和业务往来中亦应参照使用。

"GB/T 6325 有机化工产品分析术语" 规定了有机化工产品分析术语，供制订、修订有关标准、编制技术文件及有机产品质量检验文件中使用。

1.2 实验室规则、安全与废弃物处理

1.2.1 实验室工作规则

进入化学实验楼或实验室，必须遵守以下规则。

① 熟记应急电话，熟知应急通道，熟知离自己最近的水龙头与鹅颈龙头，以及紧急洗眼器（见图 1-1）、紧急洗眼冲淋器（见图 1-2）的位置，熟知消防器材的位置及使用，熟知实验室电源总开关、自来水总阀、燃气总阀的位置，熟知相关的应急措施。

② 未经许可，不得随意进入化学实验室；只有认真预习相关实验并写好实验预习报告才能进入相应的实验室；经指导教师同意，方可开始实验；实验过程中必须按注意事项以及操作规程进行实验，要有实事求是的科学态度，以及耐心细致的工作作风。对于探究性实验或综合设计实验以及课余研究计划等等可能有一定风险的实验，应在查阅相关资料、充分讨论的基础上制订出较为规范的标准操作规程（standard operation procedure，简称 SOP）并征得指导老师的同意方可开展实验。

③ 个人保管的实验物品清点时应仔细核对与检查是否缺损，如有缺损及时补齐；平时应妥善保管，如有缺损，应按有关规定进行赔偿；损坏或丢失公用物品要及时报告，按有关规定处理；使用仪器前应先阅读有关说明，了解仪器性能、操作规程和注意事项，经指导教师同意后方可使用；若仪器有异常或出现问题，应及时报告指导老师，不得随意处理。

④ 不得穿拖鞋以及背心、短裤等暴露面积较大的衣物进入实验室做实验，应穿着长袖实验服；不得穿着实验服进入学习区、生活区以及其他实验室以外的公共区域；做实验时，长发者应将头发盘起；应根据实验的情况采取相应的防护措施，如佩戴眼镜或防护镜、防护口罩或面具、乳胶或橡胶手套、棉纱手套、隔热手套等；不得独自一人在化学实验室做任何实验，注

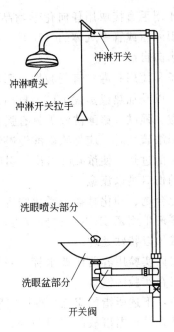

冲淋开关

冲淋喷头

冲淋开关拉手

洗眼喷头部分

洗眼盆部分

开关阀

图 1-1　紧急洗眼器　　　　　　　　　图 1-2　紧急洗眼冲淋器

意实验安全；不得擅自离开岗位，确需短时间离开，应交代他人照管并说明注意事项；若实验中发生意外，应迅速停止实验，按处置预案设法制止事态的扩大，同时立即报告指导老师。

⑤ 服从实验室管理人员的管理；爱护公共财物，注意节约水、电、气及试剂、溶液等；保持实验室内安静、整洁，严禁喧哗；不得将水杯或饮料瓶置于实验区，做到实验室内不吃食物，不抽烟，不进行与实验无关的活动；各种废弃物不得随意丢弃，严禁倒入水槽内，实验结束后分别倒入指定的容器中回收或处理。

⑥ 实验结束后，请指导教师检查数据与分析结果，初步审阅实验报告，凡不符合要求的实验报告必须重做；审查通过后清洗、整理、拆除实验器具与实验装置，公共器具放回指定地点，自己的器具及溶液放回柜中；清理实验台面与试剂架，并将手洗净。值日生做好全室的卫生安全工作，关闭水、电、气阀门，经指导老师检查认可后方可离开实验室。

1.2.2　意外事故及其处置预案

(1) 应急处理所需物品

急救药箱。一般物品：红药水、紫药水、碘酒、止血粉或止血带、烫伤膏、创可贴、医用双氧水（临时稀释）、医用酒精、医用纱布、棉花、棉签、绷带、医用镊子、剪刀。

特殊物品：鱼肝油、凡士林、碳酸氢钠饱和溶液、$30\sim50g/L$ $NaHCO_3$ 溶液、硼酸饱和溶液、$200g/L$ $Na_2S_2O_3$ 溶液、$MgSO_4$ 饱和溶液、$50g/L$ 硫酸铜溶液、$50g/L$ $KMnO_4$ 溶液（试剂备好，现配）。

紧急洗眼器、紧急洗眼冲淋器。

灭火器材：酸碱式、泡沫式、二氧化碳、干粉等灭火器，以及消防沙箱、防火布等。

(2) 中毒、腐蚀与化学物质灼伤

原因：呼吸、皮肤接触与吸收或误吃误喝等。

防护：室温较高，开启具有内塞的挥发性酸碱、有机溶剂试剂瓶时，需放在流水下直立冲淋 $5\sim10min$ 或直立在水中浸泡约 $30min$，然后在通风橱内小心撬开内塞，当没有放气声后再完全打开内塞。

禁止用手直接取用任何化学物品；用移液管或吸量管吸取有毒液体物品时必须用吸耳球；在嗅闻瓶或管中气体的气味时，鼻子不能直接对着瓶口（或管口），而应用手把少量气体轻轻扇向自己。

制备和使用有毒、有刺激性、恶臭的气体，如氮氧化合物、Br_2、Cl_2、H_2S、SO_2、氢氰酸等，以及加热或蒸发 HCl、HNO_3 以及湿法消化试样时，均应在通风橱内进行。

浓酸、强碱、铬酸洗液等具有强烈的腐蚀性，用时不要将其洒在衣服或皮肤上，以防灼伤；稀释浓硫酸时，应将浓硫酸慢慢地注入水中，并不断搅动；切勿将水注入浓硫酸中，以免产生局部过热，使浓硫酸溅出，引起烧伤；溴、氢氟酸等应特别小心防护，被溴、氢氟酸灼伤后的伤口难以痊愈。

汞化合物、砷化合物、氰化物等剧毒物，不得入口或接触到伤口上，氰化物不能加入酸，否则产生剧毒 HCN；这些有毒药品，包括重铬酸钾、钡盐、铅盐等不得倒入下水道，要回收或加以特殊处理。

不得以实验用容器代替水杯、餐具使用，防止化学试剂入口。不得在实验区烧或烤食物；不得在实验区饮食。

应急：下述所指的应急是现场应急处理的预案，后续处理除说明外，由指导老师会同实验室管理人员根据事故的严重与否，与学院、校相关部门，包括 110 或 119、120 等联系。较为严重的，后续处理均需送医院专业处置，并向医生提供伤者尽可能详细的受伤信息。

化学物质灼伤：针对不同化学品，采取相应的处置措施；酸、碱，一般先采用大量水稀释并清洗；若衣物上浸渍了化学品，应及时脱去或剪开。

强酸灼伤：立即用大量水冲洗，然后用碳酸氢钠饱和溶液清洗或擦上碳酸氢钠油膏，再擦上凡士林；若酸溶液溅入眼中或鼻腔，先用大量水由内向外冲洗至少 20min，再用 30～50g/L $NaHCO_3$ 溶液冲洗，最后用清水冲洗，湿纱布覆盖并立即就医。

浓碱灼伤：立即用大量水冲洗，然后用柠檬酸或硼酸饱和溶液洗涤，再擦上凡士林；若碱溶液溅入眼中或鼻腔，先用大量水由内向外冲洗至少 20min，再用硼酸饱和溶液洗，最后用清水冲洗，湿纱布覆盖并立即就医。

溴灼伤：立即用 200g/L $Na_2S_2O_3$ 溶液洗涤伤口，再用清水冲洗干净，并涂敷甘油。

氢氟酸灼伤：立即用大量水冲洗，冰冷的 $MgSO_4$ 饱和溶液或医用酒精浸洗；或用肥皂水或 30～50g/L $NaHCO_3$ 溶液冲洗，并用该溶液浸过的湿纱布湿敷。

磷灼伤：立即用 50g/L $CuSO_4$ 溶液或 $KMnO_4$ 溶液洗涤伤口，并用浸过 $CuSO_4$ 溶液的绷带包扎。

眼内溅入其他化学品：立即请他人用紧急洗眼冲淋器或洗瓶，大量水由内向外小心、彻底冲洗至少 20min，再用湿纱布覆盖眼睛，紧急送医。

毒物入口：若尚在嘴里，应立即吐掉并用大量水漱口；若已误食，确认毒物种类，采取相应的应急措施；绝大部分毒物于四小时内会从胃转移到肠，因此处置的原则是：降低胃中毒物浓度，延缓毒物被人体吸收的速度并保护胃黏膜，紧急就医；对于酸、碱，先大量饮水稀释；除水之外，牛奶、打溶的蛋、面粉及淀粉或土豆泥的悬浮液均可作为药物稀释剂与胃黏膜保护剂；对于致死量较低的毒物，应设法使中毒者呕吐。

吸入刺激性气体：处置原则是，将中毒者立即转移至空气清新且流通之处，解开衣领及纽扣，必要时实施人工呼吸（但不要口对口）并立即送医院。

汞洒落：汞易挥发，应尽量收集干净并置于盛有水的厚壁广口瓶中，盖好瓶盖，然后在可能洒落汞的区域撒一些硫黄粉，最后清扫干净，并集中作固体废物处理，同时加强排风或通风。

（3）着火与触电

着火的主要原因：多数是加热或处置低沸点有机溶剂时操作不当；或是低闪点有机溶剂蒸气接触红热物体表面，如 CS_2 蒸气接触暖气散热片或热灯泡就会着火；或是一些物质，如白磷遇空气自燃；也可能是反应过程中冲料、渗漏、油浴着火；有时是用电不当、超负荷用电、电线老化、电器失控、水浴锅水烧干等等。

触电的主要原因：仪器设备漏电；带电操作；违反规程。

着火防护：严格遵守实验注意事项或操作规程是预防着火、触电很重要的方面。

首先是试剂的存放应符合规定（见后述试剂的存放），特别是有机溶剂，应置于阴凉，带通风设施的铁皮柜中。闪点低的有机溶剂，即使放普通冰箱也能形成着火气氛，易引起爆燃。

开启易挥发、易燃有机试剂瓶时，尤其是夏天，应远离明火；敞口体系不得用明火加热有机溶剂，而应在热浴中加热；含低沸点有机溶剂的反应体系应有尾气冷凝、吸收或排放装置，并尽可能在通风橱或通风良好的环境中进行；严禁将有机溶剂倒入敞口废液缸或下水道。

不得在烘箱内存放、烘焙有机物；碱金属严禁与水接触；白磷等物质应避免暴露在空气中。

物质在含氧 25％大气中燃烧时所需温度降低，燃烧剧烈，故使用氧气钢瓶时，不要让氧气大量溢入实验室。

若实验确实需要使用酒精灯，应随用随点，不用时盖上灯罩；不要用已点燃的酒精灯去点燃另外的酒精灯，以免酒精流出而失火；使用燃气灯时，应先点火，再开气，实验结束或燃气供应临时中断时，应立即关闭阀门；如遇燃气泄漏，应停止实验，进行检查；在点燃的火焰旁，不得放置各种易燃品（如抹布、毛巾以及易燃有机试剂等）。

热浴设备、烘箱及其他干燥设备严禁开机过夜；无论是否采用插线板，均不得超负荷用电，以及乱接乱拉；严禁使用不匹配的插头、插座以及保险丝或采用铜丝替代。

触电防护：一切电器设备在使用前，应检查是否漏电，人体或手能接触到的导线、插头、接头等是否有裸露；使用时应先接好线路再插上电源，不能用潮湿的手接触电器，一般仪器出现问题时应先关闭开关，拔去插头再检修；实验结束后，必须先切断电源，再拆线路；供电设施及用电设备故障必须报修。

着火应急：应尽快切断电源或燃气源，移走易燃药品。容器内局部小火，可用表面皿等盖灭；小范围着火时用湿抹布覆盖或消火沙灭火。

当身上衣服着火时，切勿惊慌乱跑，应赶快脱下衣服，或就地卧倒翻滚，或用防火布覆盖着火处，若火势较大，可就近用水龙头扑灭。

对于初期火灾，非油类及切断电路的电器失火，可采用酸碱灭火器扑灭；油类、苯、香蕉水等有机物，可用泡沫或干粉灭火器扑灭；碱金属、电石等遇水燃烧的物质，只能采用干燥的消火沙扑灭；精密仪器及图书、文件着火，应使用 CO_2 灭火器扑灭，但手不能握在喇叭筒上，避免手被冻伤，灭火后及时通风；电气设备着火，可使用 CO_2 或干粉灭火器扑灭；可燃性气体燃烧，采用干粉灭火器扑灭。

若火势较大，着火范围较广，在立即组织灭火的同时及时报警，请求救援。

触电应急：立即切断电源；必要时进行人工呼吸或体外心脏按压。

（4）暴沸、爆溅与烫伤

暴沸或爆溅的主要原因：

① 高盐分、高浓度、高黏度溶液的加热，特别是量较大时；

② 受热不均、升温过快或加热过猛、没有搅拌、有沉淀物且没搅拌；

③ 蒸发结晶后期突然搅动溶液。

烫伤的可能原因是：

① 烧熔和加工玻璃制品时；

② 触碰高温物体；

③ 暴沸或爆溅出的高热液体或高热晶体浆料；

④ 火焰或爆燃；

⑤ 碰翻加热的液体。

严格遵守实验注意事项或操作规程也是预防暴沸、爆溅很重要的方面。

暴沸、爆溅防护：适合于搅拌的反应体系应加强搅拌；不适于搅拌的反应体系可放置沸石或小玻璃珠；均匀加热（试管加热，空气浴、水浴、油浴等热浴）；控制升温速率；结晶蒸发过程一般勿搅动，控制好火力。

烫伤防护：胆大心细，时刻提醒自己，不能开小差；加热试管时，不要将试管口指向自己或别人，也不要俯视正在加热的液体；装置、燃气灯以及加热的溶液不要太靠近实验台边缘。

应急：较为严重的暴沸、爆溅主要造成化学灼伤以及烫伤，甚至可能附带割伤等综合性损伤。

若没有割伤，应急处置一般是用大量水冲洗 10～20min，稀释降温；不严重的话可涂抹烫伤膏或鱼肝油；较为严重的，不得挑破水泡、撕去粘连的衣物以及涂抹或服用任何物品，应用冷水毛巾敷或纱布覆盖，包扎并迅速送医院处置。

若伴有割伤，按下述割伤处置方法处理。

(5) 爆炸与割伤、砸伤

爆炸的可能原因是：

① 某些化学品（氧化剂与还原剂，强氧化剂与有机物）混合；

② 密闭体系进行蒸馏、回流等加热操作；

③ 加压或减压操作未使用耐压器具，或钢瓶减压阀失灵；

④ 反应过于激烈失控；

⑤ 易燃、易爆气体泄漏；

⑥ 本身易爆（高氯酸、苦味酸、有机过氧化物、三硝基苯等）。

割伤、砸伤的主要原因：

① 切割玻璃管或向软木塞、橡皮塞中插入温度计、玻璃管；

② 安装或拆卸装置或处置一些玻璃器具时；

③ 打破玻璃器具时的玻璃碎片；

④ 使用破损的玻璃器具；

⑤ 爆炸时的锋利碎片或重物；

⑥ 使用工具不慎。

严格遵守实验注意事项或操作规程同样是预防爆炸很重要的方面。严禁在易爆区域使用明火加热，或吸烟。

爆炸防护：不得随便将两种物质混合，特别是取出的化学物品不得随意倒回储备瓶或倒入废物、废液缸；对一些物质的混合应注意安全，避免摩擦与发热；易爆气体的连接管、接口等注意用肥皂水检漏。

对于反应较为激烈的体系，应严格控制加料速度，若有气体产生，特别是易爆气体产生，且发热强烈，可以采取玻璃反应容器外壁用冷水强制冷却，同时缓慢、小心搅动，使体系迅速降温，反应减缓；在使用、制备易爆气体时应在通风橱内进行，且不得在附近使用明火。

一些强氧化性物质遇有机物易发生爆炸，应特别小心。如浓、热的高氯酸遇有机物易发生爆炸，若试样为有机物，应先加浓硝酸将其破坏，再加入高氯酸则相对安全。

做高压或减压实验时，应使用防护屏或佩戴防护面罩；不得敲打、撞击以及随意更换钢瓶表头，不得让钢瓶在地上滚动；钢瓶应放置在钢瓶柜内，易燃、易爆气体钢瓶不得放置在实验室内。

对于危险性较大的实验，如高压反应、使用笑气为助燃气的某些实验，应在防爆实验室内进行。

割伤、砸伤防护：切割玻璃管时应戴双层棉纱手套；切割好的玻璃管口应在火焰中烧圆或烧圆后在耐火板上稍按平。

软木塞或橡皮塞打孔时，孔径与玻璃管或温度计的粗细应吻合，安装时，玻璃管壁上可以沾些水或甘油，或肥皂水等润滑剂润湿，用布包着用力部位或戴双层棉纱手套，轻轻、小心旋入。

破损的玻璃器具不要使用；处置玻璃器具，如瓶盖打不开，连接口无法分开，或旋塞卡死等，最好在指导老师或实验室老师的指导下，戴双层棉纱手套完成。

安装或拆卸装置时不要用力过猛，对连接口不是很圆滑的更应注意，橡皮管或乳胶管与玻璃连接时同样可以采用水、甘油等润滑后再小心连接。

爆炸应急：根据爆炸以及受伤严重程度的不同，可能需要清理表面、止血、包扎、固定等现场处理，相对来说需要较为专业的训练，具体的操作可以参阅或观看红十字会有关这方面的培训资料或视频（学驾驶的人员一般均有）；处置的基本原则是，先救命后治伤，如同时出现大出血与骨折，应先止血，后紧急送医院进行其他处置；当爆炸发生后，应迅速疏散未受伤人员，及时报警，并立即组织抢救。

割伤、砸伤应急：基本处置原则是：清理伤口或受伤部位，止血或消肿，包扎或固定。

若割伤不是很严重，先取出伤口处的各种异物，用水清洗，挤出点血，用消毒棉签揩净，然后涂上红药水（或紫药水），必要时撒上消炎粉并包扎；若伤口较小，清理干净后直接贴上创可贴。

若割伤严重，伤口有较大的异物，应根据异物状况采用特殊包扎法包扎；若伤口大出血，应让伤者平躺并抬高出血部位，压住附近的动脉，使用止血粉或止血带或乳胶管（后两种止血方式注意每隔 50min 放松 5min），或用大于伤口且厚度足够的纱布压迫伤口，加压包扎并紧急送医。

若砸伤严重，有骨折，一般采用夹板包扎固定法，同呼叫 120，送医救治。

若眼睛内进入异物，千万不要揉搓，由他人翻开眼睑，用棉签小心取出异物并滴入几滴鱼肝油；若是进入玻璃屑，尽量不要转动眼睛，绝不能揉搓，也不要请他人取出，用纱布轻轻包住并迅速送医院。

1.2.3　实验废弃物的处理

目前，高校化学或近化学类实验室"三废"的处理已逐步实现集中收集，统一处理。废气一般通过吸风罩或通风橱，将废气相对集中，经吸附、吸收、氧化、分解等装置处理后高空排放；废液与固体废弃物一般采取分类回收，集中处理；只有一些特殊的废弃物需要在实验室进行预处理。

作为实验工作者，凡是涉及有毒、有害以及易燃、易爆气体实验的操作，均应在通风橱中进行，吸风罩的效果相对差于通风橱；实验过程中的废液，包括废有机溶剂，均不得随意倒入下水道，应分类倒入相应的回收瓶或回收桶中；实验中的固体废弃物不能与一般垃圾相混，也应分类置于相应的回收桶中；破损的玻璃器皿应放置于专门的收集箱中。

　　废的铬酸洗液，一般采取再生重复使用的处理办法，将废液在 $110\sim130℃$ 下加热搅拌浓缩，除去水分后，冷却至室温，边缓慢加入固体 $KMnO_4$ 边搅拌，直至溶液呈深褐色或微紫色（不要过量），然后加热至有 SO_3 产生，停止加热；稍冷后用玻璃砂芯漏斗过滤，除去沉淀；滤液冷却后析出红色 CrO_3 沉淀，再加入适量浓 H_2SO_4 使其溶解后即可使用。

　　对于汞单质，为了减少其蒸发，可以覆盖化学液体，如甘油、5％的 Na_2S 溶液、水，其中甘油的效果相对最好，若是含汞废液，则采用硫化物共沉淀法，先将废液调至 $pH=8\sim10$，然后加入过量的 Na_2S 以及适量 $FeSO_4$，使之与过量的 Na_2S 作用生成 FeS 沉淀，利用硫化物共沉淀除去。

　　含砷废液可采用硫化物沉淀法以及氢氧化铁共沉淀法除去。向其中通入 H_2S 或加入 Na_2S，使之形成硫化砷沉淀；也可在含砷废液中加入铁盐，并加入石灰乳使溶液呈碱性，产生氢氧化铁共沉淀。

　　含氰化物的废液同样有两种处理方法，分别为铁蓝法以及氯碱法。向含有氰化物的废液中加入硫酸亚铁，使其变成氰化亚铁沉淀除去；或将废液调节成碱性后，通入氯气或次氯酸钠，使氰化物分解成二氧化碳和氮气而除去。

　　对于尚未实行集中收集、统一处理的学校，实验室废气应采用一定的方式吸附或吸收，或分解等处理后再高空排放；对于有机废液，尽量回收处理，其他废液可参照上述方式处理；固体废弃物一般应简单处理后再深埋。

扩展与链接　8S 与 PDCA 简介、系列安全国家标准与行业标准简介

(1) 8S 与 PDCA 简介

　　8S 是现代企业管理最基本的八项，因其古罗马发音均以"S"开头，故简称为 8S。分别为安全（safety）、素养（shtsuke）、学习（study）、整理（seiri）、整顿（seiton）、清扫（seiso）、清洁（setketsu）、节约（save）。

　　"安全"：做任何一件事，安全第一！制订正确的作业规程，签订安全责任书，配置监督人员，加强安全意识教育，发现安全隐患及时举报。

　　"素养"：人人依规定行事，从心态上养成好习惯。

　　"学习"：不断地向实践和书本学习，向同事及上级主管学习，取他人之长完善自己，提升综合素质。

　　"整理"：区分要用和不要用的，不用的清除掉。

　　"整顿"：要用的东西按规定定位、定量摆放整齐，明确标示。

　　"清扫"：清除工作场所内的脏污，并防止污染的发生。

　　"清洁"：将"整理"、"整顿"、"清扫"实施的做法制度化，规范化，并维持成果。

　　"节约"：减少企业的人力、成本、空间、时间、库存与物料消耗。

　　8S 管理法的目的，是使企业在现场管理的基础上，通过创建学习型组织，不断提升企业文化的素养，消除安全隐患、节约成本和时间，使企业在激烈的竞争中永远立于不败之地。实验室管理也是如此，每一位实验者或操作者作为实验室的一员，必须努力做到 8S，才能将实验工作做好。

　　PDCA 最早是由美国质量统计控制之父 Shewhat（休哈特）提出的 PDS（plan do see）演化而来，由美国质量管理专家戴明改进成为 PDCA 模式，所以又称为"戴明环"或"质量环"。PDCA 是英语单词 plan（计划）、design（原为 do，执行）、check（检查）和 action（处理）的第一个字母。PDCA 循环就是按照这样的顺序进行质量管理，并且循环不止地进行下去，是全面质量管理所应遵循的科学程序。

　　P 的基本职能包含了三部分：目标（goal）、实施计划（plan）与收支预算（budget）。

　　D 是设计方案与具体的运作，实现计划中的内容。

　　C 为 4C 管理，实际上就是过程管理，包含检查（check）、沟通（communicate）、清理（clear）、控制（control）四个方面。

　　A 是总结与完善（2A）。对总结检查的结果进行处理（action）；按照目标要求行事，如改善、提高（aim）。

对于现代企业管理的体系，还有诸如六西格玛（6sigma）管理法等。感兴趣的同学对这些管理体系可以进一步去深入了解。

不管是管理一家企业，一个部门，还是做一个项目，做一件事，基本程序都是一样的。企业需要管理，个人同样需要管理，需要策划，群体才有可能一起提升，项目或产品质量才可能做好。在校期间，每个人都有可能会参与各种活动（协会、社团以及挑战杯、大学生创新计划等），可能会早期介入导师的科研项目，参与各种类型的实践活动（综合设计性实验、生产实习、毕业论文或设计等），这一切都需要进行策划，需要管理。

（2）系列安全国家标准与行业标准简介

"GB 13690 化学品分类和危险性公示　通则" 规定了有关 GHS（联合国《化学品分类及标记全球协调制度》）的化学品分类及其危险公示。该标准适用于化学品分类及其危险公示，适用于化学品生产场所和消费品的标志。

"SY/T 6563 危险化学试剂使用与管理规定" 为石油天然气行业标准。该方法规定了常用危险化学试剂的分类、采购、运输、装卸、储存、使用与管理要求，适用于石油工业化学实验室。

"GB 20576～GB 20602 化学品分类、警示标签和警示性说明　安全规范" 系列国家标准，包含了爆炸物，易燃气体，易燃气溶胶，氧化性气体，压力下气体，易燃液体，易燃固体，自反应物质，自热物质，自燃液体，自燃固体，遇水放出易燃气体的物质，金属腐蚀物，氧化性液体，氧化性固体，有机过氧化物，急性毒性，皮肤腐蚀刺激，严重眼睛损伤眼睛刺激性，呼吸或皮肤过敏，生殖细胞突变性、致癌性，生殖毒性，特异性靶器官系统毒性，一次接触，特异性靶器官系统毒性，反复接触、对水环境的危害等物质或对象等。

"GB/T 3723 工业用化学产品采样安全通则"，对工业用化学产品采样的安全做出了规定，旨在帮助从事采样的操作人员，或指导采样者业务的人员及采样场所的负责人，以确保采样操作的安全。

"GB 21749 教学仪器设备安全要求　玻璃仪器及连接部件" 规定了以玻璃为主要材料的教学仪器设备和连接部件的安全要求和使用安全要求，适用于学校用的以玻璃为主要材料的教学仪器设备和连接部件。该标准仅涉及玻璃仪器及连接部件的安全而不涉及其他特性，如式样和安全以外的其他特性，不适用于医疗机构的玻璃医疗仪器。

"GB 21549 实验室玻璃仪器　玻璃烧器的安全要求" 规定了玻璃烧器的安全技术要求及检验规则，适用于实验室玻璃仪器各种烧器产品。

1.3　无机及分析化学实验常用器具

化学实验仪器大部分是玻璃制品，少部分为其他材质。因为玻璃有较好的化学稳定性、很好的透明度，原料廉价又比较容易得到，此外，玻璃易于被加工成各种形状。在化学实验中，要合理选择和正确使用仪器，才能达到实验目的。下表是无机及分析化学实验中常见的仪器名称、规格、用途及注意事项。

无机及分析化学实验常用仪器

类别	名称及图片	规格、用途及注意事项
容器类	普通试管 （test-tube）	规格：按材质分硬质试管、软质试管和普通试管，有平口、卷口、无刻度、有刻度等几种，以管口外径（mm）×管长（mm）表示 用途：常用作少量试剂的溶解或反应的容器，也可用于收集少量气体、装配小型气体发生器 注意事项：可直接用火加热，加热时应使用试管夹夹持。加热后不能骤冷

类别	名称及图片	规格、用途及注意事项
容器类	离心试管 (centrifugal test-tube)	规格:有尖底离心管、尖底刻度离心管、圆底刻度离心管,以容量(mL)表示 用途:主要用于沉淀分离 注意事项:离心试管只能用水浴加热
	烧杯 (beaker)	规格:有低型、高型、有刻度、无刻度等几种。以容量(mL)表示 用途:做简单化学反应最常用的反应容器,也用作配制溶液时的容器或简易水浴的盛水器。有的烧杯在外壁上有一小区块呈白色或是毛边化,在此区内可以用笔做标记 注意事项:加热时应置于石棉网上,使其受热均匀。刚加热后不能直接置于桌面上,应垫以石棉网
	锥形烧瓶 (conical flask)	规格:以容量(mL)表示 用途:主要用于滴定中溶液反应容器,也可用作其他化学反应、液体收集的容器。还可用于组装洗气瓶。锥形的瓶肚方便液体的均匀振荡。可被用于加热 注意事项:注入的液体最好不超过其容积的1/2,过多容易造成喷溅。加热时使用石棉网(电炉加热除外)。锥形瓶外部要擦干后再加热
	试剂瓶 (regent bottle)	规格:带磨口塞或橡皮塞,有细口、广口、无色、棕色等几种,以容量(mL)表示 用途:分装多种化学试剂。广口瓶用于盛固体试剂,细口瓶盛液体试剂,棕色瓶用于盛避光的试剂 注意事项:不能加热,瓶塞不能互换。碱性试剂用橡胶塞或塑料塞。强氧化剂或有机溶剂要用玻璃塞
	滴瓶 (dropping bottles)	规格:滴瓶瓶口内侧磨砂,与细口瓶类似,瓶盖部分用滴管取代。以容量(mL)表示 用途:用来装使用量很小的液体的容器,大多数在实验室内使用 注意事项:滴瓶上的滴管与滴瓶配套使用。滴瓶上的滴管不要用水冲洗。不可长时间盛放强碱(玻璃塞),不可久置强氧化剂
	称量瓶 (weighing bottle)	规格:带磨口塞的筒形的玻璃瓶,分低型和高型,以外径(mm)×高度(mm)表示 用途:需要准确称取一定量的固体样品时使用 注意事项:不能用火直接加热,盖与瓶是配套的,不能互换

类别	名称及图片	规格、用途及注意事项
容器类	塑料洗瓶 （plastic squeeze bottle）	规格：实验室用于装纯水的容器，配有发射细液流的装置，以容积（mL）表示 用途：主要用于洗涤、配制溶液、定容等操作 注意事项：不可在洗瓶中配制溶液，长时间放置需洗涤干净后才能使用
量器类	量筒、量杯 （measuring cylinder）	规格：以刻度所能量度的最大容量（mL）表示 用途：用于量取要求不太严格的液体体积 注意事项：使用时，要在桌面上放平稳，不能用于加热，不能量热的液体，不能用作反应容器
	容量瓶 （volumetric flask）	规格：以容量（mL）表示 用途：用于配制一定体积、准确浓度的溶液 注意事项：不能在容量瓶里进行溶质的溶解。不能加热。不能长时间储存溶液。瓶塞不能互换。容量瓶用毕及时洗涤干净，塞上瓶塞，并在塞子与瓶口之间夹一条纸条，防止瓶塞与瓶口粘连
	滴定管 （buret）	规格：常用有碱式滴定管和酸式滴定管，以容量（mL）表示 用途：主要用于准确量取一定体积的溶液。酸式滴定管用来盛装酸性和氧化性的溶液，碱式滴定管则相反 注意事项：不能加热及量取热的液体。酸管和碱管不能互换使用。酸管与酸管的玻璃活塞配套使用，不能互换。碱式滴定管的橡皮管若老化应及时更换，滴定管用后应立即洗净，酸式滴定管在旋塞与旋塞槽之间夹一条纸条，防止粘连
	吸管 （pipette）	规格：通常将单标记吸管称为移液管，把具有刻度吸管称为吸量管，以容量（mL）表示 用途：用于准确量取一定体积的溶液 注意事项：不能烘干，不能移取太热或太冷的溶液，同一实验中应尽可能使用同一支移液管。管身标有"吹"字样，需要用洗耳球吹出管口残余液体。如没有"吹"字样，千万不要吹出管口残余。用后应洗净，置于吸管架（板）上，以免沾污

类别	名称及图片	规格、用途及注意事项
量器类	比色管 （colorimeter tube）	规格：有无塞和具塞两种，以容量（mL）表示 用途：用于目视比色分析实验的主要仪器，可用于粗略测量溶液浓度 注意事项：不能加热，同一比色实验中要使用同样规格的比色管，清洗比色管时不能用硬毛刷刷洗，以免磨伤管壁影响透光度，比色时一次只拿两支比色管进行比较且光照条件要相同
其他	表面皿 （watch glass）	规格：以直径（mm）表示 用途：用来盖在蒸发皿、烧杯等容器上，以免溶液溅出或灰尘落入，也可作为称量试剂的容器 注意事项：不能用火直接加热
	干燥器 （desiccantor）	规格：有普通干燥器和真空干燥器两种，以内径（mm）表示 用途：用于保存干燥的物质，或者使热的物质在干燥的环境下冷却 注意事项：搬移干燥器要用双手，大拇指紧按着盖子。打开时，不能往上掀盖，应用左手按住干燥器，右手小心地把盖子推开，盖子必须仰放在桌子上。灼烧过的样品应稍冷后才能放入，并在冷却过程中要每隔一定时间开一开盖子，以调节器内压力。变色硅胶变粉红色后需及时更换
	漏斗 （funnel）	规格：分长颈漏斗和短颈漏斗两种。以斗径（mm）表示 用途：用于常压过滤，是分离固体-液体的一种仪器。长颈漏斗还可在装配气体发生器时加液用，用于过滤操作和向小口径容器里倾注液体或粉末。还用于装配易溶于水的气体吸收装置 注意事项：不能直接用火加热。过滤时，注意"靠壁"
	水银温度计 （mercury thermometer）	规格：以能测量的温度（℃）表示 用途：用于测量物体温度 注意事项：选用合适量程的温度计。处在高温下的温度计不可骤冷。切忌用温度计代替玻璃棒去搅拌液体或固体。万一温度计打坏，洒落出来的汞必须立即用滴管、毛刷收集起来，并用水覆盖（最好用甘油），然后在污染处撒上硫黄粉，无液体后（一般约一周时间）方可清扫
	蒸发皿 （evaporating basin）	规格：以形状分有平底和圆底两种。以上口直径（mm）表示，也可用容量（mL）大小表示 用途：用以蒸发、浓缩溶液用，随被蒸发液体的性质不同，选用不同材质的蒸发皿 注意事项：耐高温，不能骤冷。加热时液体体积不超过蒸发皿容积的 2/3

类别	名称及图片	规格、用途及注意事项
其他	坩埚 (crucible)	规格:有瓷、石英、铁、镍、铂及玛瑙等材质。形状有低型、中型和高型。以容量(mL)表示 用途:用于高温灼烧固体 注意事项:能耐高温,可在火焰上直接加热,但不能骤冷。瓷坩埚易被热的碱腐蚀,熔融的强碱要在铁坩埚中进行。持坩埚和坩埚的盖时都要用坩埚钳
	点滴板 (spot plate)	规格:由玻璃或瓷制成,按凹穴的多少有6孔、9孔、12孔等 用途:在化学定性分析中做显色或沉淀点滴实验时用 注意事项:不能用于加热反应。不能用于含氢氟酸溶液和浓碱溶液的反应
	酒精灯 (alcohol burner)	规格:由灯体、灯芯管和灯帽组成,以容积(mL)表示 用途:用于中、低温度的加热 注意事项:用火柴或打火机点燃。严禁以灯点灯。向灯内加酒精时,要熄灭灯火,通过漏斗添加。熄灭酒精灯火焰时要用灯帽盖灭,且提起1~2次再盖好,防止下次打不开盖子。不可吹灭。酒精的量要在灯体容积的1/4~2/3之间
	研钵 (mortar)	规格:用瓷、玻璃、玛瑙或金属制成,以口径(mm)表示 用途:用来粉碎硬度不太大的固体物质,也可用来拌匀粉末状固态反应物质 注意事项:不能用火加热。研磨时必须稍加压力,使研杵在研钵里缓慢地转动并加以挤压,使固体粉碎。切不可用研杵敲击。不能研磨易爆物质
	洗耳球 (aurilave)	规格:以容积(mL)表示 用途:主要用于移液管和吸量管定量抽取液体,洗耳球还可以把密闭容器里的粉末状物质吹散 注意事项:应保持清洁,禁止与酸、碱、油类、有机溶剂等物质接触,并远离热源
	三脚架、泥三角 (tripod and wire triangle)	规格:三脚架为铁制品,泥三角用铁丝弯成,套以瓷管,有大小之分 用途:三脚架用于搁置被加热物体。泥三角一般用来搁置被加热的坩埚或蒸发皿 注意事项:使用前要检查泥三角的瓷管是否损坏,铁丝是否锈烂。要与被加热的坩埚配套使用。一般使坩埚高度的1/3在三角孔的上方,有利于扩大受热面积
	坩埚钳 (crucible tongs)	规格:由铁或铜合金制成,表面常镀铬或镍。有长短不一的各种规格,习惯上以长度(寸,cm)表示 用途:夹持坩埚加热或往热源(煤气灯、电炉、马弗炉)中取、放坩埚和坩埚盖用 注意事项:放置时钳尖部朝上,以免沾污;不能与化学药品接触,以免腐蚀;夹高温物体时钳尖应预热

类别	名称及图片	规格、用途及注意事项
其他	药匙 (spatula)	规格:由不锈钢、牛角、瓷或塑料制成 用途:用来取用固体药品,视所取药量的多少选用药勺两端的大、小勺 注意事项:不要用塑料药勺取用灼热的药品。取用药品后,应及时洗净擦干备用
	试管夹 (test tube clamp)	规格:有木质、竹质、钢质和铜质等,形状也不同 用途:用于加热试管时夹试管用 注意事项:防止烧损和锈蚀
	吸滤瓶和布氏漏斗 (filter flask and buchner funnel)	规格:吸滤瓶(抽滤瓶)以容量(mL)表示;布氏漏斗可用容量(mL)或口径(mm)大小表示 用途:两者配套,用于无机制备中晶体或粗颗粒沉淀的减压过滤 注意事项:不能用火直接加热。防止滤液由边上漏滤,过滤不完全。防止抽气管水流倒吸

扩展与链接　"玻璃仪器"标准简介

(1) 系列玻璃仪器的国家标准与行业标准简介

　　GB/T 11414、GB 12803、GB/T 12804、GB/T 15723、GB/T 15724、GB/T 21298、GB/T 28211 为实验室玻璃仪器系列国家标准,按顺序分别为瓶、量杯、量筒、干燥器、烧杯、试管、过滤漏斗等;**QB/T 2110**、**QB/T 2560**、**QB/T 2561** 为实验室玻璃仪器系列轻工行业标准,分别为分液漏斗和滴液漏斗、过滤漏斗、试管和培养管等(容量瓶、移液器与吸量管见 2.13 的扩展与链接;滴定管见 2.14 的扩展与链接)。

　　以上这些标准规定了多种常用玻璃仪器的分类、结构形式、规格尺寸或产品规格、技术要求、试验方法及检验规则等,以及标志、包装、运输、储存等方面的要求。

(2) 玻璃及其量器的基本常识

　　在化学实验中玻璃器皿常用的玻璃主要有硬质玻璃、软质玻璃以及石英玻璃。

　　硬质玻璃又称为高硼硅玻璃,一般含有约 12% 硼酸钠、80% SiO_2。这类玻璃耐高温、高压,耐腐蚀,机械强度高,膨胀系数小,导热性好,耐温差变化,具有良好的火焰加工性,多应用于烧杯、烧瓶、压力管以及成套玻璃实验装置的制造,如国产 GG-17 (过去为 95) 玻璃就属于此类。

　　软质玻璃又称为普通玻璃,按成分可以分为**钠钙玻璃**(SiO_2、CaO、Na_2O)以及**钾玻璃**(SiO_2、

CaO、K_2O、Al_2O_3 以及 B_2O_3）。在耐腐蚀、硬度、透明度和失透性方面，钾玻璃较钠钙玻璃要好，但在热稳定性方面差些。软化温度低，耐碱性强，不易失透，适于灯焰加工，但因这类玻璃不能承受过大的温差，常用于制造不直接受热的仪器，如滴定管、移液管、量筒等，因其膨胀系数接近 Pt，故可与 Pt 丝封接，用于电极制造。

石英玻璃主要成分是二氧化硅（＞99.5%），化学抗蚀力强，热膨胀系数极小，耐高温，化学稳定性好，透紫外光和红外光，但因熔制温度高、黏度大，成型较难，价格昂贵，故石英器皿一般在要求较高的微量元素分析中用，或透紫外光、红外光的场合。

相关玻璃器皿具体采用何种玻璃制作可以查询"实验室玻璃仪器"相应国家标准。

对于玻璃量器，按其型式分为量入式以及量出式，单标线容量瓶（一般称为容量瓶）就属于**量入式容器**，滴定管、移液管等就属于**量出式容器**。按玻璃量器准确度的不同可分为 A 级与 B 级，但量筒和量杯不分级。对某些量器还分为**吹出式**与**非吹出式**。

用来量入或量出其标称容积时的标准温度为 20℃。容积单位应是立方厘米（cm^3）或毫升（mL）。量入式与量出式量器的符号分别为 In、Ex，吹出式用"吹"或"Blow out"标记。JJG 196 为"常用玻璃量器的检定规程"国家计量检定规程标准，其中就有这些方面的相关规定。

1.4 实验误差与有效数字

在计量或测定的过程中，误差总是客观存在的。根据误差产生的原因及性质，误差可以分为系统误差与随机误差。进行化学实验之前，实验者有必要了解实验过程中，特别是物质组成测定过程中误差产生的原因及误差出现的规律。另外，有效数字也是一个非常重要的概念，不仅表达了具体的测量数字或测定结果，同时还反映了测量或测定的精度，因此要学会应用，掌握有效数字的概念。

1.4.1 准确度与系统误差

（1）系统误差产生的原因

系统误差又称为**可测误差**，主要由以下原因造成：

a. 计量或测定方法不够完善。

b. 仪器有缺陷或者没有调整到最佳状态。

c. 实验所用的试剂或纯水不符合要求。

d. 操作者自身的主观因素。

系统误差具有明显的规律。例如，若用已经吸潮的某种基准物质去标定某种溶液的准确浓度，即使测定很多次，标定的结果总是偏高，原因在于每次所称取的基准物质中实际能被滴定的有效组分的量偏小，相应滴定所消耗的体积也偏少，根据以下公式：

$$c = \frac{1000m}{MV}$$

计算所得的浓度值就偏高，而且每次偏高的数值基本相同。但是，如果没有更换基准物质，是不会发现结果偏高的，只有更换没有吸潮的基准物质，或者将吸潮的基准物质按照要求烘干至恒重后，再称取这种基准物质进行标定，才会发现前面的结果偏高，有系统误差的存在。又如，定量分析中常用的容量瓶与移液管，若 250mL 容量瓶的体积是准确的，而所用的 25mL 移液管的刻度不准，所吸取的溶液体积偏小，那么用这套容量瓶和移液管进行某种物质含量的测定时，多次测定的结果就会系统偏低，同样只有更换了移液管之后才会发现这一问题。

（2）系统误差的检测与减免

系统误差通常是决定测定结果**准确度**的重要因素之一，若能找出产生系统误差的原因，

是可以设法减免或消除的。常用的检测系统误差的方法有:

a. 采用**对照试验**。有两种做法:一是选用公认的标准方法(国际标准,或国家标准、行业标准等)或经典方法进行比较测定;二是选用已知含量的标准试样(如国家标准样品CRM,或配制的试样),按照同样的方法、步骤进行测定。对测定的结果进行"显著性检验",根据检验结果判定方法或测定结果是否有系统误差存在。

b. 采用**空白试验**。由于试剂、纯水或所用的器皿引入被测组分或杂质产生的系统误差,可以通过做空白试验来发现与校正,即用纯水代替被测试样,按照同样的测定方法和步骤进行测定,所得到的结果称为空白值,然后将试样的测定结果扣除空白值即可。当然空白值不能太大,若太大,应进一步找出原因,必要时应提纯试剂,或对纯水进一步处理,或更换器皿。

c. 采用**标准加入法**。在被测试样中加入已知量的被测组分,与被测试样同时、同样地进行处理及测定,然后根据所加入组分的**回收率**的高低来判断是否存在系统误差。

$$回收率(\%)=\frac{测定所得加入组分的质量(g)}{实际加入组分的质量(g)}$$

对于系统误差,应根据产生的原因采取相应的减免措施。若计量或测定的要求较高,应事先对使用的仪器进行校正,如称量前用标准砝码校正天平,对容量瓶和移液管进行相对校正等。操作人员在进行平行测定时"先入为主"等主观因素所造成的系统误差应努力克服。

(3) 准确度与误差的表示

对于方法或测定的准确度的高低,一般用误差的大小来衡量。误差可以用**绝对误差** E 或**相对误差** E_r 表示。

绝对误差　　　　　　　　　$$E=\bar{x}-x_T$$

相对误差　　　　　　　　　$$E_r=\frac{E}{x_T}$$

式中, $\bar{x}$ 为测定的**平均值**, x_T 为测定的**真值**。

真值有理论真值(如某化合物的理论组成等)、计量学约定真值(如物质的量单位等)以及相对真值(如国家标准样等)。

若测定结果大于真值,所得误差为正值,说明测定结果偏高,反之则偏低;误差愈大,方法或测定的准确度愈低,反之则愈高。

(4) 过失

对于初学者,由于操作不熟练或不够规范,或者操作者粗心大意或不按照操作规程办事而造成的测定过程中溶液溅失,加错试剂,看错刻度,记录错误以及仪器测量参数设置错误等等均属于过失。过失无任何规律可循,也是造成准确度不高的重要因素之一。例如,在测定某试样组分含量时,称取一定量的样品溶解后转移到容量瓶中定容,若在溶液转移过程中,由于操作不熟练或不规范,使得试液从烧杯嘴流到烧杯外壁损失了而又没有注意到,即使其他操作再准确、规范,最终得到的测定结果也将偏低。

过失只有通过加强责任心,严格按照操作规程认真操作才可能避免。初学者应规范操作训练,多做多练,才能做到熟能生巧,避免过失。

1.4.2　精密度与随机误差

(1) 随机误差产生的原因

随机误差又称**不定误差**,造成随机误差的原因有计量或测定过程中温度、湿度、电压、灰尘等外界因素微小的随机波动、计量读数时的不确定性以及操作上微小的差异。

（2）随机误差的规律与减免

随机误差与系统误差不同，即使条件不改变，它的大小及正负在同一实验中都不是恒定的，很难找出产生的确切原因，也不能完全避免。但是，随机误差的出现还是具有一定的规律，而且随着测定次数的增加，随机误差的平均值将会趋于零。因此，可以通过适当增加测定次数取其平均值的办法来减少随机误差。

（3）精密度与偏差的表示

随机误差主要决定了测定结果的精密度。精密度的高低可以用偏差的大小来衡量。**偏差**一般是指测定值与测定的平均值之差。偏差愈小，说明测定的精密度愈高，反之愈低。

偏差有多种表示方法，当测定次数较少，例如在一般的分析实验中，可以用**平均偏差** $\overline{d}$ 或**相对平均偏差**表示。

$$平均偏差 \quad \overline{d} = \frac{\sum\limits_{i=1}^{n} |x_i - \overline{x}|}{n}$$

$$相对平均偏差 = \frac{\overline{d}}{\overline{x}}$$

式中，x_i 为某次测定的测量值，n 为测量次数。

当测定次数较多，或要进行其他的统计处理时，可以用**标准偏差** S 或**相对标准偏差** S_r（**RSD**，或称**变异系数**）表示。

$$标准偏差 \quad S = \sqrt{\frac{\sum\limits_{i=1}^{n}(x_i - \overline{x})^2}{n-1}}$$

$$相对标准偏差 \quad S_r = \frac{S}{\overline{x}}$$

实际工作中，都用 RSD 表示分析结果的精密度。

1.4.3 误差的传递与允许误差

无论是系统误差，还是随机误差，均会发生传递。许多测定的结果往往是经过许多计量过程或实验单元得到的。例如用滴定分析法测定某种待测组分的含量，所用的滴定剂大多需要标定其准确浓度，然后再用此滴定剂去测定待测组分。这些计量过程或实验单元中所产生的误差会传递到最后的结果中。对于系统误差来说，若测定结果是由几个测量值相乘除所得，那么测定结果最大可能的相对误差就是各个测量值的相对误差之和。

当然，误差在传递过程中也可能会部分抵消。例如在标定与测定时都要使用容量瓶和移液管，若采用同一套容量瓶、移液管进行标定和测定，就可以使容量瓶与移液管不配套所产生的系统误差部分抵消掉。还应注意的是，每一实验单元的过失也同样会传递到最终的结果中。因此，无论是误差，还是过失，均应注意消除、减免或避免，不能将结果的准确性寄托在误差或过失的相消上。

各种计量或测定都有各自的**允许误差**范围。例如，在物质组成的测定中，化学分析方法用于测定高纯物质含量时，允许误差一般只能 ≤0.1%，甚至更低，而用仪器分析方法测定微量组分含量时，往往允许误差较大。要根据具体要求确定适当的允许误差范围，例如，工厂的中间控制分析中，对分析速度的要求比较高，而对准确度的要求相对较低些，允许误差一般较大。即使是在允许误差较小的测定中，也不是每一步操作都非得小心谨慎不可。例如，在用间接法配制标准溶液时，首先所用的计量工具就不必非常精确，可以用一般的天平或量筒，称取溶质的质量或量取纯水、试剂体积时也不必非常仔细，因为这种溶液的准确浓度最终要用基准物质或已知准确浓度的其他标准溶液来确定。同一种操作，允许误差不同，操作的要求也不一样。以称量分析法中的恒重（见 2.10.5）为例，对于高纯碳酸钡含量的称量分析法，恒重的要求是，称量形经过两次焙烧、冷却后称量的质量之差不得超过分析天平的称量误差（即 ±0.1mg）。而在相关的工业分析，如食品分析中，允许误差相对较大，恒重的要求也就相应放宽。

操作者应注意把握好准确度与精密度的关系。精密度是保证准确度的前提，但精密度高，不等于准确度就高。在教学实验中，初学者对系统误差一般可以不用多考虑，应注意随机误差，特别是过失；要学会根据方法或计量、测定的允许误差，以及具体要求选择适当测量精度的计量工具；学会分清在一个实验中，什么操作该准确、认真，什么操作可以相对粗略些；要注意培养自己实事求是的科学态度和耐心细致的工作作风，不能为了高的精密度人为地凑数据，涂改数据。

1.4.4　有效数字及其有关规则

所谓**有效数字**就是指实际能测到的数字。例如，用一支 50mL 滴定管进行滴定操作，滴定管最小刻度 0.1mL，某次滴定所得滴定体积 28.78mL。这个数据中，前三位数都是准确可靠的，只有最后一位数因为没有刻度，是估读出来的，属于可疑数字，因而这个数据为四位有效数字。它不仅表示了具体的滴定体积，而且还表示了计量的精度为 ±0.01mL。若滴定体积正好是 28.70mL，这时应注意，最后一位"0"应该写上，不能省略，否则 28.7mL 表示计量的精度只有 ±0.1mL，显然这样的记录数据无形中就降低了测量精度。

当采集实验数据时，也不能任意增加位数。例如，滴定管在滴定前要调整溶液的液面处于 0.00mL 时，若写成 0.000mL 也是错误的，因为计量所用的滴定管没有达到这样高的精度。因此，记录实验数据时，应该注意有效数字的位数要与计量仪器的精度相对应。

除此之外，还应注意"0"的作用，有时它不是有效数字。例如，称取某物质的质量为 0.0879g，这个数据中小数点后的一个"0"只是起定位作用，与所取的单位有关，若以 mg 为单位，则为 87.9mg。

在数据处理过程中应注意以下几个方面：

① 若测定结果是由几个测量值相加减所得，小数点后保留的位数取决于小数点后位数最少（绝对误差最大）的一个；若测定结果是由几个测量值相乘除所得，则保留有效数字的位数取决于有效数字位数最少（相对误差最大）的一个。

② 将多余的有效数字舍去，所采用的规则一般是"四舍六入五成双"。例如 2.1655、2.1645 修约成四位时应为 2.166、2.164。

③ 若某一数据第一位有效数字大于或等于 8，那么有效数字的位数可多算一位。另外，在计算过程中，可以暂时多保留一位有效数字，到最后结果再按规定修约，保留一定位数。

④ 对于一般的化学实验或涉及化学平衡的有关计算，一般保留两位有效数字即可，但应注意的是，像 pH、pM、$\lg K^{\ominus}$ 等对数值，它们的有效数字位数是取决于小数部分的位数，整数部分只说明该数的方次，例如 pH=8.66，只有两位有效数字。

⑤ 对于滴定分析、称量分析以及光度分析等实验的过程及结果，组分的质量分数>10%，一般保留 4 位有效数字；质量分数 1～10%，保留 3 位；质量分数<1%，一般保留 2 位。

⑥ 对于误差或偏差等精密度的表示，一般保留一位有效数字就够了，最多取两位。

扩展与链接　"误差""数据处理"标准简介

(1)　JJF 1027"测量误差及数据处理"简介

JJF 1027 为国家计量技术规范。该规范对测量误差和数据处理中比较常遇到的一些问题作出统一的规定，以便正确地给出和使用测量结果，适用于测量不确定度的评定，计量器具准确度的评定，及其评定结果的表达。本标准中的计量器具准确度评定部分已经被"JJF 1094 测量仪器特性评定"所代替。

(2)　测量方法与结果的准确度（正确度与精密度）系列国家标准简介

GB/T 6379 系列国家标准包含了总则与定义、确定标准测量方法重复性与再现性的基本方法、标准测量方法精密度的中间度量、确定标准测量方法正确度的基本方法、确定标准测量方法精密度的可替代方法以及准确度值的实际应用等六个部分。

(3)　"数据的统计处理和解释"系列国家标准简介

GB/T 3359 统计容忍区间的确定、GB/T 3361 在成对观测值情形下两个均值的比较、GB/T 4087 二项分布可靠度单侧置信下限、GB/T 4088 二项分布参数的估计与检验、GB/T 4089 泊松分布参数的估计和检验、GB/T 4882 正态性检验、GB/T 4883 正态样本离群值的判断和处理、GB/T 4885 正态分布完全样本可靠度置信下限、GB/T 4889 正态分布均值和方差的估计与检验、GB/T 4890 正态分布均值和方差检验的功效、GB/T 6380 Ⅰ型极值分布样本离群值的判断和处理、GB/T 8055 Γ 分布（皮尔逊Ⅲ型分布）的参数估计、GB/T 8056 指数分布样本离群值的判断和处理、GB/T 10092 测试结果的多重比较以及 GB/T 10094 正态分布分位数与变异系数的置信限等 15 个标准为"数据的统计处理和解释"系列国家标准。

(4)　"GB 8170 数值修约规则与极限数值的表示和判定"简介

该标准规定了对数值进行修约的规则，数值极限数值的表示和判定方法，有关术语及其符号，以及将测定值或其计算值与标准规定的极限数值作比较的方法，适用于科学技术与生产活动中测试和计算得出的各种数值。当所得数值需要修约时，应按该标准给出的规则进行。适用于各种标准或其他技术规范的编写和对测试结果的判定。

(5)　标准样品系列国家标准简介

GB/T 15000 标准样品工作导则系列国家标准大多数是参照采用 ISO 指南，一部分是根据我国的实际国情要求制定的，包含了在技术标准中陈述标准样品的一般规定、标准样品常用术语及定义、标准样品　定值的一般原则和统计方法、标准样品证书和标签的内容、化学成分标准样品技术通则、标准样品包装通则、标准样品生产者能力的通用要求、标准样品生产者能力的通用要求代替、有证标准样品的使用以及分析化学中的校准和有证标准样品的使用等 9 个标准。

1.5　实验信息的采集、处理与结果表示

在化学实验及生产过程中，常常需要进行许多计量或测定。在这些计量或测定的过程中，需要正确记录及处理所得到的各种数据，并对结果进行正确的表示，这样才能从中找出规律，说明及分析实验的结果，从而较为客观地反映以及指导生产。

1.5.1　数据的采集与记录

数据的采集与记录主要有两种方式，一种是**人工采集与记录**，通过计量或测定，记录相应的实验数据；另一种是**自动采集与记录**，一般用于计算机与相应的分析仪器联机上，根据程序进行实时采集。人工采集应注意养成及时、规范记录所有原始数据及计量、测定的有关条件的良好习惯。

例如一般的滴定分析实验，通常要求平行测定三次，在每一次的测定中都要记录滴定管的始读数和终读数，然后通过终读数和始读数计算消耗滴定剂 B 的体积 V_B（净读数）。三次平行测定的体积应按以下方式，在滴定过程中及时记录在实验报告纸（或本）上：

实验次数		1	2	3
V_B/mL	终读数	20.20	20.15	20.02
	始读数	0.10	0.08	0.00
	净读数	20.10	20.07	20.02

对有些实验，还应记录温度、大气压力、湿度、仪器及其校正情况和所用试剂等。

在数据采集过程中，不要使用铅笔和橡皮，或使用涂改液或改正带。万一数据记录错误，允许改正，但不能把原来记录的数据抹去后涂改，而应该在原来数据上划一杠，在其边上合适的位置写上正确的数据，即按以下方法改正：

$$\begin{array}{c} 5.56 \\ pH = 5.\overline{66} \end{array}$$

1.5.2 数据处理的基本步骤与方法

实验所得到的数据往往较多，凡是有明显过失的测定值应舍去不用；对可疑的测定值应进行再次验证；对有突变或拐点的一组测定值，应在突变或拐点附近增加实验点，通过实验确认突变或拐点的存在；对于一组平行试验，首先要将实验数据进行分析整理，将有明显过失理由的测定值剔除。对于可疑但又没有明显过失理由的测定值，就应该采取可疑数据的取舍方法（如 **Q 检验法**等）决定能否舍去。其次，再根据计量或测量的目的要求进行数据处理，最后报告结果或对测定结果进行分析、评价或讨论。

对不同类型的实验，数据处理有不同的要求。一般物质组成的测定，只需求出测定数据的集中趋势（即平均值或中位数），以及测定数据的分散程度（即精密度）；而要求较高的测定，还应求出平均值的可靠性范围等。

实验数据处理有不同的方法，一般有列表法、作图法以及 **方程式法** （或 **数学建模**），可以根据需要单独或配合使用。一般情况下，列表法总是以清晰明了见长，可以一眼看出实验测量了哪些量，结果如何。而作图法则更加形象直观，可以很容易找出数据的变化规律，并能利用图形确定各函数的中间值、最大与最小值或转折点，可以求得斜率、截距、切线，还可以根据图形特点，找到变量间的函数关系，求得拟合方程的待定系数。另外，根据多次测量数据所得到的图像一般具有"平均"的意义，从而可以发现和消除一些随机误差。因此，在基础学习阶段，应学会用列表法与作图法来处理实验数据，在有些实验中进一步学习用三种方法结合起来表达实验数据。

无论采用列表法还是作图法，都应注意一条最基本的原则：图表的自明性，即看表或看图就能基本看出结果的基本信息，如每行或每列数据代表什么，说明什么或有何规律？每条曲线是何种变化关系，说明什么或有何规律？下面简单介绍列表法与作图法中需注意的问题。

(1) 列表法

① 一般要有一个简明的表格名称，以便他人一眼就知道表格中数据反映了什么结果或说明什么。

② 行名及其量纲一般填写在每行的第一列中，若以指数、百分数、千分数等表示数据时，指数、百分号、千分号均放在行名旁。

③ 表格中的数据一般按实验顺序，若是函数表，自变量一般最好是按均匀增加的顺序。

④ 科研论文及文献中一般采用三线表，表中无竖线。考虑到教学实验中相对内容较多，为使报告更清晰，表格设计时一般仍采用有竖线分隔方式。

例如实验 20 "食用白醋中 HAc 含量的测定"的结果报告。首先最好也要有一个简明的表格名称（这种实验也可以只用标题）：醋酸溶液中 HAc 含量测定的结果。其次，在表格中应包含一些基本的信息：结果是几次测定的平均行为，就应该从表格中看出测定的次数，每次所消耗的滴定剂体积及其浓度，每次的测定结果，平均值由哪几次测定求得以及其结果，用于平均的几个测定值的相互接近程度（精密度）。如果原理部分未写出计算式及醋酸的摩尔质量，则表格中还应包含这些内容：

实验次数	1	2	3
$V(NaOH)/mL$	25.15	25.17	25.25
$c(NaOH)/mol/L$	0.2017		
$m(HAc)/g$	3.046	3.049	3.058
平均值(1,2)/g	3.048		
相对相差(1,2)/%	0.1		

(2) 作图法

① 同样要有简明的标题，每条曲线均应标注清晰并注明每条曲线的实验条件。

② 习惯上以自变量作为横坐标，因变量为纵坐标，且相应坐标轴旁应说明所代表的名称及量纲。

③ 在确定标度时，应同时确定其有效数字，这样从图中读出的物理量的精度与测量的精度一致。为了能正确反映数据的有效数字，坐标分度的设置应使变量的绝对误差大约相当于坐标最小分度的 0.5～1 格。坐标标度应取容易读数的分度，即每单位坐标格子应代表 1、2 或 5 的倍数，而不要采用 3、7、9 的倍数。

在不违反以上两原则的前提下，若没有特殊需要（如直线外推求截距等），就不一定把变量的零点作为原点，可以从略小于最小测量值的整数开始。若所作图形为直线，应使直线与坐标的夹角在 45°左右，即斜率不要太大或太小。

④ 实验数据在图上画出的点可以用□、△、×、○、⊙ 等符号表示，若在一幅图上作多条曲线，应采用不同符号区分开来。

符号的重心所在即表示读数值，符号的面积大小应近似地表示出测量误差的范围。

在作图时，直线或曲线应尽可能贯穿大多数实验点，并使处于曲线两边的实验点数大致相等，并注意作出的曲线应平滑。

扩展与链接　"国际单位制""量和单位"标准简介

(1) "GB 3100 国际单位制及其应用"简介

本标准列出了国际单位制的构成体系，规定了可以与国际单位制并用的单位以及计量单位的使用规则，适用于国民经济、科学技术、文化教育等一切领域中使用计量单位的场合。

(2)"GB 3101 有关量、单位和符号的一般原则"简介

规定了各科学技术领域使用的量、单位和符号的一般原则,其中包括物理量、方程式、量和单位、一贯单位制,特别是国际单位制的原则说明,适用于各科学技术领域。

(3)"GB 3102[1].8 物理化学和分子物理学的量和单位"简介

规定了物理化学和分子物理学的量和单位的名称与符号;在适当时,给出了换算因数。该标准适用于所有科学技术领域。

1.6　计算机应用基础

1.6.1　数字资源的获取

数字资源的获取是计算机应用的重要内容之一。

网上数字资源大多数都需要通过注册或缴费才能获取,例如中外电子图书、期刊论文、学位论文、专利、标准等。在校学习期间主要是通过校园网进入学校图书馆网站,查阅图书馆所购置的数字资源,合理、合法使用。查阅所用的计算机应具备两个基本条件,即能进入校园网并安装有相关的阅读软件。

(1)电子图书

可以在数据库页面中找到"超星数字图书馆"等电子图书数据库,进入其检索页面;在检索页面中直接检索或选择"高级检索";输入书名,或书名、作者名,或其他相关信息,点击"检索"。再根据检索的情况,选择所需的电子图书在线阅读或下载阅读,或将所需部分内容打印阅读。

(2)专利、标准、硕/博士论文以及期刊论文

根据图书馆数据库资源的情况,找到 CNKI、万方或维普相应的数据库,在该数据库搜索界面上再寻找所需的数字信息资源的类型,如专利,标准,学位论文,或期刊论文等,点击进入相关的搜索界面。

例如查阅铁含量测定的研究进展这种综述性文章。进入"高级检索"界面后,"主题"栏中输入"铁",在"并含"栏输入"测定";另外在第二行中再选择"主题",并输入"进展",点击检索,就能得到所需的综述性文章。

1.6.2　计算机在数据处理与结果报告中的应用

计算机在实验中的应用主要包括数字资源的获取、实验仪器的自动控制、实验数据的处理以及实验结果的报告。仪器的自动控制表现在仪器的自检、过程最优化控制、实时自动控制、过程的全面自动化以及外围设备的控制等。仪器的自检主要起三个方面的作用:一是沟通控制系统与仪器各部分的通讯联络,二是各机构的初始化,三是检查仪器各部分的状态是否正常;数据的处理可以是系统自身的联机数据处理,包括四则运算、求导、累加平均与数据的平滑处理、寻峰或计算峰面积、快速以及大容量数据运算与变换、记忆或存储各种数据、基线校正等等,也可以是脱机数据处理。目前许多表征手段所得到的数据若在测试仪器的系统软件上完成各种相关处理,势必会影响仪器的工作效率以及他人的使用。大多数仪器都能导出原始数据,然后再利用相关的数据处理软件进行处理。因此,脱机数据处理就显得非常重要。在此简单介绍基础学习阶段常用的 Office 在脱机数据处理以及在实验结果报告中的应用。

(1)在 Word 中完成结果报告与数据处理

在 **Word** 中输入相关的文字,以及在其中插入表格,填写相关数据与结果,完成实验报告是易于实现的。例如实验 20 "食用白醋中 HAc 含量的测定"，氢氧化钠标定实验中，结果报告部分的表格如下。

实验次数	1	2	3
m（邻苯二甲酸氢钾）/g			
$V(NaOH)/mL$			
$c(NaOH)/(mol/L)$			
平均值(1,2)/(mol/L)			
相对相差(1,2)/%			

要绘制这一表格，首先将光标置于要插入表格的地方，打开"表格"菜单，选择下拉菜单中的"插入"，点击"表格"。

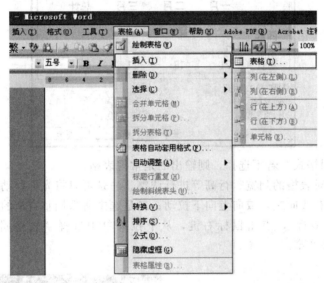

在弹出的窗口"表格尺寸"中选择所需列数及行数；"自动调整"操作可选可不选，表格形成后再调整也可。

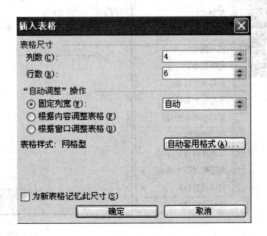

若需要论文格式中要求的"三线表",则点击"表格自动套用格式",从新弹出的窗口"表格样式"中选择"简明型1"。在此窗口的下端"将特殊格式应用于"选项中"末行"中的"√"点除,点击"确定"便能形成三线表。

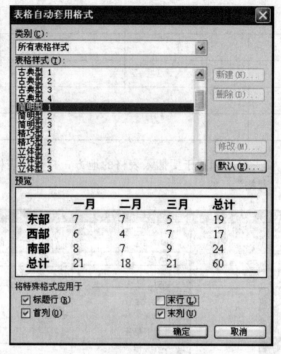

"表格自动套用格式"若不选择,则输出的是常规表格。

输出表格后,对表格的列宽、行高等进行调整。一是可以将光标移动到要拉宽或变窄的竖线或横线上,向右或向左,或向上向下拉动;二是选中所需调整宽窄的列或行(可一列或行,也可以多列或多行),点击鼠标右键,从下拉菜单中选择"表格属性",在"列"或"行"的选项中调整宽窄。

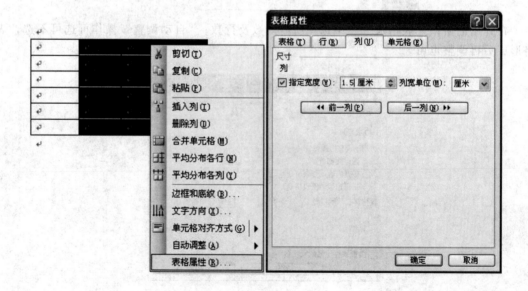

　　若要合并单元格，先选中所要合并的单元格，并点击鼠标右键，在弹出的下拉菜单中点击"合并单元格"。

　　完成表格框架后，就可以向其中填写相应的数据及结果了。

　　在 Word 中也可以插入 Excel 表或图。例如制作插图，可以将光标置于要插入图的地方，打开"插入"菜单，选择下拉菜单中的"图片"，在其下拉菜单中点击"图表"，完成作图，或者在 Excel 中完成作图后再复制到 Word 中。

（2）在 Excel 中完成数据处理与结果报告

　　Excel 是最基本的数据处理软件，可以用于一般化学实验数据的处理与作图，也能直接在其中完成结果报告。

　　若要用 Excel 完成结果报告，一般先设置页面，以便明确输入表格以及文字、图的范围。打开"文件"，在下拉菜单中点击"页面设置"。如果默认纵向页面，只需点击"确定"，这时便会显示页面所包含的虚线范围（横向一般从"A"列到"I"列）。

　　选中第一行的"A"列到"I"列，合并单元格（若工具栏有"▣"，只要直接点击即能完成），并填写实验名称。第二行、第三行及之后的行再根据报告的格式与内容决定如何合并单元格。当文字内容一行不够输入时，可以多行、多列合并，并在此单元格内点击鼠标右键，在下拉菜单"设置单元格格式"中选择"对齐"选项，然后"水平对齐"选择"靠左"、"垂直对齐"选择"靠上"、文本控制选中"自动换行"，点击"确定"，便可在合并的单元格中输入文字并自动换行。

　　作图以及数据处理是 Excel 的基本功能。现以某组学生在实验 37"陈醋的电势滴定"中所得数据为例，说明滴定曲线的绘制以及醋酸含量的求取。

　　在 Excel 工作表的第一列输入滴定中所加氢氧化钠的体积，第二列输入对应所测得的pH。选中数据区全部数据，打开"插入"菜单，在其下拉菜单中点击"图表"（或直接点击工具栏上的"▥"），在弹出的窗口"图表类型"中点击"XY 散点图"，点击"下一步"，再点击"下一步"。

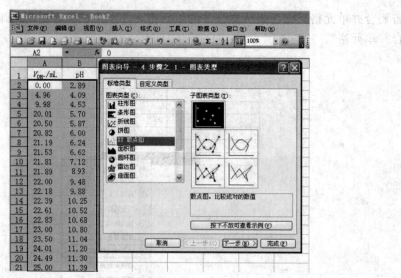

在弹出第三个窗口的"标题"中，"数值（X）轴（A）"填入"V(OH−)/mL"（在此暂不能处理上下标、字体等），"数值（Y）轴（V）"填入"pH"；在"网格线"中勾除"主要网格线"；在"图例"中，若只有一条曲线，一般可以取消图例，将"显示图例"勾去，然后点击"完成"。

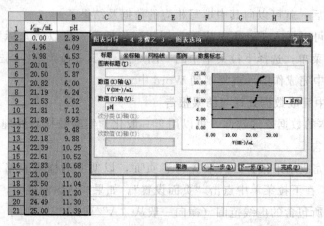

通过拉动图上下左右 8 个小黑方块，将图的长宽调到合适比例。在绘图区中间点击鼠标右键，在下拉菜单中选择"绘图区格式"，"区域"选中"无"，再点击"确定"。

　　对于实验点连线，一般是在数据点上点击鼠标右键，在下拉菜单中点击"数据系列格式"，"图案"中选中"自动"与"平滑线"并"确定"，即得到滴定曲线。

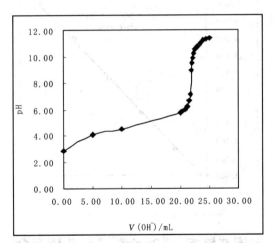

　　将鼠标点中横坐标名称，选中"V"，在工具栏上选择斜体字；再选中"OH－"中的"－"并点击鼠标右键，在下拉菜单中选择"坐标轴标题格式"，弹出窗口中勾选"上标"并"确定"，一张基本完整的滴定曲线就算完成了。在坐标轴外，图表区之内点击鼠标右键，下拉菜单中选择"复制"，将其粘贴在 Word 文档相应的区域即可。

　　若需要修改，可以在 Excel 中，也可以在 Word 文档中完成，比如坐标轴字体的大小、字体、有效数字以及分度值等等。在 Excel 中直接双击坐标轴，若在 Word 中则先双击插图，使之处于作图状态。再双击所需修饰的坐标轴，在弹出窗口的"刻度"中调整刻度的范围，"字体"中更改字体，使图形更美观；在"数字"的"分类"中点击数值，在"小数位数"中调整数值的有效数字；若需要将数字调整方向，可以在"对齐"中改变。

　　若要求取醋酸含量，就得求滴定终点相应的氢氧化钠用量（即滴定曲线的拐点）。这个可以根据数学中曲线拐点的求法，即一级微商的极大值就是曲线的拐点（请自行查找**数学课程**中的相关内容，以及**电位分析法**中终点的确定方法），请自行琢磨采用 Excel 处理数据并求得醋酸含量（提示：$\dfrac{\Delta \mathrm{pH}}{\Delta V}$-$V$）。

对于实验点的曲线拟合（如标准曲线绘制中的一元线性回归，如实验38"磺基水杨酸法测定铁的含量"），在数据点上点击鼠标右键，在下拉菜单中不是选择"数据系列格式"，而是点击"添加趋势线"。

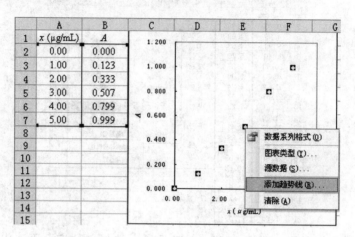

在弹出的窗口"类型"中选择"线性"；在"选项"中选中"显示公式"、"显示 R 平方值"，再点击"确定"，即可完成一元线性回归的作图，然后再对图作适当的修饰。

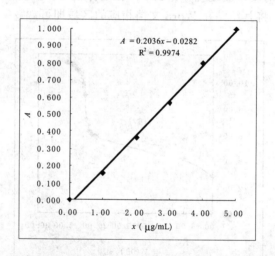

扩展与链接　"Origin"软件应用简介

Origin 软件在实验结果处理中的应用简介

Origin（http://www.originlab.com/）是美国 Originlab 公司推出的数据分析和制图软件，可以和各种数据库软件、办公软件、图像处理软件等方便地连接；可以用 C 等高级语言编写数据分析程序，还可以用内置的 Lab Talk 语言编程等。Origin 主要有两大功能：数据分析和绘图。数据分析包括数据的排序、调整、计算、统计、频谱变换、曲线拟合等；其绘图是基于模板，自身提供了几十种二维和三维绘图模板，用户还可以自定义数学函数、图形样式和绘图模板。Origin 作图功能强大，可以进行 Gaussian 或 Lorentzian 等函数拟合，不仅可以根据数据绘制出满意的图形，还可以将几组数据放在一个组中，进行比较处理，更重要的是可以对图形进行分析，比如平滑、拟合、过滤、积分、微分等。

以 Origin 7.5 为例，简单说明"磺基水杨酸法测铁的含量实验"中吸收曲线二维图形的绘制。

打开软件，在"Data 1"列表的 A(X) 和 B(Y) 栏分别输入波长和吸光度数值。

选中所有数据，点击"Plot"菜单中的"Line"或下面快捷工具栏中的"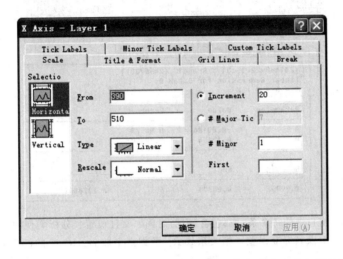"按钮，即可以在绘图框中出现吸光曲线的草图。

双击草图的**"X Axis Title"**或**"Y Axis Title"**，可对坐标标题以及标题格式进行设置或修改。若坐标标题为特殊字母，如横坐标标题为"λ"，先用鼠标左键双击"X Axis Title"，然后用鼠标右键单击"X Axis Title"，在出现的下拉菜单中点击"Symbol map"，从"Symbol map"中选择需要的符号"λ"。坐标标题的格式，如字体、字号等，可通过图形上方的快捷键进行设置。

双击坐标轴或坐标轴刻度，弹出的对话框可以进行坐标轴格式的设定或修改。对话框中有"Tick Labels"（坐标刻度的字体、颜色、字号）、"Scale"（标尺范围及间隔、坐标轴刻度的类型、坐标轴递增步长）、"Title and Format"（坐标轴颜色、宽度和刻度的长度、主次刻度的显示方式）、"Minor Tick Labels"、"Custom Tick Labels"、"Grid Lines"、"Break"等选项卡。例如点击"Scale"，可设置：

双击曲线上任意点，可以对数据点的连接方式、线条类型、线条宽度、线条颜色进行设置或修改。弹出的窗口中有"Connect"、"Styl"、"Width"、"Color"等相应的选项。

图形编辑完毕后，点击"Edit"中的"Save Project"，将图片保存为"opj"格式。在"Edit"菜单中点击"Copy Page"可将图形拷贝至 word 文档中。

再以"磺基水杨酸法测铁"实验中标准曲线的绘制为例，简单介绍直线拟合。

同样先建立数据表，在 A（X）和 B（Y）栏分别输入浓度和吸光度值并选中，生成散点图。对散点图的坐标轴及坐标轴刻度进行适当修饰后，得到图形：

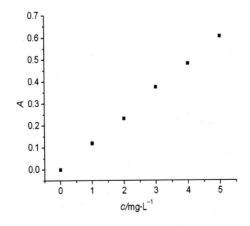

Origin 的线性和多项式拟合的命令都在"Analysis"菜单中。点击"Analysis"中的"Fit Linear",生成拟合曲线,同时产生一个新的工作表格(隐藏)放拟合数据,拟合参数和统计结果记录在"Results Log"窗口中。

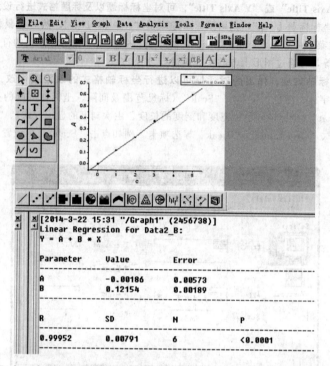

在"Results Log"窗口中的每个条目都包含日期/时间、文件位置、分析类型和计算结果、截距值 A 及其标准误差、斜率值 B 及其标准误差;相关系数 R;数据点个数 N、R＝0 的概率 P、拟合的标准偏差 D 等。

第2章　无机及分析化学实验基本知识与基本操作

化学实验中涉及器皿的洗涤与干燥、物质的称量、化学试剂的取用、溶液的配制与物质的定量转移、加热与干燥、混合与搅拌、试纸的使用、酸度的测量、沉淀或蒸发结晶、固液分离及洗涤、试样的采集与处理、溶液的定量吸取、滴定，以及吸光度的测量、物质的分离与提取等实验单元。在这些实验单元中需要有实验的基础知识与基本操作能力。根据实验类型的不同、实验要求的不同，这些实验基本操作的要求也不一定相同。一般来说，分析检测类实验的操作要求要高于制备与合成类实验的要求。例如，同样是器皿的洗涤，无机化学实验、有机化学实验与分析化学实验的要求就不一样，在一般的无机制备及有机合成实验中，所用的器皿只需用自来水冲洗或刷洗干净即可，而在滴定分析以及称量分析等分析化学实验中，所用的器皿至少需要洗涤到内壁不挂水珠，同时还需要用纯水润洗2~3遍。

2.1　器皿的洗涤与干燥

2.1.1　器皿的洗涤

实验器皿的洗涤方法很多，应当根据实验的要求，污物的性质和沾污的程度来选择。附着在器皿上的污物种类可以有多种。既可以有可溶性物质，又可以有不溶性的物质；不溶性物质中还有酸性或碱性不溶物、氧化性或还原性不溶物；此外还有油污这类与水互不相溶的有机物。针对这些情况，可以选用合适的洗涤液（见附录6）以及洗涤方法清洗。

实验室常用的洗涤方法有冲洗法、刷洗法与浸洗法。

（1）冲洗与刷洗法

对于一些可溶性物质，或仅仅是附着在器壁上的尘土、纸屑等不溶性物质，可以采用自来水冲洗法冲洗或刷洗法洗涤。若粘连的不溶物较难以被刷下，还可以采用去污粉刷洗，但应注意的是，精密量器以及光学玻璃器皿不得采用。对于少量油性污物，一般可以使用洗洁精或洗衣粉刷洗。

刷洗法同样先用自来水冲洗，尽量冲洗掉可溶性物质以及易被冲刷掉的物质，随后在器皿内保留少量水，用相应的刷子蘸取去污粉或洗涤剂，再小心放入器皿中来回刷洗。刷洗后再用自来水冲洗干净。

对于一般的制备与合成实验，这样的洗涤就基本能满足要求了。

（2）浸洗法

浸洗法又可以称为润洗法。这种方法大多适合于有特殊或较高洗涤要求的情况，特别是进行精确的定量实验时，对器皿的洁净程度要求高。或由于器皿容积精确、形状特殊，不能用刷子机械地刷洗。

这种洗涤方法一般是根据污物及器皿本身的化学或物理性质，有针对性地选用洗涤液进行浸洗，如酸性（或碱性）污垢用碱性（或酸性）洗涤液洗；氧化性（或还原性）污垢则用还原性（或氧化性）洗涤液洗；而有机污垢，可用碱液或有机溶剂洗；光度分析用的比色皿，容易被有色溶液或有机试剂染色，通常用盐酸-乙醇洗液浸泡；对于一般的有机物和油污，常采用铬酸洗液浸洗或润洗。

具体操作是：先用自来水冲洗，随后将自来水尽量沥干，倒入或吸入洗涤液，浸泡一段时间，或润洗后使之作用一段时间，将洗涤液倒回洗涤液原瓶中，再用少量自来水，分数次涮洗，废液倒入废液缸，最后用自来水冲洗干净。

对于使用**铬酸洗液**的洗涤，一般所用洗液的量约为器皿总容量的 1/5，然后将器皿倾斜并小心慢慢转动（对特殊器皿，如容量瓶、吸量管及滴定管内壁的洗涤可分别见 2.12、2.13，2.14），使器皿的内壁全部为洗液湿润，这样反复操作。最后把洗液倒回原来瓶内，再用自来水将残留在器皿上的洗液洗去。如果用洗液把器皿浸泡一段时间或用热的洗液洗，则洗涤效率更高。

使用铬酸洗液时，必须注意以下几点：

① 洗液用后应倒回原来瓶内，可以重复使用，直至发绿（重铬酸钾已还原为硫酸铬的颜色）不具有氧化性，不能去污（回用处理方法请自查）。

② 洗液具有很强的腐蚀性，会灼伤皮肤、破坏衣服，如果不慎把洗液洒在皮肤、衣服和实验台上，应立即用水冲洗、擦净，必要时按腐蚀、灼伤处置。

③ $Cr(Ⅵ)$ 有毒，且具有致癌性，清洗残留在器皿上的洗液时，第一、二遍的洗涤水不要倒入下水道，应统一处理，以免污染环境。故凡可不必要使用铬酸洗液的器皿应选用其他洗涤液。

（3）器皿洗净的标准

已洗净器皿的器壁上，不应附着有不溶物或油污，器壁可以被水润湿。如果把水加到器皿中，再把器皿倒转过来，水会顺着器壁流下，器壁上只留下一层既薄又均匀的水膜，并无水珠附着在上面（即不挂水珠），这样的器皿才算洗涤干净了。

用以上各种方法洗涤后的器皿，往往其中还残留有 Ca^{2+}、Mg^{2+}、Cl^- 等离子。定性和定量实验中不允许这些杂质的存在，还应该用纯水（一般用去离子水。切记，若无特别说明，所用的水均是去离子水）把它们洗去。每次水的用量一般为总容量的 $5\%\sim20\%$，润洗 $2\sim3$ 次即可。一般的无机制备和离子性质反应中，器皿的洗涤要求可低些，去离子水仅用于洗掉残留的自来水；对于一些要求不高的制备实验，所用的器皿洗涤后甚至可以不用去离子水润洗，只需将器皿中的自来水沥干或干燥即可。

（4）洗涤的注意事项

① 应养成每次实验后及时清理、清洗器皿，实验前检查所用器皿是否洁净、符合要求的习惯。

② 应根据实验的要求采用合适的洗涤方法与标准，过度洗涤或随便洗涤都是不可取的。

③ 洗涤过程中自来水及纯水都应按"少量多次"的原则使用，这样洗涤效率既高，又节约用水。

④ 对于要求较高的实验，洗净后的毛细管、玻璃棒、滴管（非一次性）等，应插在盛有纯水的烧杯中；其他洗净的器皿也应放在干净的桌面上，并避免再次被污染。

⑤ 性质与分离鉴定实验一般准备好四只烧杯（可两人合用），一只放置玻璃棒、滴管等物品，一只作为废液杯，其余两只烧杯分别盛放纯水，分别用于玻璃棒、滴管的第一次洗涤、第二次洗涤之用。

⑥ 实验后洗净且暂时不用的器皿应放置在洁净的沥水架或专用器皿柜中。

需要强调的是，本教材实验所用器皿除废物杯、废液杯外，均指洁净且符合相应实验要求的器皿。

2.1.2　器皿的干燥

洗净的器皿如需干燥，可采用以下方法。

（1）晾干　洗净的器皿可倒置在干净的专用实验柜（橱）或器皿架上晾干。

（2）吹干　用压缩空气或电吹风机把器皿吹干。也可以采用专用烘干器，将水尽量沥干的器皿倒扣在烘干器的热风管上，打开电源，靠热风吹干。

（3）烘干　洗净的器皿可以放在电热干燥箱（也称烘箱）内烘干，温度 $105\sim120℃$，烘 1h 左右，放进去之前应尽量把水倒净。放置器皿时，应注意使器皿的口向下（倒置后不稳的器皿则应平放）。此法适用于一般器皿。

称量用的称量瓶等烘干后要放在干燥器中冷却和保存；带实心玻璃塞的及厚壁器皿烘干时要注意慢慢升温并且温度不可过高，以免烘裂；带刻度的容量器皿不能用加热的方法进行干燥，因为加热会影响这些器皿的精密度；用布或纸擦干器皿后，会有纤维附着在器壁上而弄脏已洗净的器皿，所以不应采用这一方法。

（4）有机溶剂快速干燥　洗净且尽量沥去水分的器皿先用少量酒精或丙酮润洗，倒出酒精或丙酮后，再用少量乙醚润洗，倾出乙醚，器皿即刻便能干燥。

应注意的是，对于现用的器皿，除非残存水对实验有影响，否则不必将器皿内壁沥干或吹干，例如一般滴定用的锥形瓶。

2.2　天平与物质的称量

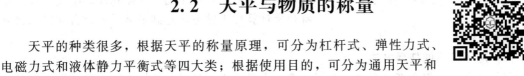

天平的种类很多，根据天平的称量原理，可分为杠杆式、弹性力式、电磁力式和液体静力平衡式等四大类；根据使用目的，可分为通用天平和专用天平两大类；根据量值传递范畴，可分为标准天平和工作用天平两大类，凡直接用于检定传递砝码质量量值的天平均称为**标准天平**，其他的天平一律称为**工作用天平**，工作用天平又可分为**分析天平**和**其他专用天平**；根据分度值大小，可分为常量（0.1mg）、半微量（0.01mg）、微量（0.001mg）分析天平等三类；按照准确度等级划分，可分为四级：Ⅰ级—特种准确度（精细天平），Ⅱ级—高准确度（精密天平），Ⅲ级—中等准确度（商用天平），Ⅳ级—普通准确度（粗糙天平）。

2.2.1　电子天平及其使用

（1）电子天平的基本结构及称量原理

就电子天平基本结构和称量原理而言，各种型号的电子天平大同小异。

常用的电子天平是称量盘在支架上面的上皿式电子天平，其外部基本结构由机座、称量盘、功能键及显示屏、水平仪、固定脚以及水平调节脚等构成。部分型号天平还带有或可以选用防风罩，特别是分析天平，其防风罩左右各有一个操作及防风门，上部有一个操作及检修窗。不同的天平，水平仪的位置有所不同。水平调节脚一般有两个，分别处于天平的两个前下端或两个后下端。

电子天平的基本原理是利用电子装置完成电磁力补偿的调节，使被称物在重力场中实现力的平衡，或通过电磁力矩的调节，使物体在重力场中实现力矩的平衡。其称量结构是机电结合式，由载荷接受与传递装置、测量与补偿装置等部件组成（见图 2-1）。

载荷接受与传递装置由称量盘、盘支承、平行导杆等部件组成，它是接受被称物和传递载荷的机械部件。平行导杆是由上下两个三角形导向杆形成一个空间的平行四边形结构（从侧面看），以维持称量盘在载荷改变时进行垂直运动，并可避免称量盘倾斜。

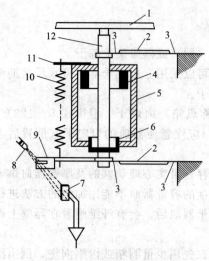

图 2-1　电子天平结构示意图

1—称量盘；2—平行导杆；3—挠性支承簧片；4—线性绕组；5—永久磁铁；6—载流线圈；7—接收二极管；8—发光二极管；9—光闸；10—预载弹簧；11—双金属片；12—盘支承

测量与补偿控制装置是对载荷进行测量，并通过传感器、转换器及相应的电路进行补偿和控制的部件单元。该装置是机电结合式的，既有机械部分，又有电子部分，包括示位器（接收二极管、发光二极管、光闸）、补偿线圈、永久磁铁，以及控制电路等部分。

电子装置能记忆加载前示位器的平衡装置。所谓自动调零，就是能记忆和识别预先调定的平衡位置，并能自动保持这一位置。称量盘上载荷的任何变化都会被示位器察觉并立即向控制单元发出信号。当称量盘加载后，示位器发生位移并导致补偿线圈接通电流，线圈内就产生垂直的力，这种作用于称量盘上的外力使示位器准确回到原来的平衡位置。载荷越大，线圈中通过电流的时间越长，通过电流的时间间隔是由通过平衡位置扫描的可变增益放大器来调节的，而且这种时间间隔直接与称量盘上所加载荷成正比。整个称量过程均由微处理器进行计算和控制。这样，当称量盘上加载后，即接通了补偿线圈的电流，计算器就开始计算冲击脉冲，达到平衡后，就自动显示出载荷的质量值。

（2）电子天平的使用方法

电子天平的品牌和型号很多，不同品牌的电子天平在外形和功能方面有所不同，但基本操作方法大体相同。

① 基本检查　揭开防尘罩并叠好，检查天平称量盘或防风罩内是否有异物并清扫干净。

② 调节水平　如水平仪气泡偏移，需调整水平调节脚，使水泡位于水平仪中心。

③ 开机　接通电源，按开关键，开机自检。

④ 去皮　若采用称量纸，或表面皿、小烧杯等承接器具称量物质，或采用称量瓶称量时，一般需要进行"去皮"操作。具体操作是，将称量纸，或承接器具置于天平的称量盘上，按下"去皮键"，待显示稳定的零点即完成去皮。

⑤ 称量　根据称量的要求采用不同的称量方法称量。

⑥ 关机　称量完毕后，清洁称量盘，按开关键关机并盖好防尘罩。

（3）天平使用的注意事项

① 根据称量要求，选择相应称量精度的天平。一般化学实验中的称量，如制备实验以及常量分析中，间接法配制标准溶液的称量，选用称量精度为 0.1g，或 0.01g 的普通天平；对于常量分析中基准物以及称量形的称量，一般选用称量精度为 0.1mg 的分析天平。

② 电子天平在初次接通或长时间断电后，至少需要预热 30min 方可使用。

③ 若电子天平存放时间长、位置移动、环境变化或为获得精确测量，天平在使用前都应进行校准。

④ 天平放置在新位置或有所挪动时，应该重新调节水平。

由于电子天平的自重较小，容易被碰而发生位移，从而造成水平改变，影响称量结果的准确性，所以应特别注意使用时动作要轻、缓，并时常检查天平的水平是否改变。

校准、调水平一般均由实验室工作人员或指导教师完成，学生只允许进行基础称量，并禁用其他功能键。

⑤ 对于有防风罩的天平，特别是电子分析天平，除非放入或取出物品，在开机以及去皮、称量过程中应注意及时关闭防风门（上部的检修及操作窗平时一般不开，只用左、右两边的防风门），方能得到稳定且可靠的数据。

要注意克服可能影响天平示值变动性的各种因素，例如空气对流、温度波动、容器不够干燥、开门及放置称量物品时动作过重等。

⑥ 应根据称量精度要求选择合适的电子天平。一般化学实验大多只需要使用精度为 0.1g 或 0.01g 的天平，分析检测实验使用精度为 0.1mg 或 0.01mg 的分析天平。

⑦ 应注意所用天平的最大载荷，严禁超重。

⑧ 严禁将试剂、化学品以及腐蚀性、吸湿性的物品直接放置在称量盘上；称量所用容器外壁必须洁净、干燥，若是使用电子分析天平，容器内、外壁都必须洁净、干燥；为了防潮，防风罩内一般需放置吸湿用的干燥剂（如变色硅胶等）；称重的物品与防风罩内的温度应一致，不得将热的或冷的物品置于称量盘上称量。

⑨ "去皮"操作，有的电子天平有专门的去皮键，有的天平直接采用"ON"键代替；关机操作，有的电子天平有专门的关机键，有的是长按"ON"键。请注意指导老师的说明。

⑩ 天平被污染时应用含少量中性洗涤剂的柔软布擦拭。勿用有机溶剂和化纤布。称量盘可清洗，充分干燥后再装到天平上。

2.2.2　常用称量方法

（1）直接称量法

在天平显示稳定的零点之后，将被称物直接放在称量盘上，所得读数即为被称物的质量，这种称量方法称为**直接称量法**。例如，称量一只小烧杯的质量，轻按"ON"键，几秒钟后进入称量模式，显示零读数（根据天平精度，显示 0.00，或 0.0000g 等），将小烧杯轻放在称量盘中央，显示的数值即为烧杯的质量。该法适用于称量洁净干燥的器皿、棒状或块状的金属及其他整块的不易潮解或升华的固体样品。

对于分析检测类实验的称量，注意不得用手直接取放被称物，可采用戴汗布手套、套纸条、用镊子或钳子等适宜的办法。

（2）固定质量称量法

固定质量称量法又称为**指定重量称量法**。

首先在天平上准确称出承接器的质量，然后按去皮键，显示屏出现零点状态，表明承接器质量值已去除，即去皮重。然后用药匙或取样勺向承接器中加入待称物品。在接近所需质量时，用左手空拳轻轻振动所执药匙或取样勺的右手手臂（**振动手臂法**），使物品落入承接器中，当达到所需质量时停止添加。例如，要称取 8.0g 氢氧化钠固体颗粒，就可以采用这种称量方法。

在分析检测实验中，固定质量称量法主要用于在空气中性能稳定、不易吸水的物品称量。例如要准确称取（0.3779 ± 0.0002）g 的某种不易吸湿的粉末试剂，也是采用这种方法称量。但是，当接近所需称量质量时不是采用振动手臂的方法，而是采用食指弹药匙前端的方法（**弹烟灰法**），让少许粉末能徐徐落入承接器中，直至达到所需质量。也有采用左手从左边门将称量瓶伸入防风罩、右手从右边门伸入，打开称量瓶瓶盖，通过敲击的方法（见以下减量法操作），使粉末试剂落入承接容器中，直至所需质量。

（3）递减称量法（减量法）

递减称量法又称**减量法**，主要应用于分析检测实验中易吸水、易氧化、易与 CO_2 反应等（不适用于氢氧化钠）物品的称量。

这种方法是先将称量物品装入干燥、洁净的**称量瓶**中，然后在天平上准确称得其质量 m_1，采用一定的方式，取出称量瓶中适量物品于洁净的容器中，再准确称得其质量 m_2，两次称量质量之差，即为所称得物品的质量，故又称为减量法。减量法称量过程中，不得用手直接拿取称量瓶，在教学实验中一般是用韧性较好的纸条分别套住称量瓶及其盖子。

采用电子分析天平称量一定质量粉末物质的减量法操作是：水平推开干燥器盖子（见2.5.3），用纸条套住称量瓶的瓶身中部（见图2-2）并将其取出，轻放在已进入称量模式的称量盘上，水平推上干燥器盖子并关闭天平的防风门。待显示屏读数稳定后，轻按去皮键，使之显示 0.0000g。取出称量瓶，在盛接样品的容器上方，用小纸条套住瓶盖柄并打开，用瓶盖的下沿轻敲称量瓶口的右上部，使样品缓缓倾入容器内（见图2-3）。当估计倾出的样品已接近所需的量时，边敲击称量瓶口，边将瓶身慢慢抬起，并使瓶口内侧的样品敲回称量瓶中，粘在瓶口靠外侧的样品落入盛接样品的容器中，在容器上方小心但较快盖好瓶盖，将称量瓶放回称量盘上。天平显示的负数即为所称出的粉末样品质量。若一次倾出的样品质量不够，应再取出敲击倾倒一次，但次数不能太多。如倒出的样品质量超过要求值，不可借助药匙或取样勺将其取出，只能弃去重称（若超出的量不多，定量化学分析中可以根据该质量粉末所需消耗的滴定剂体积或形成沉淀物质的量决定是否需要重称）。

图2-2　称量瓶拿法　　　　　　　　图2-3　从称量瓶中敲出样品

扩展与链接　"天平"标准简介、电光分析天平简介

（1）与天平相关的部分标准简介

"GB/T 4168 非自动天平杠杆式天平" 标准规定了非自动天平中杠杆式天平的基本参数、技术要求、试验方法、检验规则与标志、包装、运输、储存。适用准确度级别为 $1\times10^7\sim1\times10^4$，最大称量范围为1g~500kg 刀刃支承式的单杠杆式天平，不适用于真空天平、热天平、遥控天平、自动记录天平与上皿式天平和按协议制造的出口天平。

"GB/T 25107 机械天平" 为机械天平的国家标准，规定了机械天平的分类及基本参数、要求、试验方法、检验规则、标志和包装、运输、储存，适用于利用杠杆原理测定物质质量的机械天平，不适用于真空天平、热天平、遥控天平、自动记录天平与上皿式天平和按协议制造的天平。

"JB 5374 电子天平" 为机械行业标准。该标准规定了电子天平的基本参数、技术要求、试验方法、检验规则与标志、包装、储存。适用于天平的设计与制造，不适用于真空天平、热天平、遥控天平、自动天平和按协议制造的出口天平。

"JJG 98" 与 **"JJG 1036"**，JJG 98是国家计量检定规程：机械天平检定规程。该规程适用于机械杠杆式天平的首次检定、后续检定和使用中检验。JJG 1036 为国家计量检定规程：电子天平检定规程。该规程适用于电子天平的首次检定，后续检定和使用中检验。

（2）电光分析天平简介

电光分析天平是在阻尼天平的基础上改进而成的，属于机械式天平。大小砝码全部由指数盘添加的称为**全机械加码电光分析天平**或**全自动电光分析天平**；1g 以下 10mg 以上的圈码由指数盘添加的，称为**半自动电光分析天平**。两者操作基本相同，但后者结构较为简单。

① 电光分析天平的结构　以半自动电光分析天平的结构为例（见图 2-4），并简单介绍几个较为关键的机构。

a. 天平横梁　在梁的中间和等距离的两端装有三个玛瑙三棱体，中间三棱体刀口向下，两端三棱体刀口向上。刀口的尖锐程度决定了分析天平的灵敏度。梁的两边装有两个平衡螺丝，用于调整梁的平衡位置（即调节零点）。

b. 支柱　柱的上方嵌有玛瑙平板，它与梁中央的玛瑙刀口接触。天平柱的上部装有能升降的托梁架（由升降旋钮控制），天平不用时，用托梁架托住天平梁，使玛瑙刀口与平板脱开，以减少磨损。

c. 蹬（也称吊耳）　蹬的中间向下的部分嵌有玛瑙平板，与天平梁两端的玛瑙刀口接触。蹬的两端面向下有两个螺丝凹槽，天平不用时，凹槽与托梁上的托蹬螺丝接触，将蹬托住，使玛瑙平板与玛瑙刀口脱开。

d. 指针　指针的下端装有缩微标尺。光源通过光学系统将缩微标尺的刻度放大，反射到光屏上，从光屏上就可以看到标尺的投影，光屏的中央有一条垂直的刻线，标心投影与刻线的重合处即为天平的平衡位置。调屏拉杆可将光屏左、右移动一定距离，在天平未加砝码和重物时，打开升降旋钮，可拨动调屏拉杆使标尺的 0.00 与刻线重合，达到调整零点的目的。

e. 升降旋钮　顺时针旋转升降旋钮，托翼即下降，梁上的三个刀口与相应的玛瑙平板接触，使吊钩

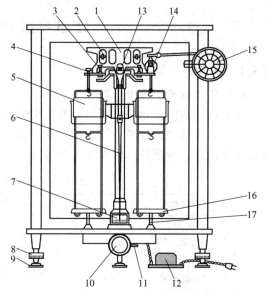

图 2-4　半自动电光分析天平结构示意图
1—天平横梁；2—平衡螺丝；3—支柱；4—蹬；
5—阻尼器；6—指针；7—投影屏；8—螺旋足；
9—垫脚；10—升降旋钮；11—调屏拉杆；
12—变压器；13—刀口；14—圈码；
15—圈码指数盘；16—秤盘；17—盘托

及称盘自由摆动，同时接通光源，屏幕上显示标尺的投影，天平进入工作状态。停止称量时，逆时针旋转升降旋钮，则横梁、吊耳及称量盘被托住，刀口与玛瑙平板脱离，光源切断，天平进入休止状态。

f. 指数盘　全自动电光分析天平有三个指数盘，最上层为圈码，下面两层为骑码，圈码指数盘转动时可往天平梁上加 10～990mg 的圈形砝码。指数盘上刻有圈码质量的数值，分内、外两层，例如圈码指数盘的内层为 10～90mg 组合，外层为 100～900mg 组合。天平达到平衡时，可由内、外层对天平方向的刻度上读出圈码的重量。

② 电光分析天平的使用方法　简单介绍全自动电光分析天平的使用，天平使用的共同问题不再赘述。

a. 检查天平　应注意指数盘是否均在"0.00"位；圈码、骑码有无脱位；吊耳是否错位等。

b. 调节零点　接通电源，打开升降旋钮，这时可以看到缩微标尺的投影在光屏上移动。当投影稳定后，如果光屏上的刻线与标尺的"0.00"不重合，可通过调屏拉杆移动光屏的位置，使刻线与标尺"0.00"重合，零点即调好。如果将光屏移到尽头后，刻线还不能与标尺重合，则需要调节天平梁上的平衡螺丝。

c. 称量　使用这种天平时最好先用普通天平粗称被称物品的质量，或能基本判断被称物品的大致质量，便于砝码的添加。全自动电光分析天平的称量盘在右侧。将要称量的物体放在称量盘的中央，然后旋转指数盘，将比粗称质量略重的骑码加上，缓慢开动升降旋钮，观察光屏上标尺移动的方向。记住，标尺投影总是向重盘方向移动，就能迅速判断出砝码轻重。若缓慢旋开升降旋钮，标尺往负方向移动，则表示砝码比物体重，应立即关好升降旋钮，减骑码或圈码。若缓慢旋开升降旋钮，标尺往正方向移动，可能有两种情况。一种情况是标尺稳定后，与刻线重合的地方在 10.0mg 以内，即可读数。另一种情况是标尺往

正方向迅速移动，则表明砝码太轻，应立即关好升降旋钮，增骑码或圈码。这样反复加减砝码，直到完全打开升降旋钮，光屏上的刻线与投影上某一读数重合为止。

　　d. 读数　当光屏上的标尺投影稳定后，就可以从标尺上读出 10mg 以下的重量。有的天平标尺上既有正值的刻度，也有负值的刻度，有的天平则只有正刻度。称量时一般都使刻线落在正值的范围里（即读数时加上这部分毫克数），而不取负值，以免计算总重量时有加有减发生错误。

　　e. 天平复原　称量完毕，将骑码、圈码指数盘恢复到"0.00"位置，检查横梁是否托起。

2.3　试剂及其取用

2.3.1　试剂的分类与保管

(1) 化学试剂的分类

　　化学试剂的门类很多，国际标准化组织（ISO）已陆续建立了很多种化学试剂的国际标准。我国化学试剂的等级是按杂质含量的多少来划分的，国家标准（GB）中，将一般试剂划分为**优级纯、分析纯、化学纯** 3 个等级，如表 2-1 所示。

表 2-1　我国化学试剂等级的划分

级别	中文名称	英文名称	符号	标签标志	适用范围
一级试剂	优级纯（保证试剂）	guaranteed reagent	GR	绿色	杂质含量低,纯度很高,适用于精密分析工作和科学研究工作
二级试剂	分析纯（分析试剂）	analytical reagent	AR	红色	纯度仅次于一级品,适用于一般定性定量分析工作和科学研究工作
三级试剂	化学纯	chemically pure	CP	蓝色	纯度较二级差些,适用于一般定性分析工作

　　有时也根据用途来定级，如**基准试剂、光谱纯试剂、色谱纯试剂**等，在试剂瓶标签上会加以注明。基准试剂的纯度相当于或高于优级纯试剂；色谱纯试剂主要用于色谱分析，是在最高灵敏度，以 10^{-10} g 下无杂质峰来表示的；光谱纯试剂主要应用于光谱分析，是以光谱分析时出现的干扰谱线的数目及强度来衡量的，即其杂质含量用光谱分析法已测不出或杂质含量低于某一限度。

(2) 试剂的保管

　　试剂若保管不当，会变质失效，不仅造成浪费，甚至会引起事故，应根据试剂的不同性质采取不同的保管方法。

　　① 一般的单质和无机盐类的固体，应保存在通风良好、干净、干燥的房间里，以防止被水分、灰尘和其他物质污染。

　　② 吸水性强的试剂，如无水碳酸盐、苛性钠、过氧化钠等应严格密封（应该蜡封）。

　　③ 见光会逐渐分解的试剂（如过氧化氢、硝酸银、高锰酸钾、草酸、铋酸钠等），与空气接触易逐渐被氧化的试剂（如氯化亚锡、硫酸亚铁、硫代硫酸钠、亚硫酸钠等），以及易挥发的试剂（如溴、氨水及乙醇等），应放在棕色瓶内置于冷暗处。

　　④ 容易侵蚀玻璃而影响试剂纯度的试剂，如氢氟酸、含氟盐（氟化钾、氟化钠）和苛性碱（氢氧化钾、氢氧化钠）等，应保存在聚乙烯塑料瓶或涂有石蜡的玻璃瓶中。

　　⑤ 易燃的试剂，如乙醇、乙醚、苯、丙酮，易爆炸的试剂，如高氯酸、过氧化氢、硝基化合物，应分开储存在阴凉通风、不受阳光直射的地方。

　　⑥ 相互易作用的试剂，如挥发性的酸与氨，氧化剂与还原剂应分开存放。

⑦ 剧毒试剂，如氰化钾、氰化钠、氢氟酸、二氯化汞、三氧化二砷（砒霜）等，应特别注意由专人妥善保管，应严格按一定手续取用，认真做好取用记录，以免发生事故。

⑧ 极易挥发并有毒的试剂可放在通风橱内，当室内温度较高时，可放在冷藏室内保存。

⑨ 有条件的实验室，应有专门的药品室，采用带通风设施的专用药品橱分门别类保存试剂，且具有视频监控。

2.3.2　试剂的选择与取用

（1）试剂的选择

不同规格的试剂价格相差很大，不要认为试剂越纯越好，不能超越具体条件与要求盲目追求使用高纯度试剂，也不能随意降低试剂规格而影响测定结果的准确度，应按实验的要求，本着节约的原则，选用不同规格的试剂。

对于一般的化学实验，使用化学纯试剂即可；对于分析检测实验，大多选用分析纯试剂；用于标定的基准物可以选择基准试剂；对于需要较大量的试剂处理被检测样品时，一般选用优级纯试剂；对于要求较高的实验，也应根据实验的要求选择合适的化学试剂，或专用试剂，甚至需要对化学试剂进行提纯。

（2）液体试剂的取用

从平顶瓶塞试剂瓶取用试剂的方法，取下瓶塞把它仰放在台上，用左手的拇指、食指和中指拿住容器（如试管、量筒等），用右手拿起试剂瓶，注意使试剂瓶上的标签对着手心，慢慢倒出所需量的试剂（见图 2-5）。倒完后，应该将试剂瓶口在容器上靠一下，再使瓶子竖直，这样可以避免遗留在瓶口的试剂从瓶口流到试剂瓶的外壁。必须注意倒完试剂后，瓶塞须立即盖在原来的试剂瓶上，把试剂瓶放回原处，并使瓶上的标签朝外。

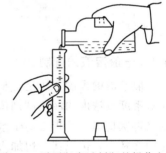

从滴瓶中取用少量试剂时，先提起滴管，使管口离开液面，用手指捏紧滴管上部的橡皮头，以赶出滴管中的空气。然后把滴管伸入试剂瓶中，放开手指，吸入试剂，再提起滴管，将试剂滴入试管或烧杯中。使用滴瓶时，必须注意下列各点。

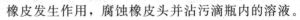
图 2-5　平顶瓶塞试剂瓶的操作方法

① 将试剂滴入试管中时，必须用无名指和中指夹住滴管，将它悬空地放在靠近试管口的上方，然后用拇指和食指捏紧橡皮头，使试剂滴入试管中（见图 2-6）。绝对禁止将滴管伸入试管中，否则滴管的管端将很容易碰到试管壁上而沾附其他溶液。如果再将此滴管放回试剂瓶中，则试剂将被污染，不能再使用。滴管口不能朝上，以防管内溶液流入橡皮头内与橡皮发生作用，腐蚀橡皮头并沾污滴瓶内的溶液。

② 滴瓶上的滴管只能专用，使用后应立即将滴管插回原来的滴瓶中，勿张冠李戴。一旦插错了滴管，必须将该滴瓶中的试剂全部倒掉，洗净滴瓶及滴管，重新装入纯净的试剂溶液。

③ 试剂应按次序排列，取用试剂时不得将瓶从架上取下，以免搞乱顺序，寻找困难。

（3）固体试剂的取用

固体试剂一般都用药匙取用。药匙用牛角、塑料或不锈钢制成，有的药匙两端分别为大小两个匙，取大量

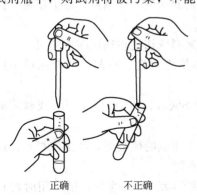

正确　　　　不正确
图 2-6　用滴管将试液加入试管中

固体用大匙，取少量固体用小匙。取用的固体要加入小试管里时，也必须用小匙。使用的药匙，必须保持干燥而洁净，且专匙专用。

试剂取用后应立即将瓶塞盖严，并放回原处。

要求称取一定重量的固体试剂时，可把固体放在干净的称量纸或表面皿上，再根据要求在台秤或分析天平上进行称量。具有腐蚀性或易潮解的固体不能放在纸上，而应放在玻璃容器（小烧杯或表面皿）内进行称量。

扩展与链接　"试剂"标准简介、MOS 试剂简介

（1）"GB 15346 化学试剂　包装及标志"

该标准规定了化学试剂包装及标志的技术要求、包装验收、储存与运输，不适用于 MOS 试剂、临床试剂、高纯试剂和精细化工产品等的包装。

（2）MOS 试剂简介

MOS 级化学试剂是"金属-氧化物-半导体"（metal-oxide-semiconductor）电路专用的特纯试剂的简称，是为适应大规模集成电路（LSI）的生产而出现的一个新的试剂门类。它属于生产金属氧化物半导体电路专用的化学品，是一种高纯试剂，其纯度要求单项金属离子杂质含量均在 $10^{-9}\% \sim 10^{-7}\%$ 范围内，更重要的是控制产品内微粒杂质（即尘埃和不溶颗粒）的个数，应当符合美国材料试验学会（ASTM）"0"级标准，即对 $5\sim10\mu m$ 大小的颗粒，每 100mL 中最大允许在 2700 个以下，而对 $5\mu m$ 大小的颗粒，要求在 304 个以下。

2.4　溶液的配制

2.4.1　一般溶液的配制

一般溶液的配制方法是：根据配制溶液的浓度和体积，计算出所用固体试剂的质量或已知相对密度或浓度的液体试剂体积，称取或量取试剂。向盛有固体试剂的烧杯中加入一定体积水（再次提醒，是指去离子水！），搅拌溶解，必要时可加热促使其溶解；或向盛有一定体积水的烧杯中，边搅拌，边加入液体试剂。再将溶液转入一定体积的试剂瓶中，加水至所需的体积，摇匀，即得所配制的溶液。例如配制 1mol/L 硫酸溶液 500mL。根据硫酸浓度（本教材中，对于硫酸、硝酸、盐酸以及氨水等液体试剂，若未加说明或注明具体浓度，均指的是浓酸或浓氨水），可算出需要硫酸约 28mL。取一只 500mL 的烧杯（再次强调，是洗涤至符合要求，洁净的烧杯！），加水约 300mL。向水中缓慢加入硫酸，边加边用玻璃棒（以下简称玻棒）搅拌（再次强调，切不可向硫酸中加水！）。将冷却后的硫酸溶液转入 500mL 试剂瓶中，用适量的水润洗烧杯，合并入试剂瓶。最后将剩余的水倒入试剂瓶，塞上瓶塞，摇匀（见 2.6.1）。

对于挥发性酸或氨水等刺激性、腐蚀性等试剂溶液的配制应切记在通风橱中完成。

配制饱和溶液时，所用试剂量应稍多于计算量，加热使之溶解、冷却，待结晶析出后再用。

配制易水解盐溶液时，应先用相应的酸溶液〔如溶解 $SbCl_3$、$Bi(NO_3)_3$ 等〕或碱溶液（如溶解 Na_2S 等）溶解，以抑制水解。

配制易氧化的盐溶液时，不仅需要酸化溶液，还需加入相应的纯金属，使溶液稳定。例如，配制 $FeSO_4$、$SnCl_2$ 溶液时，需分别加入金属铁、金属锡。

对于经常大量使用的溶液，可预先配制出比预定浓度约大 10 倍的储备液，用时再行稀释。

应注意养成溶液配制完毕及时贴上标签的习惯。标签上应标注溶液名称、浓度或质量浓度、配制时间等基本信息，学习阶段还应注明配制人。

无机及分析化学实验室中常用试剂溶液、常用指示剂、缓冲溶液等的配制方法见附录。

2.4.2　标准溶液的配制

标准溶液为已知准确浓度的试剂溶液，一般应用于分析检测实验中。用于滴定分析的又称为**滴定剂**；用于微量或痕量分析的又分为**标准母液**（或标准储备液）与**标准操作液**（或**标准工作溶液**）。标准母液一般为质量浓度较高的标准溶液，如 0.5mg/mL 或 1.0mg/mL，可以储存较长的时间（一般储存于聚氯乙烯塑料瓶中），大多采用标准物质配制而成。常见标准溶液的配制大多都有国家标准（见本节扩展与链接）。标准操作液一般为测定时所需的标准溶液，由标准母液稀释而成，一般现配现用。

（1）标准物质

在工农业生产、环境监测、商品检验、临床化验及科学研究中，为了保证分析、测试结果有一定的准确度，并具有公认的可比性，必须使用标准物质校准仪器、标定溶液的浓度、评价分析方法。因此，标准物质是测定物质成分、结构或其他有关特性量值的过程中不可缺少的一种计量标准。目前，我国已有标准物质近千种。

标准物质是国家计量部门颁布的一种计量标准，它必须具备以下特征：

材质均匀、性能稳定、批量生产、准确定值、有标准物质证书（标明标准值及定值的准确度等内容）等。此外，为了消除待测样品与标准物质两者间主体成分的差异给测定结果带来的系统误差，某些标准物质还应具有与待测物质相近似的组成与特性。

我国的标准物质分为两个级别。**一级标准物质**是统一全国量值的一种重要依据，由国家计量行政部门审批并授权生产，由中国计量科学研究院组织技术审定。一级标准物质采用绝对测量法定值或多个实验室采用准确可靠的方法协作定值，定值的准确度要具有国内最高水平。**二级标准物质**由国务院有关业务主管部门审批并授权生产，采用准确可靠的方法或直接与一级标准物质相比较的方法定值，定值的准确度应满足现场（即实际工作）测量的需要。

目前，我国的化学试剂中只有容量分析基准试剂和 pH 基准试剂属于标准物质，其产品只有几十种。常用的工作基准试剂（容量）列于附录。

标准溶液是已确定其主体物质或其他特性量值的溶液。无机及分析化学实验中常用的标准溶液主要有滴定分析用标准溶液和 pH 值测量用标准酸碱缓冲溶液。

（2）标准溶液的配制

滴定分析标准溶液用于测定试样中的主体成分或常量成分，有两种配制方法。

① **直接法**　用工作基准试剂或纯度相当的其他物质直接配制。这种做法比较简单，但成本高。很多种标准溶液没有相当的标准物质进行直接配制（例如 HCl、NaOH 溶液等）。

直接法与一般溶液的配制方法一样，不同的是，需用分析天平准确称量以及使用容量瓶定容。所用试剂的质量应根据误差要求，采用固定质量称量法准确称量。过程中不仅所用器具必须洁净，容器内、外壁干燥，而且不能引入杂质或损失。若溶解过程需用酸或碱，反应较为剧烈或有气体产生，应将烧杯中的被溶解物质先用少量水润湿并加盖表面皿。酸或碱通过烧杯嘴缓缓向烧杯中加入。溶解后再通过定量转移，将溶液转入容量瓶中，稀释至刻度，摇匀（见 2.12.2）。

② **间接法**　先用分析纯试剂配成接近所需浓度的溶液，再用适当的工作基准试剂或其他标准物质进行标定，故又称为**标定法**；或采用另一种已知准确浓度的标准溶液确定其准确浓度（称为比较法。使用前提：两种物质能定量发生反应，且反应速率相对大，有合适的指

示剂)。

配制方法与一般溶液的配制方法也一样，可以采用一般的天平（精度 0.1g 或 0.01g）称取所用试剂，或采用量筒量取。

配制时要注意以下几点。

① 要选用符合实验要求的纯水，配制 NaOH、$Na_2S_2O_3$ 等溶液时要使用临时煮沸并冷却的纯水。配制 $KMnO_4$ 溶液要煮沸 15min 并放置一周，以除去水中微量的还原性杂质，过滤后再标定。

② 基准试剂要预先按规定（或相应标准）的方法干燥至恒重（即两次干燥并冷却后，两次称量质量之差不得超过允许误差）。

③ 当一溶液可用多种标准物质及指示剂进行标定时（例如 EDTA 溶液），原则上应使标定的实验条件与测定试样时的条件相同或相近，以避免可能产生的系统误差。

④ 标准溶液均应密闭存放，有些还须避光（采用棕色瓶），或存放于聚氯乙烯塑料瓶中。溶液的标定周期长短除与溶质本身的性质有关外，还与配制方法、保存方法有关。浓度低于 0.01mol/L 的标准溶液不宜长时间存放，应在临用前用浓的标准溶液稀释。

⑤ 当对实验结果的精度要求不是很高时，可用优级纯或分析纯试剂代替同种的基准试剂进行标定。

⑥ 在实际应用领域，一个溶液标签上可能会出现两个浓度值的情况。这是由于采用不同的基准物，在不同的条件下标定所产生的结果。这种标准溶液应用于不同类别样品溶液滴定时，采用不同的浓度值计算测定结果。

扩展与链接 "溶液配制"标准简介

(1) 无机化工产品分析中有关溶液配制的标准简介

"**HG/T 3696.1 无机化工产品　化学分析用标准溶液、制剂及制品的制备　第 1 部分：标准滴定溶液的制备**"为化工行业标准，规定了无机化工产品化学分析容量法用的主要标准滴定溶液的配制和标定方法，适用于容量法测定无机产品的主含量及杂质含量用的准确浓度的标准滴定溶液的制备，也可供其他化工产品的化学分析选用。

"**HG/T 3696.2 无机化工产品　化学分析用标准溶液、制剂及制品的制备　第 2 部分：杂质标准溶液的制备**"为化工行业标准，规定了无机化工产品化学分析用杂质标准溶液的制备方法，适用于无机化工产品分析中杂质含量测定时所需的一定容积内含有准确数量的某一元素、离子或分子的标准溶液的制备，也可供其他化工产品的化学分析选用。

"**HG/T 3696.3 无机化工产品　化学分析用标准溶液、制剂及制品的制备　第 3 部分：制剂及制品的制备**"为化工行业标准，规定了无机化工产品化学分析中所常用的制剂、制品、试剂和溶液、缓冲溶液、指示剂及指示液的配制，适用于无机化工产品化学分析中所需的制剂及制品的制备，也可供其他化工产品的化学分析选用。

(2) 化学试剂分析中有关溶液配制的标准简介

"**GB/T 601 化学试剂　标准滴定溶液的制备**"规定了化学试剂标准滴定溶液的配制和标定方法，适用于制备准确浓度的标准滴定溶液，以供滴定法测定化学试剂的纯度及杂质含量，也可供其他行业选用。

"**GB/T 602 化学试剂　杂质测定用标准溶液的制备**"规定了化学试剂杂质测定用标准溶液的制备方法，适用于制备单位容积内含有准确数量物质（元素、离子或分子）的溶液，适用于化学试剂中杂质的测定，也可供其他行业选用。

"**GB/T 603 化学试剂　试验方法中所用制剂及制品的制备**"规定了化学试剂试验方法中所用制剂及制品的制备方法，适用于化学试剂分析中所需制剂及制品的制备，也可供其他行业选用。

2.5　物质的加热、冷却与干燥

2.5.1　常用的加热方法

实验室加热需要有加热器具，可以分为明火加热器具与无明火加热器具。酒精灯、酒精喷灯、燃气灯等均属于明火加热器具，在化学实验中常应用于一般化学反应的加热，特别是无易燃、易爆气体产生的实验中加热，以及简单玻璃器具加工的加热；电热板、电热套（见图 2-7）、远红外加热炉（见图 2-8）等就属于无明火加热器具。从实验室安全角度考虑，加热应采用这种类型的加热器具为宜。

图 2-7　电热套

图 2-8　远红外加热炉

（1）常用明火加热器具及其使用

酒精灯应用于一般化学实验中的加热。使用时应注意以下几点。

① 灯内酒精一般不应超过容积的 2/3。

② 点燃时要用火柴或点火器引燃，切不能用另一个燃着的酒精灯引燃。

③ 需添加酒精时，应熄灭火焰，用漏斗添加。

④ 连续使用的时间不能过长，以免灯内酒精大量汽化形成爆炸混合物。

⑤ 熄灭时要用灯罩盖熄灭，切不能用嘴吹灭。

酒精喷灯主要用于加热温度较高的场合，特别是玻璃器具的加工。这种加热器具是先将酒精汽化并与空气混合后才燃烧的，火焰温度可达 900℃左右，且稳定。

喷灯有座式与挂式，图 2-9 就是挂式的示意图。

喷灯的基本操作：打开活塞 3 并在预热盆 5 中装满酒精并点燃。待盆内酒精近干时，灯管已被灼热，将划着的火柴移至灯口或点火器在灯口点火，开启开关 6。从储罐 2 流进灯管 9 的酒精立即汽化，并与气孔 7 进来的空气混合，即可点燃。调节开关 6，控制火焰大小。用毕，关闭开关 6，火即熄灭。

必须注意，点燃喷灯前灯管必须充分预热，一定要使喷出的酒精全部汽化，否则会形成"火雨"，四处散落，易酿成事故。不用时，应关闭储罐下的活塞开关，以免酒精漏失，造成后患。

燃气灯最基本的组成为灯管和灯座，图 2-10 是常用

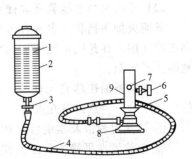

图 2-9　挂式酒精喷灯

1—酒精；2—酒精储罐；3—活塞；
4—橡皮管；5—预热盆；6—开关；
7—气孔；8—灯座；9—灯管

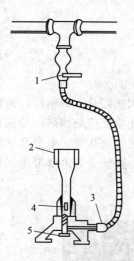

图 2-10　燃气灯
1—燃气开关；2—灯管；
3—燃气入口；4—空气的
入口；5—燃气调节器（针阀）

燃气灯的结构示意图。灯管的下部有螺旋，与灯座相连，几个气孔为空气的入口。旋转灯管，即可完成关闭或不同程度地开启气孔，以调节空气的进入量。灯座下面有一螺旋形针形阀，用以调节燃气的进入量。

点燃燃气时，应先关闭空气入口，将点火器置于灯管口边缘并按下点火按钮，然后打开燃气开关，将灯点燃。调节空气和燃气的进气量，使燃气燃烧完全，此时可得到淡紫色分层的正常火焰。使用完毕应先关闭燃气，使火焰熄灭，再将针阀和灯管旋紧。

燃气灯的正常火焰分成三层，如图 2-11（a）所示。内层为焰心，由未燃烧的燃气与空气的混合物组成；中层为还原焰，燃气不完全燃烧并分解为含碳的产物，所以这部分火焰具有还原性，温度较高，火焰呈淡蓝色；外层为氧化焰，燃气完全燃烧，过剩的空气使这部分火焰具有氧化性。最高温度处在还原焰顶端上部的氧化焰，温度约为 1500℃。

若燃气和空气的进入量都很大，气流易冲出管外，火焰在灯管上空燃烧，称为"凌空火焰"，如图 2-11（b）所示。若燃气进入

(a) 正常火焰　　　(b) 凌空火焰　　　(c) 侵入火焰

图 2-11　各种火焰
1—焰心；2—还原焰；3—最高温处；4—氧化焰

量很小，空气进入量很大，火焰在灯管内燃烧，火焰呈绿色，并发出特殊的"嘶嘶"声，这种火焰称为"侵入火焰"，如图 2-11（c）所示。遇到临空火焰或侵入火焰时，应立即关闭燃气开关，重新调节空气或燃气的进入量后再点燃。

（2）无明火加热器具及其使用

无明火加热器具大多具有较为清晰的操作按钮或旋钮，请注意按说明书正确使用。在此以远红外加热炉为例，说明无明火加热器具使用时应注意的主要问题。

由于这类加热器具无明火，故除了用电安全之外应特别注意防止烫伤！使用时应注意以下几点。

① 加热过程以及结束后，加热面板温度很高，千万不能用手触摸，并当心无意触碰到。

② 应放置在平稳的台面上使用，且周围无易燃、易爆物品，以防受热发生意外或烤坏；放置器皿前，应检查器皿底部无纸屑、塑料或其他易燃异物，以防燃烧。

③ 器皿放置时应小心，以防掉落，使器皿破损或加热面板破裂。若器皿破裂，液体洒落，应及时拔去插头，待面板冷却后再清理；若面板出现裂痕，应立即关闭电源，拔掉插头，冷却后送修。

④ 吸气口和排气口注意畅通，不能被阻塞。

⑤ 加热后及时关闭电源，但不应立即拔掉插头，过约 20min，待机内温度散热冷却后再拔去。

(3) 直接加热法

化学实验中常用的加热方法主要有直接加热法和用热浴间接加热法。

此处的**直接加热法**主要指发热源与被加热物品（如器皿）直接接触的加热方式。以往的发热源一般是明火加热器具所产生的火焰以及通电后的红热电热丝等。

实验室中常用的加热器皿有烧杯、烧瓶、瓷蒸发皿、试管等。这些器皿能承受一定的温度，可以采用直接加热法加热。直接加热时应注意以下 3 点。

① 不能骤热或骤冷，加热前，必须将器皿外面的水擦干，加热后不能立即与潮湿的物体接触。

② 加热液体时，所盛液体一般不宜超过试管容量的 1/3，烧杯容量的 1/2，或烧瓶容量的 1/3。

③ 盛有液体的烧杯、烧瓶等玻璃容器的加热一般不适合采用直接加热法，最好采用以下所介绍的间接加热法。若需采用，加热初期注意适当移动火焰位置，使烧杯或烧瓶底部尽量受热均匀，不致因受热不均而破裂；加热过程中适当搅动内容物，特别是在加热含有较多不溶性固体物质的溶液以及高浓度或高盐分的溶液时。

试管一般可直接在火焰上加热，但离心试管不得采用直接加热法。在火焰上加热试管时，应注意以下几点。

① 应该用试管夹夹在试管的中上部（微热时，可用拇指、食指和中指拿住试管）。

② 试管应稍微倾斜，管口向上，以免烧坏试管夹或烤痛手指。

③ 应使液体各部分受热均匀，先加热液体的中上部，再慢慢往下移动，然后上下移动。不要集中加热某一部分，否则液体将局部受热，骤然产生蒸气，使液体冲出管外。

④ 不要将试管口对着别人或自己，以免溶液在煮沸时溅出把人烫伤。

加热试管中的固体时，必须使试管稍微向下倾斜，试管口略低于管底，以免凝结在试管壁上的水珠流到灼热的管底，而使试管炸裂。试管可用试管夹夹持起来加热，有时也可用铁夹固定起来加热。

(4) 常用的热浴间接加热法

热浴间接加热法是指发热源不直接接触受热容器，而是通过加热空气、水或导热油等介质，使受热容器得到均匀加热的加热方式。如以往在加热烧杯、烧瓶等玻璃容器中的液体时，器皿须放在石棉网上，下部再用火焰加热，这就属于间接加热法中的一种，称之为**空气浴**即利用石棉网受热产生的热量加热空气，使器皿底部受热相对均匀。

电热套是由无碱玻璃纤维和金属加热丝编制成的半球形加热内套与控制电路组成，其加热方式也属于空气浴，可使容器受热面积达到 60% 以上，是一种替代石棉网实施空气浴加热的加热器具。

除了空气浴，间接加热法还有水浴、油浴，以往还有砂浴等加热方式，统称为**热浴法**。它们分别是采用空气、水、导热油以及砂子作为传热介质，使被加热的物品受热均匀，受热过程相对稳定，器皿不易破损，相对安全。

热浴法一般都需要使用热浴器具。除电热套外，有专用的水浴锅（见图 2-12）、油浴锅、带磁力搅拌的水浴锅以及既可以水浴又可以油浴的热浴锅。

当被加热物品受热温度不能超过 100℃时，可用**水浴**加热。对于离心试管的加热，或小烧杯之类的小器皿需水浴加热时，也可以采用简易的水浴加热装置来代替（见图 2-13）。取适当大小的烧杯盛自来水并加热，将小器皿或离心试管置于简易支架上，或用试管夹夹住离心试管，将其搁在盛水的烧杯上实现水浴加热。

图 2-12　水浴加热

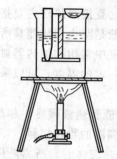

图 2-13　简易水浴加热装置

油浴所能达到的最高温度取决于所使用导热油的沸点。常用的油有甘油（用于 150℃以下的加热）、液体石蜡（用于 200℃以下的加热）等。使用油浴要小心，防止着火。

水浴锅中的水应采用洁净的水，且使用完毕，最好将其中的水排除并擦干，以免水浴锅，特别是加热管结垢或锈蚀。

无论是水浴还是油浴，热浴锅中，加热介质的量以被加热容器的受热部分能浸入加热介质中为宜，但一般不能超过热浴锅容积的三分之二。

砂浴是将细砂盛在铁盘（或锅）内，用燃气灯加热，被加热的器皿可埋在砂子中。用砂浴加热，升温比较缓慢，停止加热后，散热也较慢。

2.5.2　常用的冷却方法

在化学实验中需要根据情况，对一些物品进行冷却。常用的冷却方法有**水中静置冷却**、**流水冷却**、**冰水冷却**、**冰盐浴冷却**等。

对于需要冷却到室温的体系，除在室温中放置自然冷却之外，还可以采用水中静置冷却（例如结晶的析出），或流水冷却。例如加热溶解后需在室温下滴定的体系，可以将盛放溶液的锥形瓶外壁置于自来水龙头下，小心摇动，使之较快冷却达到室温。

若物质溶解、溶液配制或化学反应等，需要在低温（零至几摄氏度）条件下进行，就可以采取冰水冷却，将被冷却的物品（如器皿）直接放在冰水中。

对于需要 0℃以下冷却的体系，应选择冰盐浴冷却。冰盐浴中的冷却剂由冰盐或水盐混合物组成，所能达到的温度由冰盐的比例和盐的品种决定（具体可查相关手册）。干冰和有机溶剂混合时，其温度更低。为了保持冰盐浴的效率，要选择绝热较好的容器，如杜瓦瓶等。

除了以上冷却方法之外，水循环或低温恒温水槽等可以对反应体系或冷却体系进行控温冷却。

2.5.3　干燥器与固体物质常用的干燥方法

（1）干燥器与干燥

物质常用的干燥方法有：晾干法、烘干法、焙烧法等。在物品的干燥或保存过程中需要使用干燥器。

干燥器是一种带有磨口盖子的厚质玻璃器皿，其磨口边缘上涂有一层薄的凡士林，使之能与盖子密合。

干燥器的底部盛有干燥剂，其上搁置干净的带孔瓷板，干燥剂放入底部的量要合适，否则会粘在某些器皿的底部。

干燥剂一般为无水氯化钙、浓硫酸、高氯酸镁、硅胶等。由于干燥剂吸收水分的能力是有一定限度的，因此干燥器中的空气并不是绝对干燥，只是湿度较低而已。放置在其中的物品若时间过长，可能会吸收少量水分，使重量略有增加。使用干燥器应注意以下 6 个方面。

① 开启时，一手扶住干燥器，另一手将盖子向边缘推开，而不能用力拔开或揭开 ［见图 2-14(a)］。若盖子需放置桌上，应靠着干燥器小心仰放；关闭时同样应一手扶住干燥器，一手将盖子从边缘推入。

② 搬动干燥器时，不能只端下部，而应用手指按住盖子搬动，以防盖子滑落 ［见图 2-14(b)］。

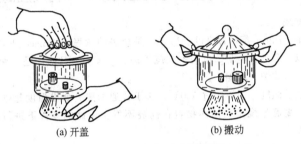

(a) 开盖　　　　　　　　　　(b) 搬动

图 2-14　干燥器的使用

③ 应注意干燥剂是否失效。若使用变色硅胶，颜色为蓝色没有失效，受潮后变粉红色就不再有吸水性，应及时更换。所换出的硅胶可以在 120℃烘干，待其变蓝后还可重复使用，直至破碎不能用为止。

④ 对于易吸水物品，取出用完之后应及时放回，并及时盖上。

⑤ 不可将太热的物品放入干燥器中。若物品太热，应在干燥器外放置数分钟稍冷却后再放入，且将干燥器盖留一缝隙，稍等几分钟后再盖严（若内、外温差较大还应注意不时检查，以防空气受热膨胀把盖子顶起而掉落）。

⑥ 对于放置冷却的物品，如称量分析法中的称量瓶、坩埚、微孔玻璃漏斗等，冷却的时间不能过长，但也不能过短，否则称量热的物品，会造成称量误差，通常放置半小时或45min 后即可称重。

(2) 晾干法

晾干法一般是将物品放置在大气环境中，利用水分的蒸发以及空气流通带走水分。

(3) 烘干法

烘干法大多是通过烘箱，在高于室温的条件下使水分蒸发去除。

烘箱一般采用电热方式，有自然对流式，也有鼓风干燥式。一般最高温度为 200℃或 300℃。

一般物质的烘干温度控制在 100℃以上即可。含结晶水的物质，需要先分析其结晶水分解温度，将温度控制在分解温度之下。较为稳定，分解温度较高的物质，烘干的温度相对可以高些，反之烘干温度相对低些，甚至要采用真空干燥或冷冻干燥。具体的烘干温度应根据物质的性质决定，或根据相关国家标准或行业标准的规定确定。

使用烘箱时，严禁放入易燃、易爆物品，以及具有腐蚀性气体的物品；被烘物品的水分尽量滤干。

（4）焙烧法

焙烧法是指用较高的温度（一般 300℃及 300℃以上）去除水分的干燥方法。例如在称量分析法中，硫酸钡称量形的获得就必须在 800℃的条件下。

这种方法一般使用高温炉，常用的高温炉为**马弗炉**。使用马弗炉注意事项如下。

① 第一次使用或长期停用后再次使用时，必须进行烘炉。烘炉的温度与时间注意说明书上的规定。

② 使用温度一般应在其最高温度 50℃以下工作。

③ 同样严禁焙烧易燃、易爆物品，以及具有腐蚀性气体的物品。

④ 物品焙烧前一般需事先烘干，或去除有机物及大量挥发性气体。

⑤ 应千万注意高温烫伤。

扩展与链接　马弗炉与高温焙烧、固相反应简介

（1）马弗炉与高温焙烧

马弗炉是英文 Muffle furnace 翻译过来的。Muffle 是包裹的意思，furnace 是炉子，熔炉的意思。马弗炉在中国的通用叫法有以下几种：电炉、电阻炉、茂福炉、马福炉。马弗炉是一种通用的加热设备。依据外观形状可分为箱式炉、管式炉、坩埚炉。

前述的加热方法产生的温度一般不超过 500℃，属于普通加热。如果温度超过 500℃，即为高温焙烧。除了干燥所用的焙烧外，**高温焙烧**是指固体物料在高温不发生熔融的条件下进行的反应过程，可以有氧化、热解、还原、卤化等。

马弗炉根据其加热元件、额定温度和控制器的不同而分类。按加热元件区分有电炉丝马弗炉、硅碳棒马弗炉、硅钼棒马弗炉；按额定温度来区分有 1000℃以下、1000℃、1200℃、1300℃、1400℃、1600℃、1700℃和 1800℃马弗炉；按控制器来区分有普通数字显示表、PID 调节控制表、程序控制表马弗炉；按保温材料来区分有普通耐火砖和陶瓷纤维马弗炉两种。

（2）固相反应

广义地讲，凡是有固相参与的化学反应都可称为固相反应。例如固体的热分解、氧化以及固体与固体、固体与液体之间的化学反应等都属于固相反应范畴之内。但从狭义上讲，固相反应常指固体与固体间发生化学反应生成新的固体产物的过程。

固相反应又分为高温固相反应与低温固相反应。**高温固相反应**是反应温度高于 600℃的固相反应。高温固相反应只限于制备那些热力学稳定的化合物，而对于低热条件下稳定的介稳态化合物或动力学上稳定的化合物不适于采用高温合成。**低温固相反应**是指室温或近室温（≤100℃）固相化合物之间的反应。

固相反应的反应特点是速度较慢，固体质点间键力大，其反应速率也较低。固相反应是通过固体原子或离子的扩散和运输完成的。首先是在反应物组分间的接触点处发生反应，然后逐渐扩散到物相内部进行反应，因此反应过程中反应物必须相互充分接触且反应须在高温下长时间地进行。因此，将反应物研磨并充分混合均匀，可增大反应物之间的接触面积，使原子或离子的扩散运输比较容易进行，以增大反应速率。

2.6　混合与搅拌

在化学反应或实验中，最常用的混合方式就是搅拌。为了避免反应物浓度不均或加热时的受热不均，导致副反应的发生或物质的分解，需要搅拌；无机制备晶形沉淀的实验中，为了破坏局部过饱和所产生的细小、含杂量高的晶体，也需要搅拌；滴定分析实验中，为了使两种反应物能快速或充分地反应，也需要进行搅拌。

　　搅拌是通过一定的方式，使两种或两种以上组分，或溶质与溶剂之间产生一定程度的循环，固体、液体或气体组分能够得到均匀的分散，或充分的接触。搅拌可分为湿式（或湿法）与干式（或干法）搅拌两大类。**湿式搅拌**指的是溶液中，或有较大量溶剂（如水）存在时的搅拌，而**干式搅拌**则是固体粉末的搅拌或均匀分散，或少量可液化的组分在较大量粉末上的吸附搅拌。化学实验中常用的搅拌方式有**人工搅拌**、**磁力搅拌**以及**电动搅拌**。人工搅拌一般用于溶液的配制、试管及比色管反应、滴定反应体系以及其他小反应体系（如中、小烧杯中的反应）。

2.6.1　试剂瓶溶液的摇匀

　　对于小的试剂瓶（500mL 及以下），一般用一手的食指顶住瓶塞，其余手指夹持住瓶颈，旋转或振荡一定时间；对于中等大小的试剂瓶（1000～5000mL），需用另一只手托住瓶底协助摇匀；对于大的试剂瓶（5000mL 以上），一般将试剂瓶小心平放在实验台面，一手按住瓶塞，一手扶住瓶底，前后来回滚动，也可以反方向再处理一次，来回数次达到混匀的效果。

2.6.2　试管的振荡与比色管的摇匀

　　对于试管中溶液的混合，可由拇指、食指及中指执试管，管口位置基本不动，水平方向用力甩动手腕，通过振荡，使管内的反应系统充分混匀。

　　比色管是一种应用于比色分析的显色及定量容器。显色操作完成后，根据要求，用水或其他溶剂定容。摇匀时，可用食指顶住管塞，拇指与中指夹持住管身，将比色管倒转过来，当气泡上升至管底后，再将比色管反转回来。如此重复操作至少 10 次。

2.6.3　磁力搅拌与磁力搅拌器

　　磁力搅拌主要适用于中、小反应体系、黏度或含固量较小的体系的搅拌。

　　这种搅拌方法是采用**磁力搅拌器**（见图 2-15）或带有磁力搅拌的设备，并在反应体系中放入**磁子或搅拌子**（见图 2-16）。磁力搅拌器是以电机带动两块磁体旋转，磁体又带动容器中的磁子旋转以达到搅拌的目的。磁子是一根包裹着玻璃或聚四氟乙烯等外壳的软铁棒。磁子有不同的大小尺寸，可以根据反应容器的大小及体系黏度的不同选用。搅拌速度的调节以溶液能正常搅拌为准，对于定量体系的搅拌，搅拌速度不应过快，以免溶液溅出而造成损失。如果要求不高，磁子也可以自制，剪一段粗铁丝，放入细玻璃管或塑料管中，再将两端封口即可。

图 2-15　磁力搅拌器

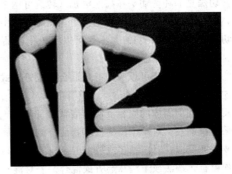

图 2-16　磁子

　　磁力搅拌器一般还带有加热功能，使用时可以根据说明书以及需要操作。

　　磁力搅拌相对简单、经济，而且反应装置易于搭建，安全性也较高，但由于这种搅拌主要依靠磁子的旋转，磁子受反应体系阻力以及流体的影响较大，转速的可调范围较小，因此反应体系较大时就不易搅拌均匀；当体系黏度较高或含固量较大时，磁子就无法正常旋转，甚至不转。这些情况下就应选择电动搅拌等其他搅拌方式。

扩展与链接　电动搅拌、漩涡混匀、高速剪切等简介

(1) 电动搅拌与电动搅拌装置

　　电动搅拌装置（见图 2-17）由主机、支架以及搅拌棒等三部分构成。电动搅拌也适合于中、小反应体系、黏度或含固量较小的体系的搅拌。目前大多数电动搅拌的搅拌棒是由带减速的电机直接联动（旧式电动搅拌的电机与搅拌棒的连接请注意相关型号电动搅拌的使用说明书），更适合于较大的反应体系，或黏度较高的体系；再由于搅拌棒的材质、形式均可以选择，电机的功率也可以选择，因此电动搅拌适合于更多反应体系的搅拌需要，包括干式搅拌（使用与打蛋器类似的搅拌棒）。不足的是，主机相对较重，安装及使用较为麻烦、费力。

(2) 其他搅拌方式

　　对于试管反应或提取、混合的搅拌除了人工振荡法外，还可以采用**漩涡混匀器**（见图 2-18）的设备振荡法，方便、快捷、均匀。有些漩涡混匀器不仅能够起试管反应或混合的振荡之用，同时还具有摇床的功能。

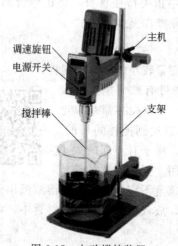

图 2-17　电动搅拌装置

图 2-18　漩涡混匀器

　　高速剪切法是一种剪切头在高速电机（转速可达 30000r/min）的带动下，使两种或两种以上组分快速均匀混合，同时由于流体的高速剪切作用，能对流体中的固体物质产生一定的破碎作用。这种方法一般使用**高速剪切乳化机**（见图 2-19），不仅可以用于化妆品中膏霜的制备、涂料的制备，也可以应用于化学反应及超细材料的制备体系。

　　液体的混合或反应还可以选用**静态混合器**或**管道式反应器**，通过管道混合的方式实现溶液的混合及反应体系的搅拌。

　　对于反应物均为固体的固相反应（有低温固相法与高温固相法之分），两种或两种以上组分的混合搅拌，一般采用研磨法。对于少量的反应物混合或低温固相法，一般使用**玛瑙研钵**，以人工研磨的方式进行搅拌混合或研磨反应；对于稍多或较多的反应物混合，可以采用球磨方式，选用**行星式球磨机**（见图2-20）或**罐磨式球磨机**，湿法或干法球磨方式混合。若对混合的均匀度要求不是很高的场合，也可选用带十字刀的**食品多功能搅拌机**搅拌。

图 2-19　高速剪切乳化机

图 2-20　行星式球磨机

2.7　试纸及其使用

实验室里经常使用试纸来定性检验一些溶液的性质（酸碱性）或某些物质（气体）是否存在，操作简单，使用方便。

2.7.1　常用试纸

试纸的种类很多，实验室中常用的有石蕊试纸、pH 试纸、醋酸铅试纸和碘化钾-淀粉试纸等。

（1）石蕊试纸

用于检验溶液的酸碱性，有红色石蕊试纸和蓝色石蕊试纸两种。红色石蕊试纸用于检验碱（遇碱变成蓝色），蓝色石蕊试纸用于检验酸（遇酸变成红色）。

（2）pH 试纸

主要用于检验溶液的 pH，亦可检验气体的酸碱性，一般分为两类。一类是广泛 pH 试纸，变色范围为 pH＝1～14，用于粗略检验溶液的 pH。另一类是精密 pH 试纸，可用于较精密地检验溶液的 pH，根据其变色范围可分为多种，如 pH 变色范围为 2.7～4.7、3.8～5.4、5.4～7.0、6.9～8.4、8.2～10.0、9.5～13.0 等。根据待测溶液的酸碱性，可选用某一变色范围的精密 pH 试纸，这种试纸在 pH 变化较小时就有颜色的变化。

（3）醋酸铅试纸

用于定性检验 H_2S 气体，由滤纸条在醋酸铅溶液中浸泡、晾干制成。当含有 S^{2-} 的待测试液被酸化时，逸出的 H_2S 气体与润湿的试纸上的醋酸铅反应，生成黑色 PbS 沉淀，使试纸呈黑褐色并有金属光泽。

$$Pb(Ac)_2 + H_2S \longrightarrow PbS\downarrow + 2HAc$$

有时试纸颜色较浅，但一定有金属光泽。若溶液中 S^{2-} 的浓度较小，则不易检出。

（4）碘化钾-淀粉试纸

用于定性检验氧化性气体（如 Cl_2、Br_2 等），由滤纸条在碘化钾-淀粉溶液中浸泡、晾干制成。当氧化性气体遇到润湿的试纸后，将试纸上的 I^- 氧化为 I_2，其反应为：

$$2I^- + Cl_2 \longrightarrow I_2 + 2Cl^-$$

I_2 立即与试纸上的淀粉作用，使试纸变为蓝紫色。

要注意的是，当气体的氧化性很强且浓度很大时，可能将 I_2 继续氧化成 IO_3^-，使试纸褪色。使用时应认真观察，避免得出错误的结论。

2.7.2　试纸的使用

使用 pH 试纸、石蕊试纸等检验待测溶液的酸碱性时，将剪成小块的试纸放在干燥、清洁的点滴板或表面皿上，用沾有待测溶液的玻璃棒点触试纸的中部，试纸即被待测溶液润湿而变色。半分钟内观察试纸颜色变化，不要将待测溶液滴在试纸上，更不要将试纸泡在溶液中。pH 试纸变色后，要与标准色阶板比较，方能得出 pH 或 pH 范围。

使用醋酸铅试纸、碘化钾-淀粉试纸等检验气体时，将小块试纸用蒸馏水润湿，粘在玻璃棒一端，放在试管口或伸入试管内，仔细观察试纸的颜色变化。注意，勿使试纸直接接触待测溶液。

试纸应密闭保存，以免被室内一些气体污染，变质失效。

2.8　酸度计及其使用

酸度计又称为 **pH 计**，是化学实验中溶液酸度测量的常用仪器。根据应用场合的不同，酸度计有笔式、便携式、实验室台式和工业用等之分。笔式 pH 计主要用于代替 pH 试纸的功能，精度低但使用方便；便携式 pH 计主要用于精度要求较高，功能较为完善的现场和野外测试；实验室 pH 计是一种台式高精度分析仪表，精度相对高、功能更全，有些包括打印输出、数据处理等功能；工业 pH 计用于工业流程的连续测量，不仅有测量显示功能，还有报警和控制，以及安装、清洗、抗干扰等功能。按仪器的精度分类：可分为 0.2 级、0.1 级、0.02 级、0.01 级和 0.001 级，数字越小，精度越高。根据读数指示分类：可分为指针式和数字显示式二种。指针式 pH 计现在已很少使用，但指针式仪表能够显示数据的连续变化过程，因此在滴定分析中还有使用。根据元器件类型分类：可分为晶体管式、集成电路式和单片机微电脑式，现在更多的是应用微电脑芯片，大大减少了仪器体积和单机成本，但芯片的成本相对较高。

2.8.1　酸度测量的基本原理

酸度计虽然型号较多、结构各异，但基本原理相同，都是采用电势比较法进行测量的。测定时将两支电极与被测溶液组成化学电池，根据电池电动势与溶液中 H^+ 活度之间的关系进行测量。两支电极中指示电极为 pH 玻璃电极，其敏感膜一般只对溶液中的 H^+ 有响应；参比电极为饱和甘汞电极（SCE），在一定条件下，测量过程中其电势保持基本不变。目前，酸度测量时大多采用 **pH 复合电极**，这种电极将 pH 玻璃电极和 Ag-AgCl 参比电极复合在一起。

将两支电极与待测溶液构成化学电池，其电动势 E_x 为：

$$E_x = K_x + \frac{2.303RT}{F} pH_x$$

$$25℃时，pH_x = \frac{E_x - K_x}{0.0592}$$

式中 K_x 在一定条件下是一个常数，但无法测量与计算。因此，实际测量时是选择一种已知准确 pH 的标准酸碱缓冲溶液（pH_s），同样与两支电极构成化学电池，在相同条件下，

电池的电动势 E_s：

$$E_s = K_s + \frac{2.303RT}{F}pH_s$$

式中的 K_s 在一定条件下也是一个常数。若测定条件基本相同，$K_s \approx K_x$，将以上两式相减并整理，得：

$$pH_x = pH_s + \frac{E_x - E_s}{2.303RT/F}$$

酸度计通过比较 $\triangle E$（即 $E_x - E_s$），就能得出待测溶液的 pH。

因此，酸度计测量溶液酸度时是先用标准酸碱缓冲溶液标定（或定位、或校准），然后再将待测溶液与电极构成化学电池，酸度计上就可以直接读出溶液的 pH_x。

2.8.2　酸度计的外部结构

酸度计与其他仪器一样，种类与型号繁多，外部结构及其布局有所不同，但基本组成大体相同。在此主要介绍人工控制型与微电脑控制型两大类酸度计的使用。

人工控制型酸度计的外部结构由电源、旋钮、电极以及显示等四部分构成。

电源部分包含有电源插座、开关，有的还带有保险丝。

旋钮部分一般包括定位、选择、温度以及范围，有的仪器还有斜率旋钮。"定位"为酸度测量的核心旋钮，即使用标准酸碱缓冲溶液标定酸度计时之用；由于多数酸度计还兼有 mV 测量挡，可以直接测量电极电势。若采用合适的离子选择电极作测量电极，还可以测量溶液中某一特定离子的浓度（或活度），因此"选择"就是用于酸度测量与电动势测量的选择；"温度"是用于溶液温度的设置；"范围"为酸度或电动势测量的范围选择，一般分为三挡，中间一挡为空挡。例如酸度的测量：一挡为 pH＝0～7，另一挡为 pH＝7～14。带有"斜率"旋钮的仪器还可以做两点校正定位，以准确测定样品。

电极部分一般包括电极插口、电极架。过去的仪器具有两个电极插口或连接柱，分别用于 pH 玻璃电极以及饱和甘汞电极的连接，现在的仪器大多只有一个电极插口，只能使用复合电极。电极架除支架外，上有电极夹，用于固定电极。电极夹的升降一般通过上面的按钮或簧片控制，按下即可以向下或向上移动，松开即可固定。

显示部分可以有指针式以及数显式（例如 pHS-25 型酸度计既有指针式，也有数显式）。

微电脑控制型酸度计的外部结构与指针式仪器的主要不同在于面板，面板上除了显示屏，就是功能键。不同的仪器，面板上的功能键有所不同，应注意说明书上的说明。以梅特勒-托利多 EL20 型的仪器为例，功能键主要有模式、设置、校准、读数与退出等。有的功能键还同时兼有翻页键或选项键的功能（功能键上一般有图示）。"模式"与指针式仪器的"选择"功能基本相同。"设置"主要用于温度的设置以及缓冲溶液"组数"等的设置。对梅特勒-托利多 EL20 型的仪器，默认"组数"为第"2"组，为欧洲体系，中国"组数"为第"3"组。"校准"与指针式仪器中的"定位"功能相同。有的仪器可以根据需要进行多点校准，如单点、两点与三点校准。"读数"主要用于确定以及读数之用。"退出"兼具有开关机以及退出的作用，长按为关机。在电极部分，除了有复合电极插口外，还有自动温度补偿（ATC）插孔。

2.8.3　酸度计的使用

(1) 人工控制型酸度计酸度测量的基本步骤

① 使用前的准备　插上电源，卸下短路器（短路器与电极的安装与卸下操作见后续的注意事项），将复合电极端部的塑料保护套（一般内充有 3mol/L KCl 溶液）拔去或旋下，

安装在仪器上；将"选择"旋钮置于"pH"挡或"mV"挡；开启电源，预热 30min。

② 校准　测量待测溶液酸度之前应进行"定位"或"校准"，或"校正"或"标定"。

卸去电极，接上短路器，"选择"旋钮置于"mV"挡，仪器应为 0mV；卸去短路器，接上电极，"选择"旋钮调为"pH"挡；若有"斜率"调节，将斜率旋钮顺时针旋到底（100％位置）。

用纯水清洗电极头部并尽量吸去水分，然后插入所选的标准酸碱缓冲溶液中。调节"温度"旋钮，使所指示的温度与溶液的温度相同，搅拌约 1min 后停止。将"范围"旋钮置于与标准酸碱缓冲溶液相应的 pH 范围。调节"定位"旋钮，使仪器读数为该标准酸碱缓冲溶液的 pH 值。

定位完成后，"定位"旋钮不应再动。不用时，电极的球泡最好浸在纯水中，在一般情况下 24h 之内不需再进行定位。但遇到下列情况之一，仪器最好先定位再使用：

a. 溶液温度与定位时的温度有较大的变化时；

b. 换了新电极之后；

c. "定位"旋钮被调过；

d. 测量过浓酸（pH<2）或浓碱（pH>12）之后；

e. 测量过含氟化物且酸度在 pH<7 的溶液后和较浓的有机溶液后。

③ 待测溶液 pH 的测量　若待测溶液和定位溶液的温度相同时可直接测量，若不同，则应调节"温度"旋钮，使温度指示在该温度值。

纯水清洗电极头部，并用滤纸吸干；将电极插入待测溶液中，搅拌约 1min，停止搅拌，读取读数。

④ 结束工作　将"范围"旋钮置于空挡。卸下电极，插上短路器，将电极头用纯水清洗，再将塑料保护套套上或旋上。

(2) 微电脑控制型酸度计酸度测量的基本步骤（以梅特勒-托利多 EL20 型仪器为例）

① 使用前的准备　插上电源，卸下短路器，将复合电极安装在仪器上；按"退出"键开机自检，预热一定时间；若用于酸度测量，"模式"就不需选择；若温度为室温，缓冲溶液的组数已设置为"3"，则"设置"就不需调整。

若需调整，则按"设置"键，温度读数闪烁，用翻页键调整至所测溶液的温度，按"读数"键确认；按翻页键，调节组数，按"读数"键确认，再按"退出"键。

② 校准　单点校准：一般溶液酸度测量，或测量精度要求不是很高时采用单点校准。

将洗净、吸干的电极放入标准酸碱缓冲溶液中，搅拌约 1min 后停止搅拌，按"校准"键，校准和测量图标将同时显示。在信号稳定后仪表根据预选终点方式自动终点（显示屏显现"$\sqrt{A}$"）或按"读数"键手动终点（显示屏显现"$\sqrt{}$"，长按"读数"键可切换读数方式）。按"读数"键后，仪表显示零点和斜率，然后自动退回到测量画面。

两点校准：对分析精度要求较高时，应选择两种标准酸碱缓冲溶液（即待测溶液的 pH 值在该两种标准酸碱缓冲溶液的 pH 值之间或接近）校准。

一点校准后不要按"读数"键退出，电极取出，纯水清洗后尽量吸干，将电极插入第二个标准酸碱缓冲溶液中，搅拌约 1min 后停止搅拌，按"校准"键，显示屏出现"$\sqrt{A}$"后完成第二点校准。同样按"读数"键后，仪表显示零点和斜率，同时保存校准数据，然后自动退回到测量画面。

三点校准：用于分析精度要求较高且范围较大时的测定，选择三种标准酸碱缓冲溶液进行校准。

与两点校准相似，但两点校准后不要按"读数"键退出，继续第三点的校准。

③ 待测溶液酸度的测量　将洗净、吸干的电极放入待测溶液中，搅拌约 1min 后停止搅拌，按"读数"键，画面上小数点闪动，同样当显示屏出现"$\sqrt{A}$"后读取读数。

④ 结束工作　长按"退出"键关机，其余与指针式仪器的结束工作一样。

(3) 电极与酸度计使用的注意事项

电极与酸度计在使用过程中应注意以下问题：

① 所选择的标准酸碱缓冲溶液的 pH 应与待测溶液的 pH 尽量接近，特别是单点校正。若要求较高，或所测量的多个溶液的酸度范围较宽，应采用两点或三点校准。

② pH 复合电极下端的玻璃球泡（pH 敏感膜）很薄，应避免碰坏或磨损。

③ 电极不得暴露在空气中过长时间，若电极膜干涸，则电极头须浸泡在 0.1mol/L HCl 溶液中，至少放置一夜后方可使用。

④ 为了获得最大的精度，任何附着和凝固在电极外部的物质均应用纯水及时除去。若发现电极斜率迅速下降，或者响应速度较慢，可能是油脂类粘连，可用蘸有丙酮或肥皂水的原棉除去电极膜表面的污垢。

⑤ 有些复合电极中的参比电极内充液的加液孔有橡皮塞或橡皮套，使用时应打开橡皮塞或把橡皮套向下滑动，露出加液孔，以保持液位压差。不用时再将橡皮塞塞上或橡皮套套住。

⑥ 电极插口一般有短路器，仪器不使用时应将短路器接上以保护仪器。

⑦ 电极接线头与插口均应保持清洁干燥，切忌与污物接触。

⑧ 短路器与电极安装或卸下时不要硬插、硬拔。安装时，将短路器或电极接线头的两个卡孔对准插口的两个卡子，尽量插到底，然后顺时针旋转到位即可固定。短路器或电极卸下时，先将短路器或电极接线头稍向里按，逆时针旋转到位后拔出。

扩展与链接　"酸度计与电极""缓冲溶液""pH 测定"等标准简介

(1) 酸度计与电极的相关标准简介

"**GB/T 11165 实验室 pH 计**"规定了实验室 pH 计的产品等级、要求、试验方法、检验规则及标志、包装、运输、储存等，适用于 pH 玻璃电极作为氢离子传感器的实验室 pH 计。

"**GB/T 27756 与 JB/T 7815 pH 值测定用玻璃电极**"分别为国家标准与机械行业标准，规定了玻璃电极的分类、要求、试验方法、检验规则、标志、包装、运输、储存，适用于检测水溶液中 pH 值的玻璃电极。

"**GB/T 27500 以及 JB/T6243 pH 值测定用复合玻璃电极**"分别为国家标准与机械行业标准，规定了复合玻璃电极的分类、要求、试验方法、检验规则、标志、包装、运输、储存，适用于测定水溶液中 pH 值的复合玻璃电极。

(2) 缓冲溶液与水溶液 pH 测定相关标准简介

"**GB/T 27501 pH 值测定用缓冲溶液制备方法**"规定了 pH 缓冲溶液的种类、试剂、仪器和设备、制备步骤，适用于 pH 值测定用缓冲溶液的制备。

"**GB/T 23769 无机化工产品　水溶液中 pH 值测定通用方法**"规定了用电位法测定无机化工产品水溶液 pH 值的原理、安全提示、一般规定、试剂、仪器和设备、分析步骤，适用于无机化工产品水溶液 pH 值的测定，pH 值测定范围为 1～12。

2.9　沉淀、蒸发与结晶

沉淀、结晶都是物质提纯或分离的方法之一。无论是制备、一般化学实验中的沉淀或沉淀分离（如定性分析）等，还是称量分析法中的沉淀或物质的定量沉淀分离这些要求较高的化学实验，都必须通过加入过量的沉淀剂使沉淀进行完全，只是要求不同。与前面所涉及的一些基本操作要求一样，这两种不同类型化学实验沉淀操作的要求也不同。

2.9.1　一般化学实验中的沉淀

制备实验、一般化学实验以及定性分析中的沉淀，沉淀的完全程度应使被沉淀组分的残余浓度小于 10^{-5} mol/L。为了达到这个要求，沉淀剂可以过量 $20\% \sim 50\%$。

制备以及一般的化学实验中，沉淀通常在烧杯中进行，在沉淀条件下，边加沉淀剂边用玻棒搅拌；沉淀或可在一定的反应装置中进行（见图 2-21），图 2-21 中（a）为加料或加料反应装置；图（b）为沉淀反应或沉淀陈化装置。

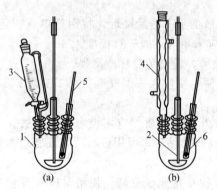

图 2-21　沉淀反应装置
1—三颈烧瓶；2—电动搅拌棒；
3—恒压加料器；4—冷凝管；
5—温度计；6—温度计套管

定性分析实验中的沉淀常在离心管中进行。将试液放入离心管中，逐滴加入沉淀剂，每加一滴沉淀剂都要用玻璃棒充分搅拌，直到沉淀完全。

检验沉淀完全的方法是将沉淀离心沉降，在上层清液中沿管壁再加入一滴沉淀剂，如溶液不发生浑浊，则表示沉淀已经完全，否则应继续如上法滴加沉淀剂，直到沉淀完全。

也可在点滴板或表面皿上进行沉淀操作，一般适用于少量试液和沉淀剂在常温下产生沉淀的反应。

2.9.2　定量分析实验中的沉淀

对于称量分析法（过去称之为重量分析法）中的沉淀法，沉淀过程不仅要求烧杯应洁净，且烧杯的底部与内壁不应有纹痕，配上合适的玻璃棒（端头应光滑）与表面皿，按下列规程进行沉淀操作：

① 准确称取几份一定量的试样，按要求将其定量处理成合适体积的溶液，每只烧杯的溶液中放入一支玻棒。

② 准备好沉淀所需的沉淀剂溶液。沉淀剂的用量可按照被测组分的含量和性质，计算出理论值，再按前述要求决定实际使用量。

③ 对于晶形沉淀，沉淀时的一般做法是，将被沉淀的组分溶液加热至一定温度，左手拿滴管慢慢滴加沉淀剂，滴管口要接近液面，勿使溶液溅出；右手拿玻璃棒边滴边充分搅拌，以避免沉淀剂局部过浓。搅拌时玻璃棒勿碰击杯壁、杯底，以免划伤烧杯而使沉淀粘附在烧杯上，并且玻棒必须专用，不得互换或一支玻棒用于多只烧杯的沉淀操作。沉淀剂溶液应连续一次加完。

④ 加完沉淀剂后，必须检查是否已经沉淀完全。为此，将溶液放置片刻使沉淀沉降，待溶液完全清澈透明时，用滴管滴加一滴沉淀剂，观察滴落处溶液是否出现浑浊。如出现浑浊，应再补加沉淀剂，直到再加一滴沉淀剂时不出现浑浊为止。然后盖上表面皿。玻璃棒要自始至终放在烧杯内，直至沉淀、过滤、洗涤结束后才能取出。

⑤ 如果生成的是非晶形沉淀或胶状沉淀，最好要用浓的沉淀剂，快速加入到热的试液中，同时进行搅拌，这样容易得到紧密的沉淀。

⑥ 沉淀操作结束后，晶形沉淀可放置过夜陈化，或将沉淀连同溶液加热一定时间进行陈化后，再进行过滤。非晶形沉淀只需把溶液静置数分钟，让沉淀下沉后即可过滤，不必放置陈化。

2.9.3 蒸发与结晶

结晶本身就是一种利用溶解度差异进行提纯的方法，主要适用于溶解度随温度有显著变化的物质的提纯。当被提纯的物质达到过饱和时，杂质尚未达到饱和，就可以使得被提纯物质结晶析出。

(1) 蒸发与浓缩

当溶液很稀而欲制备的无机物的溶解度又较大时，为了能从溶液中析出该物质的晶体，就须对溶液进行蒸发、浓缩。

在无机制备实验中，蒸发、浓缩一般在水浴中进行。若溶液很稀，物质对热的稳定性又较好时，在蒸发的开始阶段也可以采用直接加热蒸发，但应注意使加热尽量均匀，以防溶液暴沸，特别是爆溅，然后再放在水浴上加热蒸发。水分不断蒸发，溶液就不断浓缩，蒸发到一定程度后冷却，就可析出晶体。应注意的是，蒸发不足，结晶量偏少，损失较大；蒸发过度，含杂量较高，对含结晶水的物质就得不到所需的水量。

常用的蒸发容器是蒸发皿，在蒸发皿内所盛放的液体不应超过其容量的 2/3。

(2) 结晶

晶体析出的过程称为结晶。结晶时要求物质溶液的浓度达到饱和程度。物质在溶液中的饱和程度与物质的溶解度和温度有关。

如果希望得到较大颗粒状的晶体，则不宜蒸发至太浓。溶液的饱和程度较低时，结晶的晶核少，晶体易长大；反之，溶液的饱和程度较高时，结晶的晶核多，晶体形成速率大，得到的是细小的晶体。

当物质的溶解度随温度变化不大时，则要求蒸发至稀粥状后再冷却结晶。

冷却结晶过程可以室温中放置，也可以用室温水浴，但不得搅拌。

(3) 重结晶

若一次结晶所得物质的纯度不能满足要求时，可进行重结晶。方法是在加热的情况下将欲被纯化的物质溶于尽可能少的溶剂中，形成饱和溶液后趁热过滤，除去不溶性杂质。然后使滤液冷却，欲被纯化的物质即结晶析出，而杂质则留在母液中，过滤后便得到较为纯净的物质。

扩展与链接 均相与小体积沉淀法、水热法简介

一般的沉淀操作在沉淀剂加入溶液的过程中，总不免有局部过浓现象，使晶形沉淀细小、含杂量较高。为了能得到良好的沉淀，在定量分析中有时会采用均相沉淀法、小体积沉淀法及水热法等方法。

(1) 均相沉淀法简介

均相沉淀法是通过适当的化学反应（水解、中和、分解、聚合、氧化还原等），使沉淀剂从溶液中缓慢、均匀地产生，在整个溶液中缓慢地析出密实的无定形沉淀或大颗粒的晶态沉淀的方法。例如，将草酸钙溶于酸性溶液中，并加入适量尿素，然后将溶液加热近沸，借助于尿素水解缓慢升高 pH，草酸钙就生长为晶形良好的粗粒沉淀。

(2) 小体积沉淀法简介

小体积沉淀法常用于氢氧化物沉淀的分离，通过控制溶液体积（2~3mL），增大金属离子浓度，并加入大量无干扰作用的盐类，以防止生成氢氧化物胶体溶液，并促进沉淀的凝聚，可获得含水量少、结构紧密的沉淀。另外大量存在的强电解质还能减少沉淀对待测组分或干扰组分的吸附。例如 Al^{3+} 与 Fe^{3+}、Ti（Ⅳ）等的分离，将试液蒸发至 2~3mL 后加入固体 NaCl 约 5g，搅拌使呈糊状，再加浓 NaOH 溶液进行小体积沉淀，最后加入适量热水稀释后过滤。

(3) 水热法简介

水热法是指在密封的压力容器中（高压釜），以水为溶剂，在高温高压的条件下进行的化学反应，其中

应用较多的是水热结晶。首先利用高温高压的水溶液使那些在大气条件下不溶或难溶的物质溶解，或反应生成该物质的溶解产物，再通过控制高压釜内溶液的温差产生对流，并将这些溶解产物输运到低温区形成过饱和溶液而析出生长晶体。

除此以外，在新型材料的制备过程中，还需要控制颗粒的形貌（近似球形、棒状、纤维状等）、大小（纳米、亚微米以及微米）及其分布（宽分布与窄分布），或需要材料的高纯，或需要粉体的分散性、流动性等，这些要求还需要不同的方法与技术才能实现。

2.10　固液分离与称量分析法

2.10.1　滤纸的分类

化学实验中的滤纸按用途的不同可以分为**层析滤纸**、**定量滤纸**和**定性滤纸**三类；按过滤速度的快慢和分离性能的不同又可分为**快速**、**中速**和**慢速**三种型号，分别以白、蓝、红三种不同的颜色标识。除此之外还有一些特殊滤纸，例如增加湿强度和化学抗性的**硬化滤纸**，增大过滤面积的**褶状级滤纸**等，前者特别适合用于布氏漏斗的抽滤分离。

层析滤纸主要应用于色谱（层析）分离中的纸层析。按应用目的的不同，又可以分为定性层析与定量层析滤纸；按处理容量的不同，还可以分为薄型与厚型。若被分离组分的比移值 R_f（见 2.16）相差较小，则选择慢速型号；若被分离组分的比移值 R_f 相差较大的，则选择中速或快速型号。

定量滤纸与定性滤纸的区别主要在于滤纸灼烧后灰分的质量大小。定量滤纸的灰分一般不超过滤纸质量的 0.01%，灼烧后滤纸的灰分小于常规分析天平的感量（0.1mg），因此这种滤纸主要应用于称量分析法中的沉淀法，需要通过灼烧获得称量形的沉淀分离。定性滤纸的灰分一般为滤纸质量的 0.15%。

根据被分离沉淀物的类型，可以选择不同型号的滤纸。对于细晶形沉淀，如 $BaSO_4$、$CaC_2O_4 \cdot H_2O$ 等，一般选择慢速滤纸；$MgNH_4PO_4$ 之类的粗晶形沉淀，一般选择中速滤纸；对于无定形沉淀，如 $Fe_2O_3 \cdot nH_2O$，则选用快速滤纸。

2.10.2　一般化学实验中的倾泻法与粗过滤

（1）倾泻法过滤

制备实验中，若沉淀的颗粒较大或相对密度较大，或采用了絮凝剂，静置后能较快沉降，且较为密实的，例如微米级碳酸锶制备中的固液分离，可以采用倾泻法过滤。

倾泻法又称为倾泻法。这种方法又有不采用滤纸的简单倾泻法以及采用漏斗及滤纸的倾泻法。

① 简单倾泻法　这种分离方法是在沉淀完成后使沉淀静置沉降，然后一手拿烧杯，将玻棒顺着烧杯嘴对应的烧杯直径的轴线上放置，玻棒的前端处于烧杯嘴并向前伸出约 $2 \sim 3$cm 处，用食指卡住玻棒，使之不会滑动，将上层清液（简称上清液）尽量倾入另一容器中（见图 2-22）。要求不高时直接用玻棒引流，甚至可以不需玻棒，直接倾出上清液。沉淀洗涤时往沉淀中加入一定体

图 2-22　倾泻法操作

积的水或其他洗涤液，充分搅拌或加热搅拌后再静置沉降，再倾泻出上清液。如此反复，直至符合要求为止。

这种固液分离方式简单、相对快捷，但分离及洗涤效率均相对较差，主要适合于需要沉淀或结晶的情况。

② 倾泻法——一般化学实验中的常压过滤　这种方法一般是以滤纸为过滤介质，因此不适合于强腐蚀性，如强氧化性、强酸性、强碱性体系的固液分离。

常压过滤是利用流体的重力作用，使沉淀物截留在滤纸上，流体穿过过滤介质，从而达到固液分离的目的。

常压过滤装置一般由短颈漏斗、滤纸、漏斗板与支架［见图 2-23(a)］或铁圈与铁架台［见图 2-23(b)］以及洗净的接收容器等组成。

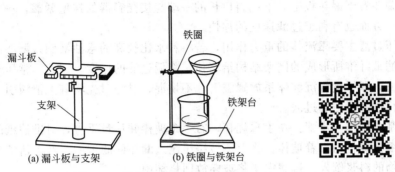

图 2-23　常压过滤装置

在无机物制备与提纯等一般化学实验中的常压过滤主要应用于沉淀量较少的固液分离，通常需要的是滤液，一般不需要洗涤这一环节。所用的漏斗为短颈漏斗（颈长 6～7cm）；滤纸选用圆形的定性滤纸，大小的选择也较为随意，滤纸边缘甚至可以超过漏斗边缘。若过滤较大量的溶液时，还可以根据过滤量或漏斗的大小采用大张的方形滤纸（30cm×30cm、60cm×60cm）裁剪至所需大小。

滤纸的折叠方法有两种，一般采用倒锥形滤纸折叠法，若需要较大过滤面积，加快过滤速度的，可以采用折扇形滤纸折叠法［见本节的扩展与链接(2)］。

倒锥形滤纸折叠法是先将滤纸二分之一对折［见图 2-24(a)］，后进行第二次对折，对于标准 60°锥角的漏斗，在第二次对折时，不要四分之一对折，而应留有大约 5°～10°的角度［见图 2-24(b)］。为了使滤纸与漏斗贴合时不易漏气，在面对操作者一边的滤纸锥角顶端撕去一个小角［见图 2-24(c)］。

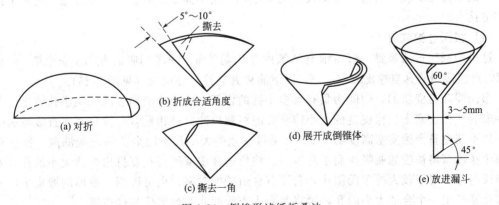

图 2-24　倒锥形滤纸折叠法

滤纸折叠时尽量不要采用抹擦方式，特别是折痕处，最好用手指按压，以免磨破而导致过滤时产生穿滤现象，即沉淀物从阻力较小的破口或磨损处穿过，过滤失败。

滤纸折叠好后，在没有撕去小角的那一边将滤纸展开成倒锥体［见图 2-24(d)］，放入洗净、干燥的短颈漏斗中，先检查滤纸与漏斗的贴合情况，若漏斗锥角大于 60°，则滤纸第二次对折所留角度应再放大；若漏斗锥角小于 60°，则滤纸第二次对折所留角度应再减小，甚至反方向留出一定的角度，直至滤纸与漏斗形成良好贴合［见图 2-24(e)］。

滤纸与漏斗能良好贴合后，用水润湿滤纸，并小心按压滤纸，赶除与漏斗间的气泡，使之与漏斗紧密贴合，特别是在三层撕去小角的地方更要按紧。若贴合紧密，无漏气，向漏斗的滤纸中加水，一般漏斗颈内会自然形成水柱，利用液体的重力可起抽滤作用，从而加快过滤速度。将漏斗置于漏斗板上，下端斜口长的一端与接受容器的器壁紧靠，一方面不致使滤液溅出，另一方面也有利于过滤速度的加快。

由于常压过滤主要靠流体的重力作用，若将料水比较高的悬浊液倒入漏斗的滤纸中，势必会较快将滤纸纤维所形成的网架结构给堵住，降低过滤的速度。因此，常压过滤一般均采用倾泻法过滤，即尽量将沉淀体系放置澄清，不搅混，过滤时先将其上清液引入漏斗的滤纸中，最后再将体系搅匀后过滤。

过滤的基本操作与步骤：左手拿烧杯，右手拿玻棒并尽量垂直，对准滤纸的三层处，但不要触碰滤纸。烧杯嘴靠着玻棒，将上清液缓缓泻入漏斗的滤纸中。在上清液基本泻出后再将混有沉淀物的料浆倒入。过滤完毕将玻棒放回烧杯中。

(2) 粗过滤

粗过滤一般用于过滤一些较为粗大或絮状的不溶性杂质，且对澄清度要求不是很高的溶液。

这种过滤所用装置与常压过滤基本相同，只是过滤介质采用玻璃棉或脱脂棉。将玻璃棉铺在漏斗中，或将脱脂棉塞在漏斗颈中。直接将溶液倒入漏斗，过滤至洁净的容器内。

2.10.3　一般化学实验中的减压过滤与真空泵

减压过滤又称为抽滤，其推动力为负压，使流体被吸入接收器（吸滤瓶）中。这种方法一般也是以滤纸为过滤介质，因此同样不适合于强腐蚀性，如强氧化性、强酸性、强碱性体系的固液分离。

这种过滤大多用于需要沉淀或结晶，且沉淀量相对较大的固液分离，但也可以用于需要滤液的分离场合；对于很细的沉淀，特别是胶状沉淀，一般不适合采用常规滤纸的减压过滤，当沉淀量相对较少时可以根据胶粒的大小，采用不同规格滤膜的减压过滤［见本节的扩展与链接（3）］。

(1) 减压过滤装置

这里的减压过滤装置一般由铺有滤纸的布氏漏斗 a、洗净的吸滤瓶 b、安全瓶 c、真空泵 d以及连接用的真空橡皮管（e、f，以下简称真空管）等构成（见图 2-25）。

布氏漏斗是瓷质的，中间为具有许多小孔的瓷板，以便溶液通过滤纸从小孔流出。布氏漏斗安装在橡皮塞上。橡皮塞的大小应和吸滤瓶瓶口的口径相配合，橡皮塞塞进吸滤瓶的部分一般不超过整个橡皮塞高度的 1/2，如果橡皮塞的大小几乎能全部塞进吸滤瓶，则在吸滤时整个橡皮塞将被吸滤瓶吸住而不易取出。将所选橡皮塞用打孔器打出合适大小的孔，安装好布氏漏斗。对于较大的布氏漏斗，若没有合适的橡皮塞，也可以用一块厚的橡皮垫，中间用打孔器打出一个合适大小的孔，再将其套入布氏漏斗的颈部代替橡皮塞。

这种过滤应根据沉淀量的多少选择合适大小的布氏漏斗，所选择的滤纸应小于布氏漏斗的内径，以能覆盖漏斗中的瓷孔为准，最好选择增强型滤纸或硬化滤纸，或者根据情况采用多层滤纸；将布氏漏斗安装于吸滤瓶上时，注意使布氏漏斗的斜面出口对准吸滤瓶的吸滤口（见图 2-25）。

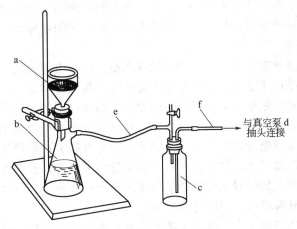

图 2-25 减压过滤基本装置

安全瓶主要为了防止结束抽滤时误操作先关闭了电源，由于吸滤系统的负压，导致机械式真空泵中的真空油或水循环真空泵水箱中的水倒吸入吸滤瓶。

安全瓶的塞子上至少应有两支管，一支是带有阀门，起放空作用，且伸入较短的玻璃管，另一支是伸入瓶中较长的玻璃管。安装时，吸滤瓶的支管用真空管和安全瓶的短管相连接，而安全瓶的长管用真空管与真空泵相连接。

抽滤时关闭安全瓶上的放空阀，结束抽滤时先打开放空阀，再关闭电源。若只要沉淀或结晶，不要滤液，也可以不用安全瓶，但结束过滤时还是应先拔去真空管，再关闭电源。若采用旋片式真空泵，减压过滤装置不仅要有安全瓶，还应增加除酸汽、除水汽等相应的吸收瓶，以免腐蚀或损坏真空泵。

（2）真空泵

真空泵有多种类型，一般化学实验中的抽滤只需采用旋片式真空泵或水循环真空泵〔图2-26(a)〕。

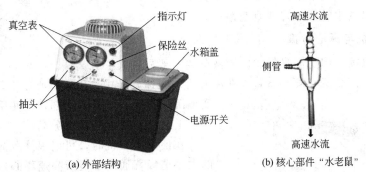

(a) 外部结构   (b) 核心部件 "水老鼠"

图 2-26 水循环真空泵

水循环真空泵实际上是一种水喷射真空泵。核心部件类似于过去安装于自来水龙头上，同样起抽真空作用、玻璃制成的 "水老鼠" 〔图2-26(b)〕，又叫水抽子。主要是利用伯努利原理，当高速水流冲出细口时，在细口附近会产生负压，从而将空气由侧管快速吸入，产生真空。由于水泵与水喷射真空泵出口均在水箱中，使工作用水在水箱中不断循环。

为了保护水循环真空泵，水箱中的水应保持清洁。最好每次用完后，将水箱的水放尽。

一般的水循环真空泵上有两个抽头，两个真空表，可以单独或并联使用。

　　无论是旋片式真空泵，还是水循环真空泵，使用时应养成良好的习惯，即结束抽滤时，先拔去真空管，或打开放空阀，使真空系统通大气，然后关闭电源开关。

（3）减压过滤操作

　　先将滤纸放入洗净的布氏漏斗中，用少量水润湿；打开电源开关，关闭放空阀；用洁净的手按压滤纸，使之与布氏漏斗的瓷板紧密贴合。

　　对于超细沉淀以及无定形沉淀，同样采用倾泻法抽滤，即先尽量将上清液泻入布氏漏斗中，最后再将料浆引入抽滤；抽滤完成后，可以采用洁净的不锈钢取样勺或玻璃瓶盖按压沉淀，使滤液进一步被吸干；若是结晶与母液的抽滤，可以小心晃动盛有结晶的蒸发皿，使结晶及其母液靠近蒸发皿嘴，并乘势倒入布氏漏斗中。最后再用药匙或玻棒将蒸发皿中残余的结晶尽量排入布氏漏斗中，将母液抽干。

　　拔去真空管或打开放空阀，关闭电源开关。

　　取下布氏漏斗并将其倒扣在干净的大张滤纸上；若沉淀量较少，则采用洗耳球从布氏漏斗出口反方向吹气，将滤饼吹落在干净的滤纸上，若沉淀量较多，一般可以在大张滤纸下放置一块橡皮垫或厚型且较软的塑料垫，通过向下敲击振动的办法，使滤饼松动脱落于滤纸上。

　　滤饼的洗涤有两种方法，一是在布氏漏斗中洗涤，另一种是将滤饼经打浆后采用一定的洗涤方式洗涤后再抽滤，再打浆、洗涤，再抽滤，直到洗涤至符合要求为止。前一种方法为了提高洗涤效率，一般滤饼最后不要按压过实，且洗涤时的过滤速度不宜过快。一般打开放空阀，不必取下布氏漏斗，而是向滤饼中加入合适的洗涤液，使滤饼被洗涤液充分润湿；片刻后稍微关闭放空阀，使洗涤液缓慢透过滤饼，最后关闭放空阀，将洗涤液尽量抽干。如此反复多次，直至洗涤达到要求为止。这种方法简单，但洗涤效率相对较低，适用于要求不是很高的场合。

　　抽滤过程中还应注意，当滤液面快上升至吸滤瓶的吸滤口时，应打开放空阀，或拔去吸滤瓶上的真空管，取下漏斗，从吸滤瓶吸滤口反方向的上口倒出滤液，再关闭放空阀或接上真空管继续吸滤，否则大量的滤液将被吸入缓冲瓶，甚至水循环真空泵的水箱或旋片式真空泵中。

2.10.4　离心机与离心分离

　　对于需要沉淀，但沉淀量较少的固液分离一般采用离心分离法。

　　离心法使用离心机与离心试管，在离心机的高速旋转中，由于离心作用，使沉淀较为密实地沉积于离心试管的底部，再使用毛细滴管尽量吸去上清液，使之与沉淀分离。

　　在使用离心机时，可以根据沉淀的类型，颗粒的大小选择普通离心机或高速离心机。对于一般实验，通常采用转速为人工控制的普通离心机（见图2-27）。

　　离心机使用时主要注意三方面：一是转子中的离心试管应对称放置，且重量应尽量相当。若只有一支离心试管需要分离，可以使用另一支盛取基本等量水的离心试管，对称放置在转子中；二是转速的加快与减慢应逐级进行，不应在高速挡突然开机或关机；三是在转子没有停止转动时，不能打开安全盖，更不能用手强行停止。

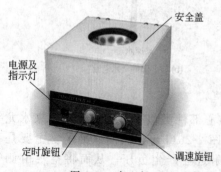

安全盖

电源及指示灯

定时旋钮　　　　　调速旋钮

图2-27　离心机

　　转速与时间的选择主要也是根据沉淀的类型与颗粒的大小来决定。晶形沉淀，转速一般1000r/min，到速后维持1～2min；无定形沉淀，转速可提高至 2000～3000r/min，到速后的维持时间要长些。颗粒越小，转速一般需要越高，离心时间越长。

　　离心沉降完毕后，若沉淀沉积得较为密实，也可以先采用倾滗法尽量滗去上清液，再采用毛细滴管吸去残余的清液。吸取上清液时，先将毛细滴管的胶皮头挤扁，排除空气，再小心将滴管管尖深入上清液，但不要接触沉淀，缓慢放开胶皮头，使清液吸入滴管中。如此操作数次，尽量吸去上清液。

　　吸去上清液后，沉淀若需要洗涤，则根据料水比［1∶(10～20)］滴加适量的水，选用适当粗细且前端圆整的玻棒（最好是点滴玻棒，即前端相对较细且圆整的玻棒）充分搅拌，再离心分离，尽量吸去上清液。如此重复数次，直至洗涤干净。

2.10.5　定量分析中的常压过滤与称量分析法

　　称量分析法（原称为重量分析法）分为沉淀法、气化法、电解法，其中的**沉淀法**就是利用定量沉淀的形成及其质量的大小进行组分含量的测定。基本步骤包含：样品的称量与溶解、沉淀形的获得、称量形的获得及其称量等，其中第二个环节就是要通过沉淀的过滤、转移、洗涤，将沉淀反应所形成的沉淀与母液、杂质等实现定量的分离。

　　定量分析中的固液分离同样可以分为常压过滤与减压过滤。

　　(1) 常压过滤

　　若所分离的沉淀经过滤、转移以及洗涤后，使用某种酸溶液定量溶解，再采用相关的滴定分析法测定（见实验31），或沉淀物需要通过灼烧方式获得称量形，再由称量形的质量求得被测组分含量（见实验26），一般选择常压过滤。

　　① 滤纸的选择　所用滤纸均选择圆形滤纸，需通过灼烧获得称量形的选择定量滤纸，另一种情况的一般选择定性滤纸（见 2.10.1）。滤纸大小的选择主要是根据沉淀体积以及漏斗的大小来选定。沉淀的体积一般不应超过贴合在漏斗中滤纸容积的一半；贴合在漏斗中的滤纸，其边缘应低于漏斗边缘 0.5～1cm。对于晶形沉淀常用直径为 7～9cm 的滤纸；无定形沉淀通常选用直径为 11cm 的滤纸。

　　② 漏斗的准备　所用漏斗为长颈漏斗（颈长约 15cm）；滤纸的折叠采用倒锥形滤纸折叠法。所不同的是，折叠中所撕下的那一小片滤纸不要丢弃，可用于过滤、转移及洗涤过程中残余沉淀的擦拭。为了加快过滤速度，一般应使漏斗颈内形成水柱。若不能正常形成水柱，可用手指堵住漏斗口，稍掀起三层滤纸的一边，用洗瓶向滤纸和漏斗的空隙处加水，使漏斗充满水，压紧滤纸边，松开手指，此时应能形成水柱。如仍不能形成水柱，可能漏斗颈太大。注意这一做水柱的过程更应小心，不要使滤纸破损。将漏斗置于漏斗板上，漏斗位置的高低应以过滤过程中漏斗颈的出口不接触滤液为准。

　　③ 过滤　一般采用 400mL 洗净的烧杯承接滤液，并将盛放沉淀的烧杯所盖的表面皿盖在该烧杯上。过滤同样采用倾滗法。玻棒尽量垂直，烧杯嘴紧靠玻棒，将上清液引入漏斗的滤纸中（见图 2-28）。

　　倾入的溶液一般只充满滤纸的 2/3，或离滤纸上缘约 5mm，以免少量沉淀因毛细作用超过滤纸上缘，造成损失。同时进行几个平行分析时，应把装有待滤溶液的烧杯分别放在相应的漏斗之前，切勿混淆搞错。暂停倾滗时，应沿玻棒将烧杯嘴向上提起 1～2cm，并使烧杯逐渐直立，绝不能使烧杯嘴上的溶液流到烧杯外壁造成损失。玻棒垂直提起，放回烧杯中，不可放在桌上或其他任何地方，也不能靠在烧杯嘴处，以免沾有沉淀而造成损失。为了尽量使上清液滗入漏斗的滤纸中，暂停过滤放置烧杯时，可以在烧杯底部的一侧垫一条木块（见图2-29）。

④ 初步洗涤　洗涤时，一般采用洗瓶，每次挤出约10～20mL水，洗玻棒及烧杯内壁，使附着的沉淀集中于烧杯底，放置澄清后，再倾滗过滤。如此重复过滤，一般晶形沉淀洗3～4次，无定形沉淀洗5～6次。

⑤ 转移　加少量洗涤液于沉淀中，搅匀，立即将沉淀和洗涤液倾入漏斗的滤纸中，再加少量洗涤液搅拌混匀后，再按上述方法转移。这时操作须十分小心，因为每一滴悬浮液的损失都会使整个分析工作失败。如此重复几次，将大部分沉淀转移到漏斗的滤纸中。

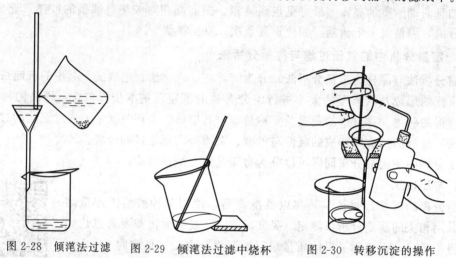

图 2-28　倾滗法过滤　　　图 2-29　倾滗法过滤中烧杯　　　图 2-30　转移沉淀的操作
　　　　　　　　　　　　　　在桌面上的放置

对于残留在烧杯中的少量沉淀，若最终的沉淀还是要转入原烧杯进行溶解滴定的，则不必完全将其定量转入漏斗的滤纸中，但必须将盛放沉淀的烧杯及其玻棒用水充分洗净，合并入漏斗的滤纸中。若最终干净的沉淀是要通过灼烧获得称量形的，则应按如下方式处理。

与前述一般化学实验中简单倾滗法的操作基本相同，左手拿烧杯，使之倾斜于漏斗上方，将该烧杯中的玻棒顺着烧杯嘴对应的烧杯直径的轴线上放置，玻棒的前端处于烧杯嘴并向前伸出约2～3cm处，用左手食指卡住玻棒，使之不会滑动，同时烧杯嘴朝着漏斗，玻棒下端同样对着三层厚滤纸处，右手用洗瓶冲洗烧杯内壁，残余的沉淀连同溶液顺着玻棒流入漏斗的滤纸中（见图2-30），注意不要让溶液溅出。如烧杯中仍有少量沉淀，可用前面撕下的滤纸角或再撕一小块定量滤纸擦拭烧杯内壁及玻棒，将擦过的滤纸角也放入漏斗滤纸里的沉淀中。

⑥ 洗涤及检验　初步洗涤已将沉淀中的母液进行了稀释，同时使沉淀表面也得到了一定程度的洗涤。进一步的洗涤在于将沉淀中残留的母液以及表面所吸附的杂质清除干净。采取螺旋式洗涤法，具体做法是：用滴管吸取洗涤液，从滤纸边缘朝下处开始往下螺旋形移动滴加，这样可使沉淀集中到滤纸的底部且得到洗涤，同时又能使滤纸也得到清洗（见图2-31）。重复这一步骤直至沉淀洗净为止。

为了提高洗涤效率应掌握洗涤方法。洗涤沉淀时，每次使用少量洗涤液，洗后尽量沥干前次的洗涤液，多洗几次，这通常称为"少量多次"原则。这样既可将沉淀洗净，又尽可能降低了沉淀的溶解损失。另外须注意的是，过滤和洗涤必须相继进行，不能间断，否则沉淀干涸了就难以洗净了。

　　洗涤到什么程度才算洗净，这可根据具体情况进行检查。例如若试液中含有 Cl^- 或 Fe^{3+} 时，可以检查滤液中是否还含有 Cl^- 或 Fe^{3+}，若不含则认为沉淀已洗净。为此可用一洗净的小试管承接 $1～2mL$ 滤液，酸化后，用 $AgNO_3$ 或 $KSCN$ 溶液分别检查，若无 $AgCl$ 白色浑浊或 $Fe(NCS)_6^{3-}$ 淡红色出现，说明沉淀已洗净，否则还需要洗涤，直至滤液中检查不出 Cl^- 或 Fe^{3+} 为止。若如无明确规定，通常洗涤 $8～10$ 次就认为已洗净；对于无定形沉淀，洗涤的次数可稍多几次。

图 2-31　沉淀的洗涤

　　选用什么洗涤液洗涤沉淀，应根据沉淀的性质而定。晶形沉淀可用冷的稀沉淀剂洗涤，这时存在同离子效应，能减少沉淀溶解的量。但是如沉淀剂为不挥发的物质，就不能用作洗涤液。若沉淀溶解度很小，又不易生成胶体沉淀，可改用水洗涤；对于无定形沉淀，一般用热的电解质溶液作洗涤液，以防产生胶溶现象，大多采用易挥发的铵盐作洗涤液；对于溶解度较大的沉淀，或易水解的沉淀则采用沉淀剂加有机溶剂洗涤沉淀。

　　洗涤完毕后，对于需要返回烧杯溶解滴定的体系，可用玻棒在滤纸三层无沉淀处将滤纸挑开，再用干净的手指小心取出滤纸，置于原盛放该沉淀的烧杯中，用原玻棒将滤纸摊开，加入所需的酸，必要时适当加热，使沉淀溶解，再加入适量的水，按滴定所需的条件进行后续操作。对于需要通过灼烧获得称量形的体系，其实在沉淀完成后进行的陈化过程中，就可以事先做好以下准备工作。

（2）称量形的获得

　　① 坩埚的准备　沉淀法灼烧沉淀一般采用瓷坩埚。坩埚的准备主要就是确定所用空坩埚的准确质量。准备工作一般包含坩埚的洗涤与编号、灼烧至恒重等基本过程。先将瓷坩埚洗净晾干或烘干，然后用蓝墨水或 $K_4[Fe(CN)_6]$ 溶液在坩埚及其盖子上写上同一编号。待编号干后，一般可以直接将坩埚放入马弗炉中，在灼烧沉淀的温度下灼烧，直至恒重后成套放置备用。

　　所谓**恒重**，是指在一定温度下，两次干燥并冷却至室温后，物质或物体的重量之差不得超过一定的允许误差（一般常量分析的恒重标准是，两次称重之差应小于 $0.2mg$；对于工厂的实际分析，应按照国家标准或行业标准所规定的允许误差）。干燥采用的温度与沉淀干燥所用的温度一致。为了保证做到恒重，两次干燥处理的过程以及称量操作及时间应尽量做到一致。

　　这里的干燥指的是高温灼烧。第一次灼烧空坩埚，一般到温后保温 $20～30min$，取出后一般先在炉外干净的耐火砖上冷却数分钟后移入干燥器内的瓷板上，且干燥器的盖子略开一小缝，约 $5min$ 后盖好，冷却半小时，称重。第二次再灼烧 $15～20min$，稍冷后，再转入干燥器中，冷至室温，再称重。灼烧过程中一定要带坩埚盖，但不能盖严，留一条小缝。

　　② 沉淀的灼烧　沉淀的灼烧主要是通过一定的高温，去除水分以及将所用的滤纸烧尽，确定称量形的准确质量。灼烧的基本过程包括了炭化与灰化两个步骤。

　　首先将漏斗中的滤纸取出。对于晶形沉淀，可用原玻棒从滤纸的三层处挑开，再用干净的手指小心从漏斗中取出滤纸。按照图 2-32 所示的程序卷成小包，将沉淀包裹在里面。若漏斗上也沾有极少量沉淀，可用滤纸碎片擦干净，与沉淀包卷在一起。过滤后的滤纸的折叠步骤如下：

　　a. 滤纸对折成半圆形；

　　b. 自右端约 1/3 半径处向左折起；

c. 由上向下折，再自右向左折；

d. 折成滤纸包，放在已恒重的坩埚中，注意使卷层数较多的一面向上。

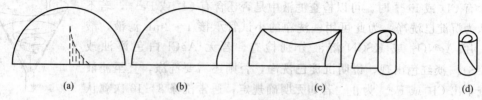

(a)　　　　　　(b)　　　　　　(c)　　　　(d)

图 2-32　晶形沉淀的包裹

图 2-33　无定形
沉淀的包裹

对于无定形沉淀，因沉淀体积较大，用上述方法不合适，此时应采用原玻棒将滤纸边挑起，向中间折叠，将沉淀全部盖住（见图 2-33），再用干净的手指小心地将滤纸转移到已恒重的坩埚中。滤纸的三层厚处应朝上，有沉淀的部分向下。

可以将盛有沉淀的坩埚经炭化后再置于马弗炉中灰化，也可以直接放入马弗炉，设置程序，分段实现炭化与灰化。

炭化是使滤纸这类有机质转变为碳素的过程。无论采用哪一种炭化方式，需注意的是，既要使滤纸充分炭化，但又不能使滤纸着火，以免使少许沉淀或细微粉末被带走。万一着火，应及时将坩埚盖盖上，切勿用嘴吹熄。

炭化时坩埚盖不能全盖上，可斜放在坩埚口上，一是留有一定的水分及烟雾较顺畅的挥发空间；二是炭化的升温速率不能过大，特别是马弗炉外炭化，环境温度较低时，易导致水蒸气产生的冷凝水滴入坩埚底部而炸裂；三是炭化过程产生的烟雾应有良好的通风，但不能强通风，以免滤纸着火。若在马弗炉中炭化，可以用特制的坩埚叉或长坩埚钳将坩埚放入马弗炉中合适的位置，坩埚盖同样不要全盖上。在炭化阶段可以不用关紧炉门，适当有些空气进入，但又不至于对流太厉害。待不再冒烟后再关闭炉门，升温至所需灼烧温度并保温。

将炭化所形成的碳素转变成二氧化碳除去的过程称为灰化。若炭化在马弗炉外进行的，则完成后用特制的坩埚叉或长坩埚钳将坩埚放入马弗炉中合适的位置，坩埚盖同样不要全盖上，升温至所需灼烧温度并保温。恒重的操作、时间与过程与空坩埚的前处理一样，要求也相同。

2.10.6　定量分析中的减压过滤

若干净的沉淀物是通过烘干获得称量形的（如水分在较低的温度下能去除，或热稳定性差，在高温下易分解的沉淀）则一般选择减压过滤。

这里采用的漏斗是玻璃砂芯漏斗（又称微孔玻璃漏斗，简称砂芯漏斗）或微孔玻璃坩埚（简称砂芯坩埚）（见图 2-34）。这种砂芯漏斗或坩埚不需使用滤纸，其中的滤板是由玻璃粉末在高温下熔结而成的砂芯。通常按砂芯微孔的大小将它们分为六级，1 号的孔径最大，6 号的孔径最小。在定量分析中，对细晶形沉淀，一般用 4～5 号（相当于慢速滤纸）；对无定形或粗晶形沉淀，一般用 3 号（相当于中速滤纸）。使用前应将砂芯漏斗或坩埚用稀 HCl 或稀 HNO_3（或根据所粘连物质的性质选择不同的洗涤液）处理，再用水洗净，并在与称量形相同的干燥温度下干燥至恒重（从烘箱取出滤器冷却

图 2-34　砂芯坩埚
与砂芯漏斗

时可以直接放入干燥器，同样干燥器的盖子略开一小缝，约 5min 后盖好，冷却半小时，称重），放入干燥器中备用。两次烘干的时间分别是约 2h、45min～1h，根据沉淀的性质具体处理。

过滤前，先将过滤装置搭建好。若使用砂芯漏斗，与布氏漏斗相同，将其安装在合适大小的橡皮塞上；若使用砂芯坩埚，则将其安放在厚橡皮垫圈或特制的橡皮托上。

沉淀的过滤、转移与洗涤的基本操作与上述常压过滤以及前述的减压过滤基本相同，但是过程中均不能使用不锈钢取样勺或瓶盖挤压沉淀。完成抽滤、洗涤后取下橡皮塞，或橡皮垫圈或托，在称量形所需的温度下烘干至恒重。

烘干时，一般应将砂芯漏斗置于表面皿上，然后放入烘箱中；若是砂芯坩埚，可置于干净的烧杯中，杯口搁一玻璃三脚架，再盖上表面皿放入烘箱。

测定完成后，将砂芯漏斗或坩埚中的沉淀物尽量倒出，再根据沉淀物的性质，选择合适的溶剂或清洗剂清洗，清洗干净后烘干至恒重，干燥器中备用。

使用砂芯漏斗或坩埚抽滤时应注意几点：

① 这种滤器不适合于强碱性体系、强腐蚀性体系以及热浓磷酸体系的固液分离；

② 不适合那些不能被一定溶剂或清洗剂溶解的沉淀过滤，例如酸不溶、碱不溶的灼烧氧化铁等，否则滤器使用后无法清洗；

③ 不适合超细沉淀的过滤，否则易将砂芯孔堵塞，难以清洗（对于少量超细沉淀的过滤请见扩展与链接）；

④ 切勿刮擦或用去污粉刷洗砂芯。

从空砂芯漏斗或坩埚恒重时开始，直至称量形恒重结束，均不能用手直接拿取滤器，只能戴细纱手套或用软纸衬垫拿取。

扩展与链接　　"滤纸"标准简介、热过滤简介、膜分离简介

(1) "GB/T 1914 化学分析滤纸"

该标准规定了化学分析用的定性滤纸和定量滤纸的产品分类、规格、尺寸及其偏差、要求、试验方法、检验规则及标志、包装、运输和储存，适用于定性分析和定量分析用滤纸。

(2) 热过滤简介

主要应用于需要除去热、浓溶液中的不溶性杂质，常温过滤时易析出结晶的场合。例如，氢氧化钡的溶解度较低，即使是热溶液也易于析出结晶。因此，若要除去氢氧化钡溶液中的不溶性物质，就得采用热过滤方式。热过滤同样可以分为常压热过滤与减压热过滤。

① 常压热过滤　若过滤的溶液量较少，或过滤体系对温度不是很敏感，相对不易于析出结晶，也可以采用一般的过滤装置进行热过滤，但所用漏斗必须预热。对于水溶液体系，漏斗可置于热水中预热；对于非水体系，漏斗可置于烘箱中，或用热溶剂预热。

若过滤的溶液量较多，或过滤体系对温度很敏感，易于结晶，则应采用热过滤装置。

热过滤装置由热滤漏斗、滤纸、铁圈、铁架台以及洗净的接收容器等组成。热过滤漏斗一般由短颈漏斗与水浴夹套 [见图 2-35(a)] 或水浴盘管 [见图 2-35(b)] 构成。水浴夹套中加水一般至约 2/3 处，以免加热后逸出。

漏斗同样应事先预热。对于夹套保温的热浴漏斗，过滤非水溶液前应熄灭火焰，否则易发生爆燃事故。若环境温度较低，或溶液相对过饱和度较高而使结晶析出，可以采用少量热溶剂淋洗，溶解晶体。

热过滤中，滤纸的折叠采用折扇形滤纸折叠法，一般选用褶状级滤纸。

折扇形滤纸折叠法是采用一定的折叠方式与步骤，将滤纸

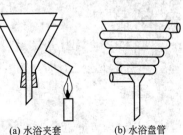

(a) 水浴夹套　　　(b) 水浴盘管

图 2-35　热过滤漏斗

折叠成折扇形状（见图2-36）。由于这种折叠法的折叠处更多，因此应特别注意折叠时不要用力抹擦。

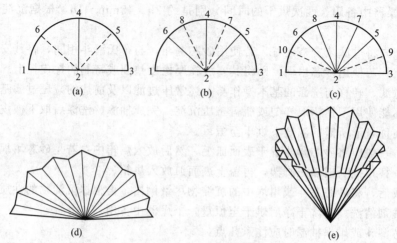

图 2-36　滤纸的扇形折叠法

使用前将滤纸翻转并整理成扇形，再将其打开放入漏斗中，同样用少许水润湿，使之基本稳定在漏斗中（有机溶液过滤除外）。

如图从（a）折到（c），将已折成半圆形的滤纸分成8等份，再如（d），将每份的中线处来回对折（注意折痕不要集中在顶端的一个点上）。

② 减压热过滤　减压热过滤与一般化学实验中所用减压过滤基本相同，只是需要将布氏漏斗预热，主要用于需要滤液的场合。

为了得到较好的热过滤效果，一般采用双层滤纸，或在布氏漏斗的滤纸上铺一层助滤剂，如硅藻土。但是，由于体系负压的特点，一些低沸点的热滤液会大量蒸发，甚至沸腾。另外，还是会有部分结晶析出，损失相对会大些。

（3）化学实验中的膜分离及其装置

砂芯过滤装置：砂芯过滤装置（见图2-37）主要用于需要滤液，要求较高的精密过滤，特别是在离子色谱、液相色谱分析中流动相的过滤。该装置外形与减压过滤装置很相似。就主体装置而言，主要由高硼硅的优质玻璃材料制成，从上到下分为三部分，最上端为滤杯，中间为滤头，下端为滤瓶。滤杯底口与滤头上部外圈均为平整的磨口，用铝合金特型夹固定；滤头上端的中间为砂芯，用于固定滤膜，滤膜（见图2-38）的规格（材质及孔径等）可以选择；滤头中部带有抽嘴，用于连接真空装置，下口为内磨口，与滤瓶上端的外磨口紧密连接。

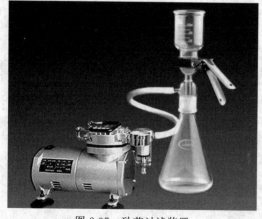

图 2-37　砂芯过滤装置

图 2-38　砂芯过滤用的滤膜

一次性过滤装置：（见图 2-39）也是一种类似于砂芯过滤装置的膜分离装置。

盘式过滤器：**盘式过滤器**主要也是应用于需要滤液的精密过滤，也属于一次性过滤装置。

盘式过滤器有过滤量较大的盘式过滤器（见图 2-40）、过滤量较小的针式过滤器（见图 2-41）以及多通道针式过滤器（见图 2-42）。

图 2-39　一次性过滤装置

图 2-40　盘式过滤器

图 2-41　针式过滤器

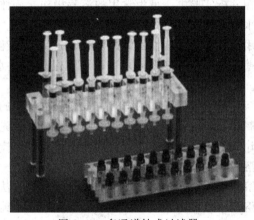

图 2-42　多通道针式过滤器

针式过滤器主要应用于离子色谱、液相色谱分析中进样所用的试液的过滤。多通道针式过滤器最大的好处是可以将过滤的每一个小步骤批量进行，缩短每个分解步骤的时间，提高了工作效率，劳动强度也相应降低。此外，该装置固定注射器针管和放置进样瓶的位置，不同样品不易混淆。

2.11　试样的采集、溶解与分解

分析检测的基本过程一般包括了试样的采集与处理、分离与测定、结果计算与评价等。

2.11.1　试样的采集与制备

在分析检测的一般步骤中，试样的采集与制备是试样采集与处理中的第一步。在分析工作中，所需分析的试样种类繁多，有固体、液体、气体，性质和均匀程度各不相同，因此采样的基本步骤应根据分析试样的性质、均匀程度、数量等来确定。

试样的采集与制备必须保证所取试样具有代表性，所分析的试样组成能代表整批物料的平均组成。为了得到有代表性的均匀样品，应该根据样品的性质，按规定的采样方法、采样数量采集样品，以不破坏待测成分为前提对样品进行处理，制备出符合要求的分析试样。具体的方法和步骤可参阅"扩展与链接"中的相关国家标准或其他资料。

分析试样确定后，由于在分析工作中，除了干法分析外，较多的是采用湿法分析，即先将试样分解制成溶液再进行分析，因此，试样的处理是分析工作的重要步骤之一。试样中某些组分的测定不能破坏试样，只能设法将这些组分从试样中提取出来（例如化妆品中激素的检测）；而某些组分的测定，需要将试样破坏后方可测定（例如电子级钛酸钡粉体中铁含量的测定）。前者涉及的提取方法请见"2.16 常用分离与提取方法"，后者涉及试样的溶解与分解。

2.11.2　试样的溶解与分解方法

一种物质（溶质）分散于另一种物质（溶剂）中成为溶液的过程称为溶解。这种分散可以通过物理的方式分散，也可以通过化学反应的方式，在一定的条件下分散。这里**试样的溶解**是指能用水或酸、碱等，使试样形成溶液的过程。例如硫酸铜试样的测定，就可以用水使之溶解，而超细活性氧化锌的测定，试样就需要用酸才能溶解。这里**试样的分解**则主要是指一些不溶于水、酸、碱的固体试样或有机类的试样，通过一定方式将其分解，使被测组分随试样的分解而进入溶液的过程。

(1)　试样的溶解

在分析实验中，最为常用的溶解操作是固体试样的溶解。需溶解的固体试样可分为水溶性与水不溶性固体试样两类。

用烧杯溶解**水溶性固体试样**时，先用少量纯水吹洗加了固体试样的烧杯内壁，然后沿烧杯内壁注水，使水慢慢流入，也可通过玻棒让水沿玻棒慢慢流入，以防止杯内溶液溅出而损失。

溶解**水不溶性固体试样**时，根据固体试样的性质选择用酸、碱或其他试剂。操作与溶液的配制相似，与直接法标准溶液的配制一样。先把烧杯适当倾斜，将量杯或量筒嘴靠近烧杯壁，让试剂沿杯壁慢慢流入，同样也可通过玻棒让试剂沿玻棒慢慢流入，防止烧杯内反应剧烈，溶液溅出。

溶解固体试样时，可采用加热、搅拌等方法促使溶解。若需要加热时，可加盖表面皿，防止溶液剧烈沸腾和暴沸、迸溅，加热后要用纯水冲洗表面皿和烧杯内壁（见"溶液的配制与物质的定量转移"）。溶解过程中用于搅拌的玻棒也应放在烧杯中，不要随意取出。盛放试样的烧杯应用表面皿盖上以防被污染。

有些试样在溶解时会产生气体，应事先用少量水将其润湿，盖上表面皿，用滴管将试剂从烧杯嘴逐滴加入，以防止溶解试样时产生的气体将粉状试样带出而造成损失。

(2)　常用的分解方法

固体试样的分解一般采用熔融法、烧结法，主要是针对那些不能完全被水性溶剂所分解的样品，可将它们与固体熔剂混匀后在高温下作用，使之转变为易被水或酸溶解的化合物，然后用水或酸浸取。通常熔剂为固体酸、碱、盐及它们的混合物。

熔融法一般在很高的温度下进行，因此，需根据熔剂的性质选择合适的坩埚（如铁坩埚、镍坩埚、白金坩埚等）。将固体物质与熔剂在坩埚中混匀后，送入高温炉中灼烧熔融。熔融法根据熔剂性质的不同又可以分为**酸熔法**与**碱熔法**。

常用的酸性熔剂有 $K_2S_2O_7$ 或 $KHSO_4$ 等，可用于碱性物质，如 $\alpha\text{-}Al_2O_3$、Cr_2O_3、碱性耐火材料等的熔融分解；常用的碱性熔剂有 Na_2CO_3、$NaOH$、Na_2O_2 等，主要用于熔融分解酸性物质，如硅酸盐、黏土、酸性炉渣等。

烧结法又称为**半熔法**，与熔融法不同的是，在低于熔点的温度下，使试样与熔剂发生反应，故加热时间需要较长，但不易损坏坩埚，可以在瓷坩埚中进行。

对于有机物或生物类试样的分解，有湿法分解和干法分解。

湿法分解法是一种直接分解法，又称为**湿法消解**（或**湿法消化**），将试样与溶剂相互作用，使样品中待测组分变为可供测定的离子或分子存于溶液中，通常所使用的溶剂为各种酸液（如 H_2SO_4、HNO_3、$HClO_4$）及 H_2O_2 等。其操作要求与上述不溶性固体试样的溶解相类似。但是，当使用 HF 溶液时，宜用塑料和铂制器皿，以免腐蚀玻璃器皿及引入杂质离子。

对于难分解试样，为了加快分解，提高分解效率，一般使用高型玻璃容器，如高型烧杯、凯氏烧瓶，其中还会加数粒玻璃珠，起到沸腾中心的作用，防止暴沸。有时还会在凯氏烧瓶口加一小漏斗，不仅可以减少酸的挥发损失，同时起到更好的回流作用；另外往往会采用混合酸，如硫酸与硝酸，或硝酸与高氯酸等。这些混酸的使用请注意相关标准上的说明，以防发生意外，特别是使用高氯酸。

干法分解法又称**干法消解**（或**干法消化**），是将试样置于马弗炉中加热分解，残渣再用少量盐酸或硝酸浸取。在干法消解的过程中，为了提高灰化效率，可以加入少量的氧化性物质，如硝酸镁为助剂。

试样的分解过程中，都应注意易形成挥发物质的组分的损失问题，选择不同的分解方法与条件；若分解时所需试剂的量较大（例如湿法消解），应采用优级纯试剂。

扩展与链接　"采样"标准简介、新型试样分解法简介

(1) "采样"系列标准的简介

"GB/T 6678 化工产品采样总则"规定了化工产品采样术语及定义、采样目的、采样基本原则、采样方案、采样技术、采样安全、采样记录和采样报告、样品的容器和保存、计量一次采样检验等，适用于化工产品采样。

"GB/T 6679 固体化工产品采样通则"规定了固体化工产品的采样技术、样品制备、采样报告，适用于固体化工产品的采样，不适用于气体中的固体悬浮物和浆状物的采样。

"GB/T 6680 液体化工产品采样通则"规定了液体化工产品采样的术语及定义、基本要求、采样方案、采样设备和操作方法，适用于温度不超过 100℃，压力为常压或接近常压的液体化工产品，不适用于在产品标准中有特殊要求的液体产品的采样。

"GB/T 6681 气体化工产品采样通则"规定了气体化工产品采样的基本原理、采样方案、采样设备和采样技术，适用于气体、液化气体化工产品采样。

"HG/T 3921 化学试剂　采样及验收规则"为化工行业标准，规定了化学试剂包装前、后采样和成品验收的基本原则及方法，适用于化学试剂的采样和成品的验收工作。

(2) 新型试样分解法简介

氧瓶燃烧法是试样干法消解普遍采用的方法，是将试样包在定量滤纸内，用铂金片夹牢，放入充满氧气的锥形烧瓶中燃烧，燃烧产物用适当的吸收液吸收。

水热分解法是称取一定量的试样于水热反应釜的聚四氟乙烯内胆中，加入一定量的酸或碱溶液，再置于一定温度的烘箱内加热一定时间，在高温、高压下使试样分解。

微波消解法的不同之处在于采用微波加热方式，将试样置于消解罐中，加入适量的酸、碱以及盐类，或过氧化氢等消解液，在密闭的条件下于一定频率的微波炉中加热使试样分解。因此，这种消解法不仅有微波加热、微波反应的特点，同时具有水热法的优点，反应完全、空白低，可以使试样在高温、高压下快速分解。

2.12　容量瓶与物质的定量转移

2.12.1　容量瓶及其使用注意事项

容量瓶是一种常用的测量容纳液体体积的容量器皿，主要用于配制标准溶液或**试样溶液**

（简称**试液**），常与移液管、吸量管配合使用。

（1）检漏

容量瓶在使用前应检查是否漏水。具体操作：在瓶中放水到标线附近，塞紧瓶塞，右手拿住瓶底，左手食指压住瓶塞，把瓶子倒立过来停留一会儿，观察瓶塞周围是否有水渗出。经检查不漏水的容量瓶才能使用。容量瓶的玻璃瓶塞一般只能与一只容量瓶配套，故瓶塞必须妥为保护，最好用绳子将其系在瓶颈上，以防跌碎或与其他容量瓶搞混。

（2）洗涤

向容量瓶中倒入约 1/5 容积的铬酸洗液，盖上瓶塞；拇指与中指夹持住瓶颈，食指顶住瓶塞，摇动容量瓶并使之倒置，使洗液布满容量瓶内壁；直立放置，使洗液全部流至瓶底；再颠倒摇动容量瓶，如此操作三次。

打开瓶塞，将铬酸洗液倒回原瓶中，分别盖上瓶塞与瓶盖。

放置数分钟，向容量瓶中加入约 1/5 容积的自来水，按上述铬酸洗液的洗涤方式润洗，废水倒入废液杯中，如此清洗三次。再用纯水润洗三遍，润洗的水倒入水槽。

（3）使用的注意事项

使用时还应注意以下几点：

① 不能在容量瓶里进行溶质的溶解，应将溶质在烧杯中溶解后定量转移到容量瓶里。

② 不能进行加热。如果溶质在溶解过程中放热，或加热溶解，要待溶液冷却后再进行转移，因为温度升高瓶体将膨胀，所量体积就会不准确。

③ 只能用于配制溶液，不能长时间或长期储存溶液，因为溶液可能会对瓶体腐蚀，或可能影响组分测定，或使容量瓶的精度受到影响。

④ 用毕应及时洗净，或在专用瓶架上沥干，或塞上瓶塞，并在塞子与瓶口之间夹一条纸条，防止瓶塞与瓶口粘连。

2.12.2　物质的定量转移

（1）容量瓶的定容与摇匀

向盛有定量物质溶液的容量瓶中加水或要求的溶剂。当加水或溶剂至大约 3/4 容积时，一手执容量瓶，靠手腕带动，沿顺时针方向旋转，使溶液得到初步混匀（注意这时不能塞上瓶塞及翻转容量瓶）。继续加水或溶剂至接近刻度线约 1~2mL 体积。约 1min 后，一手将容量瓶提起，使视线与容量瓶的标线平视，用滴管小心滴加水或溶剂至弯月面实影的底部与标线正好相切时停止（弯月面有三层，中间一层为实影，上、下两薄层为虚影），这个操作过程就是容量瓶的定容。

摇匀的基本操作是，一手的食指顶住瓶塞，拇指与中指握住瓶颈，另一只手托住瓶底，以防瓶颈与膨大部分的连接处在摇匀过程中折断 [图 2-43（a）]；将容量瓶倒转过来，当气泡上升至瓶底后，可以将瓶底左右摇晃几下，以提高搅拌的效果 [图 2-43（b~d）]；然后再将容量瓶反转回来 [图 2-43（e、f）]；如此重复操作至少 10 次，最后 2~3 次操作时，可将容量瓶反转回来，打开瓶塞，使瓶塞与瓶口间隙的溶液流回瓶内，继续摇匀操作。

对于小容量瓶（100mL 及以下），不需另一只手托住瓶底，可以采用比色管的摇匀操作（见 2.6）。

（2）物质的定量转移

物质的定量转移一般应用于物质溶液从一种容器转移至另一容器中，其溶质的损失不超过允许误差的操作。对于常量分析，一般允许误差 0.1%，也就是说，定量转移中被转移物质的质量损失不能超过 0.1%。

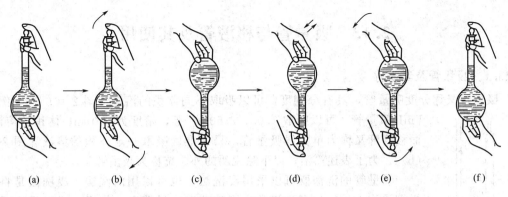

图 2-43　容量瓶的摇匀

　　定量转移的操作大多用于标准溶液配制的直接法中基准物溶解后的转移，或试液制备后的转移。基准物的溶解或试液的制备通常在烧杯中进行（可参见 2.4）。若物质是加水或溶剂搅拌溶解的，先用洗瓶小心吹洗玻棒与烧杯内壁，搅拌均匀；若溶解或制备时是加盖表面皿的，则先用左手食指与拇指小心揭开表面皿，将玻棒放入烧杯并靠在烧杯嘴对面的烧杯内壁上，表面皿直立起来，稍斜靠在玻棒上，右手执洗瓶，吹洗溶解时表面皿靠烧杯内的一侧（见图 2-44），使溶液尽量顺着玻棒流下，吹洗表面皿数遍后再吹洗玻棒与烧杯内壁，搅拌均匀。

　　将容量瓶置于实验者跟前，玻棒垂直提离烧杯并置于容量瓶内，伸入瓶颈内约 3cm，略微倾斜（注意玻棒不能与容量瓶口接触）；烧杯嘴靠着玻棒，通过玻棒引流将溶液倾入容量瓶中（见图 2-45）；倾倒完毕注意将烧杯嘴沿着玻棒直立起来，上移 1~2cm，使烧杯嘴的溶液不会沿烧杯嘴流出外壁；再将玻棒垂直提起，置于烧杯中并同样靠在烧杯嘴对面的烧杯内壁上；用左手食指卡住玻棒，以免其来回滚动；再次吹洗玻棒及烧杯内壁，用前述同样的方法将溶液转入容量瓶中，如此操作 3~4 次。以上操作过程就称为溶液的定量转移。

图 2-44　溶解和表面皿的吹洗

图 2-45　溶液的定量转移

　　应提醒的是，玻棒一旦放入烧杯中，就不得离开烧杯或杯口的上方，或被转移容器或该容器口的上方，直至溶解、转移过程完成。

扩展与链接　"容量瓶"标准简介

"GB/T 12806 实验室玻璃仪器　单标线容量瓶"

　　单标线容量瓶即为常用的容量瓶。该标准规定了单标线容量瓶的规格尺寸、技术要求、试验方法、检验规则及标志、包装、运输和储存，适用于实验室用玻璃容量瓶。

2.13　吸量管与移液管及其使用

2.13.1　吸量管及其洗涤

吸量管又称分度吸量管，具有分刻度，可以吸取不同体积的溶液［图 2-46(a)］，例如 5mL 吸量管，可以吸取 1.00、2.50mL 等，精度为 0.01mL 体积的溶液。而移液管又称为单标线吸量管，只能准确吸取一定体积的溶液［图 2-46 (b)］；为了表述简洁，以下除说明的外，统称为吸量管。

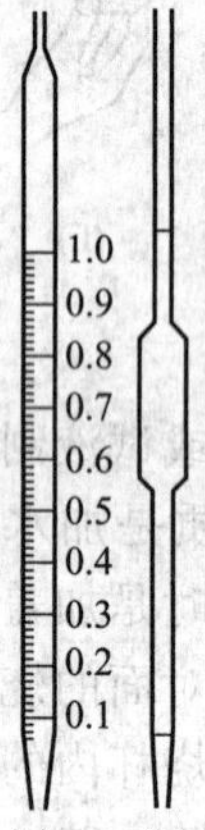

吸量管的洗涤既可以采用浸洗法，也可以用润洗法。浸洗法是将吸量管浸泡在盛有铬酸洗液的高型玻璃筒或量筒内，作用一段时间后再分别用自来水、纯水清洗与润洗。润洗法洗涤吸量管的操作是：右手拿吸量管并将其插入铬酸洗液中并尽量靠近瓶底，左手握洗耳球并用拇指挤压，排出球内空气，将其尖端紧接在吸量管口。缓慢松开左手拇指，使铬酸洗液吸入管中。当吸入约 1/3～1/4 容积洗液时，用食指按住吸量管上口，拇指与中指拿住吸量管标线上方；左手拿住尽量远离管出口尖端的部位，将吸量管基本平端并旋转，使洗液布满管内壁。旋转片刻，将洗液放回原瓶中。数分钟后，将吸量管插入自来水烧杯中，用洗耳球吸取约 1/2～1/3 容积的自来水，按上述铬酸洗液的洗涤方式润洗，废水同样倒入废液杯中，清洗三次。再用纯水润洗三遍，润洗的水倒入水槽。

图 2-46　吸量管和移液管

2.13.2　吸量管的使用

洗净的吸量管第一次移取溶液前，用干净的滤纸片将清洗过的吸量管外壁及尖端内的水分尽量擦干及吸干（痕量分析除外），然后用被移取的溶液润洗 2～3 次后即可移取溶液。

吸量管移取溶液的操作是：右手拿吸量管并将其插入待移取的溶液中并尽量靠近瓶底或杯底（若插入过浅易产生空吸，易使空气与部分溶液冲入洗耳球），左手握洗耳球并用拇指挤压，排出球内空气，将其尖端紧接在吸量管口。缓慢松开左手拇指，使溶液吸入管中［图 2-47(a)］。当吸入的溶液超过标线后，移去洗耳球并立即用右手食指按住吸量管上口［图 2-47(b)］，将其提离液面。左手执容量瓶或烧杯，使之离开实验桌台面，并将其稍倾斜；右手执吸量管并垂直，管尖紧靠容器内壁，离容器口约 2～3cm，两者呈约 45°夹角［图 2-47(c)］。稍放松右手食指，使管内液面缓慢下降，当视线平视时，溶液的弯月面与标线相切，立即用食指压紧管口并移出容器［图 2-47(d)］。左手放下容量瓶或烧杯，将承接容器（如锥形瓶或烧杯）提起并稍倾斜，吸量管垂直插入其中约 3cm 并紧靠，与承接容器内壁同样呈约 45°。松开右手食指，让溶液自然流出，放完后请停靠规定的时间，取出吸量管。

吸量管使用时应注意以下几点。

① 洗净的吸量管，放置在吸量管架上，不得随意放置在桌上。

② 除常量分析外，对于微量及痕量分析，吸量管不得插入待移取的标准溶液，特别是标准溶液中（见 2.4.2）。一般应将这种标准溶液适量倒入合适大小，洁净且干燥的小烧杯。在小烧杯中完成移液操作，且最后小烧杯中剩余的少量标准溶液不得倒回原试剂瓶中。

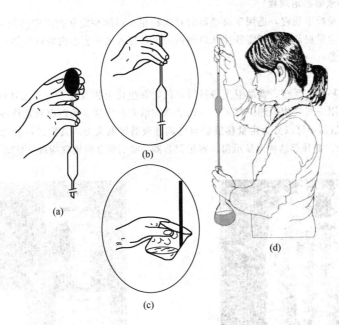

图 2-47　吸量管的正确使用

（a）用洗耳球吸取的操作；（b）控制溶液流出的操作；（c）另一手执承接容器的操作；
（d）调节溶液弯月面与刻度线相切的操作

③ 整个吸取操作中，手都不得握住吸量管的刻度区或移液管的膨大处。

④ 在吸取溶液的过程中，若吸量管外壁挂有液珠，对常量分析，吸量管提离液面后将其取出，用干净的滤纸片将其外壁擦净，再按正常操作调整液面。对于微量或痕量分析，所用吸量管外壁必须洁净、干燥。

⑤ 对于无提醒标志的吸量管，管内溶液自然流完后，保持放液状态停留 15s 才可移走移液管（残留在管尖内壁处的少量溶液，不可用外力强使其流出，因校准移液管时，已考虑了尖端内壁处保留溶液的体积）；若标注有"吹"字的吸量管，放尽溶液后停留 15s，需要用洗耳球将管口残余溶液吹入承接容器内；若标注有"快"字的吸量管，放尽溶液后停留 4s，管口残余溶液不得吹入；若标注有"快、吹"字的吸量管，放尽溶液后停留 4s，并将管口残余溶液吹入承接容器。

⑥ 对于分刻度吸量管，为了减少测量误差，每次都应从最上面刻度（0 刻度）处为起始点，往下放出所需体积的溶液，而不是需要多少体积就吸取多少体积；而且在同一实验中尽可能使用同一只吸量管的同一部分。

⑦ 注意有种**蓝带吸量管**，其刻度部分的背面为白色的背景，其中间有一条竖的蓝线。这种吸量管的读数与普通吸量管的读数不同，请参阅下一节中蓝带滴定管的读数。

⑧ 吸量管使用完毕后，应及时用自来水冲洗干净，再用纯水润洗备用。

扩展与链接　"吸量管"与"移液器"标准简介、移液器简介

(1)"GB 12808 实验室玻璃仪器　单标线吸量管"

单标线吸量管即为常用的移液管。标准规定了实验室使用的单标线吸量管的产品分类、规格系列、技术要求、试验方法、检验规则等，适用于实验室使用的单标线吸量管。

（2）"JJG 646移液器检定规程"

该标准为国家计量检定规程，适用于移液器的首次检定、后续检定和使用中的检验。规程中对**移液器**进行了定义：具有一定量程范围，可将液体从容器内吸出，移入另一容器内的计量器具（加液器、加液枪、吸液器等统称为移液器）。

（3）移液器简介

移液器主要用于环保、医药、食品卫生等科研部门，在生化分析及化验中作液体的取样或加液用。它为一活塞式吸管，利用空气排放原理进行工作，以活塞在活塞套内移动的距离确定移液器的容量。

移液器为量出式量器，可以分为定量移液器与可调移液器等两大类。其型式可分为单头型（见图2-48）和多头型（见图2-49）。其外部结构由显示窗、容量调节器、吸引管和吸液嘴构成〔见图2-50（a）、（b）〕。

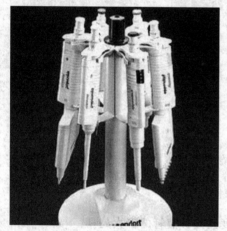

图 2-48　单头型移液器

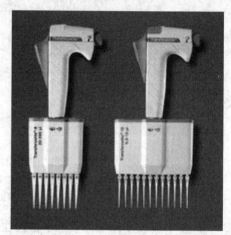

图 2-49　多头型移液器

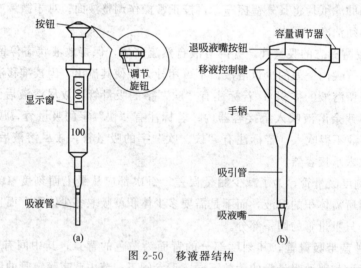

图 2-50　移液器结构

2.14　滴定管的使用

2.14.1　滴定管的分类与准备

滴定管是无机及分析化学实验室中常用的量器，同时也是定量化学分析中重要的玻璃仪器，必须熟练掌握其操作。

（1）滴定管的分类

滴定管一般分为酸式滴定管和碱式滴定管两种。酸式滴定管不能用来盛放碱性溶液，因磨口玻璃旋塞会被碱性溶液腐蚀而难以转动；碱式滴定管不能用来盛放氧化性溶液，如 $KMnO_4$、I_2 等，以避免乳胶管与氧化性溶液发生反应。

（2）滴定管使用前的准备

无论新、旧酸式滴定管，使用前首先应检查旋塞转动是否灵活。若不能灵活旋转，应涂凡士林。

涂凡士林：取下旋塞，将滴定管平放，用小滤纸片擦干旋塞与旋塞槽，用手指沾少量凡士林，在旋塞的两头涂上薄薄的一层，注意旋塞孔附近应少涂凡士林，以免堵住旋塞孔。把旋塞插入旋塞槽内，并向同一方向旋转几圈，观察旋塞与旋塞槽接触的地方是否透明，直至无凡士林纹路，旋塞转动灵活。若仍然旋转不灵活，应检查旋塞与旋塞槽是否配套，或重涂凡士林。

试漏：将涂好凡士林的酸式滴定管旋塞关闭，将其装满水后垂直置于滴定管夹上，放置2min，观察管口及旋塞两端是否有水渗出。随后再将旋塞转动 180°，再放置2min，看是否有水渗出。若前后两次均无水渗出，旋塞转动也灵活，则可使用，否则应重新检查或处置。

若出口管尖被凡士林堵住，可将它插入热水中温热片刻，然后打开旋塞，使滴定管内的水突然流下，可将软化的凡士林冲出；若堵住的量较少，可以用打开旋塞，向下冲击或洗耳球从滴定管上端口吹气的办法，除去管尖的凡士林。

碱式滴定管应选择大小合适的玻璃珠和乳胶管，并检查滴定管是否漏水，液滴是否能灵活控制，如不合要求则重新调换大小合适的玻璃珠。注意老化的乳胶管已失去弹性，应及时更换。

洗涤：滴定管一般可以采用专用的滴定管刷，蘸取洗涤剂刷洗，再用自来水冲洗干净，纯水润洗三遍。

滴定管的洗涤也可以采用铬酸洗液润洗法洗涤。对酸式滴定管，关闭旋塞，向其中加入约10mL 的铬酸洗液，将滴定管基本平端并旋转，使管内壁全部为洗液湿润。洗液放回原瓶。待作用一段时间后滴定管分别用自来水、纯水各润洗3遍。自来水清洗时的含铬废水应倒入废液杯中。对于碱式滴定管的洗涤，一般是取下乳胶管，将滴定管倒扣于盛有洗液的烧杯或容器中，用洗耳球将洗液吸入管中，再用食指按住管口，取出滴定管。后续洗涤方法与酸式滴定管的润洗方式相同。

2.14.2　滴定管的使用

使用前应先将试剂瓶中的标准溶液摇匀，使瓶子内壁上凝结的水珠混入溶液，这在天气较热、室温变化较大时更为必要。

（1）润洗

加入标准溶液时，应先用标准溶液润洗已经洗净的滴定管，以除去滴定管内残留的水分，确保标准溶液的浓度不变。润洗时，先注入标准溶液约10mL，然后两手平端滴定管，慢慢转动，使溶液流遍全管内壁，打开滴定管的旋塞（见图2-51），或捏挤玻璃珠所在处乳胶管（见图2-52），使

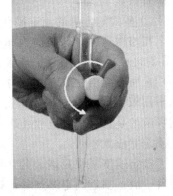

图2-51　酸式滴定管旋塞的控制

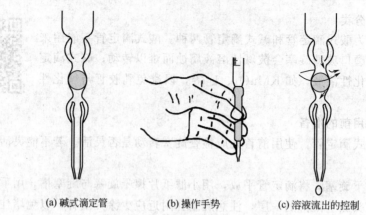

(a) 碱式滴定管   (b) 操作手势   (c) 溶液流出的控制

图 2-52   碱式滴定管的滴定控制

润洗液从出口管的下端流出。如此润洗 2～3 次。

用标准溶液润洗后即可在滴定管中加满标准溶液。注意应直接向滴定管中加入标准溶液，不得使用其他容器，如烧杯、量筒、漏斗等来转移标准溶液。

(2) 赶除气泡

注意仔细检查酸式滴定管的旋塞附近或碱式滴定管的乳胶管内有无气泡，如有气泡应先排除。酸式滴定管可转动旋塞，利用水柱压力，使溶液急速冲下排除气泡，或者在打开旋塞的同时，猛地向下冲击，利用这种冲击力与水柱压力将气泡去除。碱式滴定管则可将乳胶管

图 2-53   碱式滴定管排除气泡的操作

向斜上方弯曲，捏挤玻璃珠所在处乳胶管，使溶液从尖嘴处喷出，即可排除气泡（见图 2-53）。

排除气泡后，再将标准溶液加至 "0" 刻度以上，等 1～2min 后调节液面接近 0.00mL 刻度附近的某一刻度，备用，并记下初读数。

(3) 滴定操作

滴定前，将滴定台移至操作者面前约十几厘米的位置。所用的滴定管一般夹在滴定台的右边。滴定管在蝴蝶夹上夹的高低最好使锥形瓶与滴定管出口之间约有 2～3cm 的距离。滴定时，应使滴定管的下端伸入锥形瓶口或烧杯口约 1cm，因此使用锥形瓶滴定时，将锥形瓶提起，使滴定管的下端伸入锥形瓶瓶口；使用烧杯滴定时，应将烧杯置于滴定台的台面上，调整滴定管的高度，使其下端伸入烧杯口约 1cm。

① 酸式滴定管的滴定操作   左手控制滴定管的旋塞，大拇指在前，食指和中指在后，无名指略微弯曲，轻轻向内扣住旋塞，手心空握，以免旋塞松动，甚至顶出旋塞造成漏液（图 2-54）。右手夹持住锥形瓶的瓶颈，边滴边借右手腕力向同一方向作圆周旋动 [图 2-55 (a)]，而不能前后或左右振动，或靠手臂力振动，否则溶液会溅出。对于烧杯中的滴定，一般采用玻棒搅拌，即一边滴定，一边用玻棒朝顺时针方向旋转，搅动溶液 [图 2-55 (b)]。需提醒的是，玻棒一旦放入烧杯，就不得离开烧杯或烧杯的杯口上方，直至滴定完成。

滴定速度最快只能大约 10mL/min，即 3～4 滴/s；中等滴速为一滴接着一滴；临近滴定终点时，只能一次加入一滴或半滴（液滴悬而未落），并用洗瓶吹入少量去离子水淋洗锥形瓶内壁，使附着的溶液全部落下，然

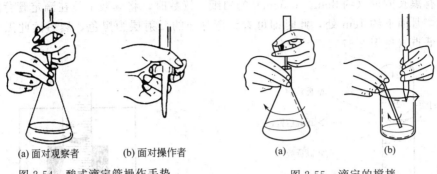

(a) 面对观察者　　　　(b) 面对操作者　　　　　　(a)　　　　　　(b)

图 2-54　酸式滴定管操作手势　　　　　　图 2-55　滴定的搅拌

后摇动锥形瓶，如此继续滴定至准确达到终点为止。滴定过程中，左手不能离开旋塞任滴定剂自流。

② 碱式滴定管的滴定操作　左手拇指在前，食指在后，捏住乳胶管中的玻璃珠所在部位稍上处，无名指和小拇指夹住碱管乳胶管下端滴头。捏挤乳胶管，使其与玻璃珠之间形成一条缝隙，溶液即可流出。但注意不能捏挤玻璃珠下方的乳胶管，否则空气会进入而形成气泡（见图 2-52）。

无论使用哪种滴定管，都必须掌握下面三种加液方法：逐滴连续滴加；只加一滴；使液滴悬而未落，即加半滴。加入半滴溶液的方法是先放出溶液，使溶液悬挂在滴定管管尖上，形成半滴，用锥形瓶内壁靠一下管尖将其沾落，再用洗瓶吹洗锥形瓶内壁。

（4）滴定管的读数

滴定管应垂直地夹在滴定台上。由于附着力和内聚力的作用，滴定管的液面呈弯月形。无色溶液的弯月面比较清晰，而有色溶液的弯月面清晰程度较差，因此，两种情况的读数方法稍有不同。为了正确读数，应遵循以下原则：

① 读取初读数前，应将管尖悬挂的溶液先行除去后再读数。读取终读数时，应注意检查管尖不应悬有溶液。

② 读数时滴定管应垂直放置。由于一般滴定管夹不能保证滴定管处于垂直状态，所以可从滴定管夹上将滴定管取下，一手拿住滴定管液面上方，使滴定管保持自然垂直再进行读数。

③ 注入溶液或放出溶液后，需等 1～2min，让附着在内壁的溶液流下后才能读数。如放出溶液的速度很慢，待滴定到终点前，等 0.5～1min 即可读数。

④ 对于无色溶液或浅色溶液，应读取弯月面下缘实线的最低点，即视线与弯月面下缘实线的最低点保持同一水平面进行读数（见图 2-56）；对于有色溶液，如 $KMnO_4$、I_2 溶液等，视线应与液面两侧与管内壁相交的最高点保持水平进行读数。

蓝带滴定管中溶液的读数方法与上述不同。无色溶液有两个弯月面相交于滴定管蓝线的某一点，读数时视线应与此点保持在同一水平面上。而对于有色溶液，仍应使视线与液面两侧的最高点保持水平进行读数。

⑤ 滴定时最好每次都从 0.00mL 或接近"0"的任一刻度开始，这样可固定在滴定管某一体积范围内滴定，减少体积误差。

⑥ 滴定管的读数必须精确至 0.01mL，如读数为 21.24mL。注意在估读最后一位数字时，应考虑到刻度线本身的宽度。

为了协助读数，亦可采用黑白读数卡，这种方法有利于初学者练习读数。读数卡可采用黑纸或涂有黑长方形（约 3cm×1.5cm）的白纸。读数时，将读数卡放在滴定管背后，使黑色部分在弯月面下约 1cm 处，此时即可看到弯月面的反射层为黑色，然后读此黑色弯月面下缘的最低点（见图 2-57）。

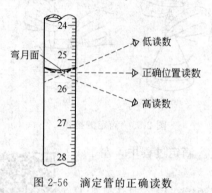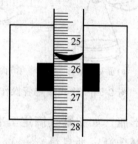

图 2-56　滴定管的正确读数　　　　　　　图 2-57　使用黑白读数卡读数

"GB/T 12805 实验室玻璃仪器　滴定管"

该标准规定了普通实验室使用滴定管的结构尺寸、技术要求、试验方法、检验规则及标志、包装、运输和储存，适用于普通实验室使用的各种类型的滴定管。

2.15　可见光分光光度计及其使用

可见光分光光度计是众多分光光度计中的一种，在分析检测中具有较广泛的应用，也是一般化验室中常用的检测仪器。这种光度计具有不同的类型。若按测量光区来划分，可以有可见光分光光度计以及紫外-可见分光光度计；按光路来划分，有单光束以及双光束分光光度计等等。基础化学实验室一般使用的是单光束可见光分光光度计。

2.15.1　可见光分光光度计的构造

不论何种型号的可见光分光光度计，其基本结构都由光源、单色器、吸收池、检测系统、结果显示记录系统等五个部分组成。

（1）光源

光源用于辐射出具有足够强度且稳定的连续光谱。一般是钨丝灯和卤钨灯，辐射范围从可见至近红外光区。

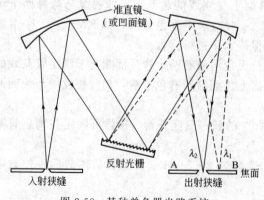

图 2-58　某种单色器光路系统

（2）单色器

单色器又称为分光系统，是仪器整个光路系统中最重要的组成部分，可以将连续光谱分解为测定所需要的单色光。

分光光度计的光路系统分为内光路与外光路，单色器部分的光路就属于内光路。单色器由入射、出射狭缝以及色散元件、准直镜（或凹面镜）等构成（见图 2-58）。进入入射狭缝的光投射在准直镜上形成平行光，平行光经过色散元件（一般为光栅，过去常用棱镜）色散成的单色光重新投射到准直镜，再汇聚到出射狭缝。改变（或转动）色散元件的角度，就能使不同波长的单色光通过出射狭缝，形成测定所需要的单色光。

（3）吸收池

吸收池的主要部件为比色皿，是一种两面透光，玻璃制成的方形容器，用于盛放待测溶液并固定吸收光程。测量时将比色皿置于比色皿架中并固定之。吸收池处于暗室内，开启暗室盖可取放比色皿以及比色皿架。

（4）检测系统

检测系统是利用光电效应将透过吸收池的光信号变成电信号。常用的光电转换器件为光电管。光电管基本构造中有一个光敏阴极和一个阳极，阴极是用对光敏感的金属（多为碱土金属的氧化物）做成，当光照射到阴极且达到一定能量时，金属原子中电子发射出来，在电场作用下形成光电流。光愈强，电子放出愈多，光电流愈强。光电流通过电路中的负载电阻产生电压降，即可以引出电信号。

（5）结果显示记录系统

检测器产生的模拟信号经过放大，即可以通过指针式电表表头显示，或转变为数字信号，以数字方式输出，或通过电脑打印输出。

2.15.2　可见光分光光度计的使用及注意事项

可见光分光光度计有指针式与数字式，或人工控制与微电脑控制等几类。721 型就是一种指针式仪器，以表头显示；722 型为数字式仪器，以数码管显示。两者的外观、旋钮基本相同，都可以进行吸光度和透光率的测量，后者还具有浓度直读功能。721 与 722 型均为人工控制型，而 723 型以及 T6 等可见光分光光度计就属于微电脑控制型。这些可见光分光光度计的使用方法及注意事项大同小异。

（1）人工控制型仪器的使用及注意事项

① 预热仪器　检查仪器各调节旋钮的起始位置是否正确，接通电源开关，打开样品室暗箱盖，仪器预热 20 分钟（若是 722 型，预热时，将选择开关置于"T"挡）。

② 选定波长　根据实验要求，转动波长调节旋钮，选择所需单色光波长，其波长数可由读数窗口显示。

③ 固定灵敏度挡　一般先调在"1"挡，灵敏度不够时再逐渐升高。

④ 调节 T=0% 和 T=100%　打开样品室暗箱盖，轻轻旋动"0"旋钮，使透光率为"0%"。将装有参比溶液的比色皿置于比色皿架中的第一格内，并对准光路，轻轻盖上暗室盖，此时与盖子联动的光闸被推开，调节"100%"旋钮，使透光率为"100%"。

⑤ 吸光度测定　依次将盛有待测溶液的比色皿置于比色皿架的其他格内，盖上暗室盖，拉出比色皿定位拉杆，使待测溶液依次进入光路，读取吸光度值（进行吸光度测量时，722型须将选择开关置于"A"挡）。重复上述测定 1~2 次，取平均值。读数后，打开暗室盖，切断光路。

⑥ 关机　测量完毕，将各调节旋钮调节到初始位置，关闭电源，取出比色皿，洗净后倒置晾干，并将比色皿架用软纸擦净。

注意事项如下。

① 调节旋钮的使用　无论是采用可变电阻调节光强，还是采用调节狭缝调节光强，"100%"调节旋钮的使用均应动作轻缓，不得用劲拧动，特别是当旋转感觉有阻力时，以防可变电阻滑轨脱落或狭缝损坏。其他旋钮的使用同样应注意。

② 透光度"0"与"100%"的调节　仪器调"0"和"100%"可反复多次进行，特别

是外电压不稳时更应如此。每改变一个波长，就得重新调"0"和"100％"；如果大幅度调整波长，应稍等一段时间再测定，让光电管有一定的适应时间；改变灵敏度挡后，也应重新调"0"和"100％"。

③ 比色皿的使用　拿取比色皿时，应用手捏住比色皿的毛玻璃面，切勿触及透光面；在擦干光学面上的水分时，只能用绸布或擦镜纸朝一个方向轻轻擦拭，不得用力来回摩擦；盛放溶液时只需装至比色皿的 2/3 即可，不要过满，避免在测定的拉动过程中溅出而导致暗室受潮或被腐蚀。使用的比色皿必须先用待测液润洗 2～3 次，但若测量完高浓度溶液，再测低浓度试液时，比色皿应用纯水清洗后再用待测溶液润洗 2～3 次；每套分光光度计中的比色皿架和比色皿不得随意更换。

④ 吸光度的测量　在测定一系列溶液的吸光度时，通常都是按由稀到浓的顺序进行。一般比色皿架中的放置次序是，参比溶液的比色皿靠实验者，盛被测溶液的比色皿依浓度顺序放置。比色皿架中一般可以放置 4 个比色皿，其拉杆的拉动有三挡。不拉动时，光路经过参比溶液；向实验者方向（即向仪器外）拉动一挡为第一个被测溶液进入光路；拉动第二、第三挡分别为第二个、第三个溶液进入光路。注意拉动时应拉到位（有"哒哒"的声响），向里推时也应推到位，不能多推，也不能少推。

⑤ 灵敏度的选择　灵敏度挡数字的增大，灵敏度依次增大。灵敏度挡的选择原则是在能使参比溶液的透光率调到"100％"的前提下，尽量使用低灵敏度挡，以提高仪器的稳定性。

⑥ 光电疲劳现象　为了避免光电管长时间受光照射引起的光电疲劳现象，应尽可能减少光电管受光照射的时间，不测定时打开暗箱盖，以免因光电管的"疲劳"而造成吸光度读数的漂移。

⑦ 试剂不能放置在仪器上，以防试剂溅出腐蚀机壳。如果仪器外壳上沾有溶液应立即用湿毛巾擦干，杜绝用有机溶液擦拭。

⑧ 应经常检查仪器内部干燥筒内的干燥剂是否失效。干燥剂失效会导致读数不稳，无法调零或满度；会使反射镜发霉或沾污，影响光效率，导致杂散光增加。因此分光光度计应放置在远离水池等湿度大的地方，并且干燥剂应定期更换。

⑨ 使用中若有异常应及时报告指导教师。

（2）微电脑控制型仪器的使用

① 开机　揭去防尘罩叠好。接通电源，打开暗室盖检查仪器有无异常后打开电源开关，等待仪器自检完成，并预热 30min。

② 测量模式的选择　按"MODE"键选择测量模式（吸光度、透光率以及定量测量模式等）并确定（一般实验中默认"吸光度"模式，不需选择）。

③ 设置波长　根据实验要求，按"GOTOλ"键输入测量波长，同样按"ENTER"键确定。

④ 样品个数或比色皿个数的确定　按"SHIFT/RETURN"键进入翻页状态，根据测量需要通过翻页键设置个数（吸收曲线测定时选择"2"，其他由具体需要决定），再按"SHIFT/RETURN"键返回。

⑤ 自动校零　将装有参比溶液的比色皿放入比色皿架的第一格内，在吸光度的动态显示界面下，按"ZERO"键对当前测量波长进行吸光度零校正。

⑥ 测量　将装有样品溶液的比色皿放入比色皿架的其他格内，在光度测量的动态显示界面下，按"START"，即可在当前测量波长下进行单样品或多样品的测量，测量结果按顺序编号并依次显示在屏幕上，记录或打印测量结果（"PRINT"）。

⑦ 关机 测量完毕后，将比色皿取出、洗净，倒置晾干保存。将暗室盖盖好，关闭电源并拔去插头，盖好防尘罩。

除了面板上的操作按钮外，仪器无其他旋钮。使用时除了功能键外，应注意确定键与返回键，包括翻页键或选项键；比色皿的使用注意事项与前述相同；吸光度测量时，比色皿的放置与前述也相同，只是比色皿架的移动为仪器自动控制；同样应注意光电疲劳效应；另外应注意的是：开机自检前，应打开暗室盖，确定没有东西挡在光路上，光路上有东西会影响仪器自检甚至导致仪器故障。

扩展与链接 "光度计"标准简介

"GB/T 26810 可见分光光度计"

标准规定了可见光光度计的产品分级、技术要求、试验方法、检验规则、标志、包装、运输、储存，适用于主要光谱区为 360~900nm，波长连续可调的可见光光度计，与此波长范围相近的专用分光光度计也可参考使用。

2.16 常用分离与提取方法

分离不仅是一种去除干扰，或获得纯组分的方法，同时还具有一定的提取与富集作用。分离、提取的方法很多，这里着重介绍萃取、离子交换与色谱等最传统的手段。

2.16.1 萃取

常规分离中的萃取分离法一般指**液-液萃取**（或称**溶剂萃取**）。

（1）萃取的基本原理

萃取分离是利用物质在水相与有机相中溶解性质的差异，设法将水溶液中被萃取组分由亲水性转化为疏水性，通过萃取而进入与水不互溶的有机溶剂中，亦即一种溶质在两种互不相溶的溶剂中进行分配的过程。分配达平衡时，若该溶质在两相中的存在形式相同，它在两种溶剂中的平衡浓度之比在一定温度条件下为一常数（忽略离子强度的影响），用**分配系数** K_D 表示；而由于实际萃取中往往伴随解离、缔合、配位等化学作用，溶质在两相中常以多种形式存在，此时则要用**分配比** D 来表示。在简单萃取体系中，溶质在两相中的存在形式相同时，$K_D = D$；通常在实际情况下 $K_D \neq D$。

$$D = \frac{c_{有}}{c_{水}}$$

式中，$c_{有}$、$c_{水}$ 分别代表被萃取物在有机相、水相中的浓度。

为了表示萃取剂的萃取能力或被萃取物质在两相的分配情况，在实际工作中，常用萃取率 E 表示。萃取率就是被萃取物进入到有机相中的量占萃取前原料液中被萃取物的总量的百分比，即：

$$E = \frac{被萃取物质在有机相中的总量}{被萃取物质的总量} \times 100\%$$

（2）萃取的基本过程与操作

萃取操作通常采用**间歇萃取法**（又称**单效萃取法**），一般在分液漏斗中进行（也可以在试管或比色管中进行）。待溶液分层后将两相分开，可通过洗涤除去干扰杂质。分离之后，如果需将被萃取物再转移到水相中进行测定，可改变条件进行反萃取。萃取的基本过程与操作如下。

① 准备 选择较萃取剂和被萃取溶液总体积大一倍以上的分液漏斗。通常先加入一定

量的水，振荡，检查分液漏斗的盖子和旋塞是否严密。

② 加料　将被萃取溶液和萃取剂分别由分液漏斗的上口倒入，盖好盖子。**萃取剂的选择**要根据被萃取物质在此溶剂中的溶解度而定，同时要易于和水分离开，最好用低沸点溶剂。一般水溶性较小的物质可用石油醚萃取；水溶性较大的可用苯或乙醚，水溶性极大的用乙酸乙酯。

对于某些萃取体系，还可以加入铵盐、锂盐或镁盐等盐析剂提高萃取效率。

③ 振荡与放气　振荡分液漏斗，使两相液层充分接触。振荡操作一般是把分液漏斗倾斜，使漏斗的上口略朝下。振荡后，让分液漏斗仍保持倾斜状态，旋开旋塞，放出蒸气或产生的气体，使内外压力平衡（见图 2-59）。再振荡和放气数次。

④ 静置与分离　将分液漏斗放在铁圈中，静置（见图 2-60）。此目的是使不稳定的乳浊液分层，一般情况须静置 10min 左右，较难分层者需更长时间静置。

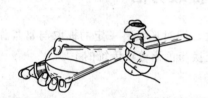

图 2-59　萃取振荡与放气

图 2-60　萃取操作装置

静置后打开瓶塞，小心将水相与有机相分离。

对于萃取光度法，放出水相后，可以在分液漏斗颈内塞上脱脂棉，提高分离的效果，并避免颈部少量残存水对测定的影响。

(3) 萃取的注意事项

① 使用没有泄漏的分液漏斗，以保证操作安全；

② 盖子不能涂油；

③ 必要时要使用玻璃漏斗加料；

④ 振荡时用力要大，同时要绝对防止液体泄漏；

⑤ 切记放气时分液漏斗的上口要倾斜朝下，而下口处不要有液体；

⑥ 在萃取时，特别是当溶液呈碱性时，常常会产生乳化现象，影响分离。

2.16.2　离子交换

(1) 离子交换的基本原理

离子交换法是利用离子交换树脂对不同离子的亲和力不同而进行分离的。离子交换树脂是分子中含有活性基团而能与其他物质进行离子交换的高分子化合物。含有酸性基团而能与其他物质交换阳离子的称为**阳离子交换树脂**，含有碱性基团而能与其他物质交换阴离子的称为**阴离子交换树脂**。

离子交换树脂 R^-A^+ 和含阳离子 B^+ 的溶液混合，发生离子交换反应：

$$R^-A^+ + B^+ \Longrightarrow R^-B^+ + A^+$$

达到平衡时：

$$K = \frac{[B^+]_r[A^+]}{[A^+]_r[B^+]}$$

式中，$[B^+]_r$、$[A^+]_r$ 分别为树脂中 B^+、A^+ 的浓度；$[B^+]$、$[A^+]$ 分别为溶液中 B^+、A^+ 的浓度。K 称为树脂对离子的选择系数，或称树脂对离子的亲和力。当 $K>1$ 时，表示树脂对 B^+ 的亲和力大于 A^+；$K<1$ 时表示树脂对 B^+ 的亲和力小于 A^+。

将上式整理可得：

$$K = \frac{\dfrac{[B^+]_r}{[B^+]}}{\dfrac{[A^+]_r}{[A^+]}} = \frac{D_B}{D_A}$$

式中，D_A、D_B 为 A^+、B^+ 在树脂和溶液之间的分配系数，D 值相差越大，彼此分离的效果越好。

树脂对离子的亲和力，与水合离子半径、电荷及离子的极化程度有关。水合离子半径愈小、电荷愈高、极化程度愈大，则它的亲和力愈大。由于树脂对离子的亲和力不同，离子交换反应有一定的选择性，亲和力大的离子先交换后洗脱，亲和力小的离子后交换先洗脱，从而使各种离子分离。

酸度对交换反应进行的方向影响很大，对阳离子交换树脂，低酸度有利于交换，高酸度有利于洗脱；对阴离子交换树脂则恰恰相反。

（2）离子交换的基本过程与操作

离子交换的基本过程包括了装柱、交换、洗涤、洗脱、再生。

① 装柱与交换　交换分离一般在离子交换柱（见图 2-61）中进行。

在装柱及交换全过程中应防止树脂中产生气泡，以免影响交换效果。装柱后应根据分离的需要，对柱子进行处理。如 Al^{3+} 与 Fe^{3+} 分离时，须处理至流出液的酸度也是 9mol/L HCl 时才能进行交换。

② 洗涤　将残留在柱上不发生交换的离子洗出柱。洗涤液一般用去离子水，但对于 Al^{3+} 与 Fe^{3+} 的分离，就必须采用 9mol/L HCl 洗涤，否则 Fe^{3+} 也会被洗下来。

③ 洗脱与再生　洗脱就是将被交换到树脂上的离子置换下来的过程。阳离子交换树脂一般用 3～4mol/L HCl，易洗脱的也可采用较稀的 HCl 溶液；阴离子交换树脂常用 NaCl 或 NaOH 溶液；有时也可以用合适的配位剂为洗脱剂；另外，还可以用不同浓度的酸溶液进行选择性洗脱。

一般洗脱的过程也就是树脂的再生过程。再生就是将树脂恢复到交换前形式的过程。再生后的树脂可继续用于离子交换。

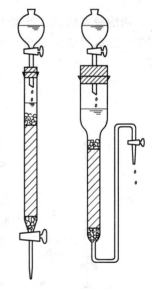

图 2-61　离子交换柱

2.16.3　色谱分离

色谱分离法简称色谱法，又称为**层析法**。常规的色谱法有柱色谱、薄层色谱与纸色谱，纸色谱已日趋少见。

（1）柱色谱

柱色谱是将吸附剂装入层析柱中，从柱的顶部加入试液，组分均被吸附剂（固定相）吸附在柱的上端。试液加完后，再用适当的洗脱剂（流动相，也称展开剂）进行洗脱，各种组分随洗脱剂的向下流动而移动，由于吸附剂对不同组分吸附能力的差异，组分向下移动的速度不同，而使组分逐步分开，最终实现分离。

① 吸附剂及其活性　常用的吸附剂有：强极性吸附剂 Al_2O_3、SiO_2、聚酰胺等，中等极性吸附剂 $CaCO_3$、MgO、$Ca(OH)_2$ 等，弱极性吸附剂淀粉、滑石、纤维素等。使用最广泛的吸附剂为氧化铝。氧化铝分为酸性、中性与碱性三种。酸性氧化铝是用稀盐酸浸泡后，用纯水洗至悬浮液的 pH 为 $4\sim4.5$，用于分离酸性物质；中性氧化铝的 pH 为 7.5，应用最广；碱性氧化铝的 pH 为 $9\sim10$，主要用于生物碱、胺、碳氢化合物的分离。

吸附剂的颗粒大小一般以 $100\sim150$ 目为宜。颗粒太大，流速过快，分离效果不好；颗粒太小，流速过慢，时间较长。

吸附剂的活性与其含水量有关。若将吸附剂在 $350\sim400$℃烘 3h，再加入不同量的水分，就能得到不同活性的吸附剂。例如含水为 3% 的氧化铝及含水为 5% 的硅胶吸附剂均为常用的 Ⅱ 级吸附剂。

② 洗脱剂及其选择　洗脱剂的选择与吸附剂吸附能力的强弱及被分离物质的极性有关。一般来说，使用吸附能力弱的吸附剂分离极性较强的物质时，应选用极性较大的洗脱剂；使用吸附能力强的吸附剂分离极性较弱的物质时，应选用极性较小的洗脱剂。单独的洗脱剂分离效果不好时，也可以选择混合溶剂为洗脱剂。具体可以通过薄层色谱（见本节）的试验结果来选择。

常用洗脱剂极性大小顺序：石油醚＜环己烷＜四氯化碳＜三氯乙烯＜二硫化碳＜甲苯＜苯＜二氯甲烷＜氯仿＜乙醚＜乙酸乙酯＜丙酮＜正丙醇＜乙醇＜甲醇＜水＜吡啶＜乙酸。

③ 装柱　色谱柱的装柱有干法与湿法两种。这里简要介绍湿法装柱。

先选择所需尺寸的色谱柱，按分离分析的要求充分洗净、干燥。在柱的下端铺放一薄层玻璃棉或脱脂棉，也可在其上再铺一层洁净的石英砂。加入 3/4 柱高的洗脱剂。通过洁净的漏斗向其中加入吸附剂与溶剂调成的糊状物，同时稍打开色谱柱的旋塞，使洗脱滴落在洁净、干燥的锥形瓶内。边倒入糊状物，边用木棒或橡皮锤轻敲柱壁，使吸附剂装填均匀。待糊状物基本倒入后，用锥形瓶内的洗脱剂将烧杯及漏斗中的吸附剂全部洗入色谱柱内，并在吸附剂顶层小心铺上一层（约 $0.5\sim1cm$）洁净的石英砂或一小片滤纸（见图 2-62），关闭色谱柱旋塞。

一般色谱柱的大小由吸附剂的用量确定，而吸附剂的量由样品量决定，一般为样品量的 $30\sim100$ 倍。例如样品量为 1g，吸附剂的量选用 30g。选择柱径为 16mm 的色谱柱，柱高为 130mm。另外，在装柱过程中，应始终使洗脱剂液面高于吸附剂。

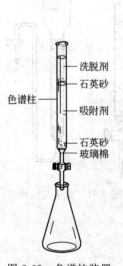

　洗脱剂
　石英砂
　吸附剂

　石英砂
　玻璃棉

色谱柱

图 2-62　色谱柱装置

④ 吸附及洗脱　稍打开色谱柱旋塞，当洗脱剂排至略低于石英砂表面时关闭旋塞。将样品用滴管沿柱内壁，尽量靠近石英砂表面，一次加完。稍打开旋塞，使样品进入石英砂层。用少量洗脱剂淋洗柱内壁。当液面与吸附剂表面平齐时关闭旋塞。将盛有洗脱剂的滴液

漏斗安装至色谱柱上，并打开滴液漏斗以及色谱柱的旋塞，控制 5～10 滴/min 开始洗脱（若有色组分分离，流速以色带能水平下移且分离良好确定）。收集洗脱液，获得相应的纯组分（若无色组分分离，则采取分段收集，再以薄层色谱或其他方法鉴定洗脱液成分，相同者合并）。

(2) 薄层色谱

薄层色谱与柱色谱所不同的只是以涂布有吸附剂的**薄层板**代替色谱柱（见图 2-63）。

① 吸附剂及薄层板的制备　常用的吸附剂也是硅胶与氧化铝。吸附剂名称后的符号"H"表明该吸附剂不含黏结剂；"G"表明该吸附剂含煅石膏（$2CaSO_4 \cdot H_2O$）；"HF_{254}"表明含有在 254nm 紫外光下能发出荧光的物质；"GF_{254}"表明既含有黏结剂，又含有荧光剂。

含荧光剂的吸附剂一般用于在紫外光下不显荧光的无色物质的分离。

吸附剂的颗粒大小同样应适中，一般为 200 目左右为宜。颗粒太大，展开时推进速度太快，分离效果不好；颗粒太小，展开速度太慢，有拖尾现象，分离也不好。

黏结剂除了煅石膏外，还可以采用淀粉、聚乙烯醇以及羧甲基纤维素钠（CMC）。使用时将其配成水溶液，然后分批加入所选的吸附剂，调成糊状物。用量根据不同黏结剂而定，例如煅石膏的质量分数一般为 5%～10%、淀粉的质量分数为 2%～5%、羧甲基纤维素钠或聚乙烯醇的质量分数为 0.5%～1%。

图 2-63　薄层色谱装置

薄层板的制备方法有干法与湿法。一般较多的是采用湿法，在基板上涂布均匀的糊状吸附剂，经晾干后活化制成。湿法中又有倾注法、浸润法以及平铺法等。若用倾注法铺板，一般将糊状吸附剂倒在或用滴管滴在基板的一端，然后使基板与桌面呈约 30°倾斜角，让糊状物缓慢流淌，遍布基板表面，同时不断振动基板，使糊状物分布均匀，水平放置晾干。

基板采用事先按分离分析要求洗净、干燥，大小一般为 5cm×10cm、5cm×20cm、10cm×10cm 的玻璃板或硬塑料板，也可用显微镜用载玻片。

若采用煅石膏为黏结剂，则糊状物应在数分钟内涂布完毕，否则石膏会逐渐凝固而使流动性变差，难以涂布均匀。

薄层板的活化一般在烘箱内完成。通常硅胶板的活化温度 105～110℃，时间 0.5～1h；氧化铝板的活化温度 200～220℃，时间 4h。若需要活性更强的薄板，可以根据资料进行活化并测定。

② 薄层色谱的基本过程　薄层色谱的分离过程是在层析缸中进行的。基本过程包含了点样、展开、显色、测定。

a. 点样：在薄层板两端距边缘约 1cm 处用铅笔各划一条点样线与溶剂前沿线，用毛细管在点样线点样，样品点直径一般为 2～3mm，可并排点多个样品（点与点之间距离及样品点与薄板边缘之间的距离不小于 1cm）。注意点样时不能将薄层刺破。

b. 展开：展开剂的选择原则与柱色谱洗脱剂的选择原则相同，可以是一种溶剂或多种溶剂按一定比例组成。展开时也可以采用水相为流动相，有机相为固定相，这称之为**反相色谱**。

层析缸中展开剂的高度约为 0.5cm，为加速层析缸空间被展开剂蒸气饱和，可在其内壁紧贴一张滤纸，使滤纸吸饱展开剂。然后使层析缸底部和桌面成 30°，让展开剂集中在层析缸底部的一侧，再将点样后的薄板有样品斑点的一端朝下，斜放在层析缸中的另一侧，不让薄板与展开剂接触。盖好缸盖，在室温下静置片刻，然后将层析缸放平，此时展开剂的高度必须在薄板上的样品斑点以下。当展开剂前沿爬行到预先标记的位置时，取出薄板晾干。

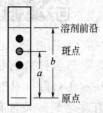

图 2-64 R_f 值的计算

c. 显色：有些组分在紫外光照射下会发荧光或自身带荧光的薄层板，可以在一定波长的紫外灯下用铅笔将组分斑点描出来。其他无色的物质可采取显色的方法确定组分斑点。常用显色法有：喷洒显色剂、碘蒸气熏或氨水熏（将薄板放入置有几粒碘结晶或氨水的密闭容器中）。配制显色剂的溶剂应选择挥发性较大的。

d. 测定：组分分离的情况常用比移值来衡量，因为每一组分都有其自身特定的 R_f 值。若 $\Delta R_f < 0.02$，也可通过改变展开剂的极性来增大 ΔR_f，如增大极性溶剂的比例，以增大极性组分的 R_f 值，减小非极性组分的 R_f 值。R_f 值的计算见图 2-64。

$$R_f = \frac{原点至斑点中心的距离\ a}{原点至溶剂前沿的距离\ b}$$

扩展与链接 超声、微波提取简介

（1）超声波提取法简介

超声波提取分离主要是依据物质中有效成分和有效成分群体的存在状态、极性、溶解性等设计的一项学科，利用超声波振动的方法进行提取，可以使溶剂快速地进入固体物质中，将其物质所含的有机成分尽可能完全地溶于溶剂之中，得到多成分混合提取液。

① 原理 超声波提取是利用超声波具有的机械效应、空化效应和热效应，通过增大介质分子的运动速度以及穿透力来提取生物有效成分。

当大能量的超声波作用于介质时，介质被撕裂成许多小空穴，这些小空穴瞬时闭合，并产生高达几千个大气压的瞬间压力，即空化现象。超声空化中微小气泡的爆裂会产生极大的压力，使植物细胞壁及整个生物体的破裂在瞬间完成，缩短了破碎时间，同时超声波产生的振动作用加强了胞内物质的释放、扩散和溶解，从而显著提高提取效率。超声波提取装置如图 2-65 所示。

② 超声波提取操作

a. 在容器中加入提取溶剂（水、乙醇或其他有机溶剂等），将被提取物根据需要粉碎或切成颗粒状，放入提取溶剂中；

b. 在容器的外壁粘接换能器振子或将振子密封于不锈钢盒中投入容器中；

c. 开启超声波发生器，振子向提取溶剂中发出超声波。

超声波在提取溶剂中产生的"空化效应"和机械作用一方面可有效地破碎被提取物的细胞壁，使有效成分呈游离状态并溶入提取溶剂中，另一方面可加速提取溶剂的分子运动，使得提取溶剂和被提取物中的有效成分快速接触，相互融合、混合。

在实际操作中，超声波功率、超声提取时间、超声提取温度、超声提取次数等因素都将影响提取效果。

（2）微波提取法简介

微波提取全称应是微波辅助提取技术。微波辅助提取又称微波萃取，是颇具发展潜力的一种新的萃取技术，是微波和传统的溶剂提取法相结合而成的一种提取方法。依据溶剂极性不同，它可以透过溶剂，使物料直接被加热，其热量传递和质量传递是一致的。

① 原理 微波提取主要是利用其热效应。由于被萃取物细胞内含水和极性有效成分，在微波电磁场作用下，极性分子从原来的热运动状态转向依照电磁场的方向交变而排列取向，产生类似摩擦热，这些含水和极性有效成分在微波场中大量吸收热量，内部产生热效应，从而使被萃取物的细胞结构发生破裂。细胞

外溶剂容易进入细胞内，溶解并释放出细胞内物质。这就是细胞的破壁作用。微波技术应用于植物细胞破壁，可有效提高收率。微波提取装置如图 2-66 所示。

图 2-65　超声波提取装置

图 2-66　微波提取装置

② 微波提取工艺流程　微波提取与常规提取工艺近似，仅在实施提取的关键点上有自身特点，其工艺流程：选料→清洗→粉碎→浸泡→微波提取→分离浓缩→干燥→粉化→成品。

其操作一般包括以下几步：

a. 将物料切碎，使之更充分地吸收微波能；

b. 将物料与适宜的萃取剂混合，置于微波设备中，接受辐照（关键性的一步）；

c. 从萃取相中分离出残渣。

在实际操作中，萃取溶剂的种类、萃取温度、萃取时间、溶液的 pH 值等因素都将影响萃取效果。

2.17　纯水的制备与检验

2.17.1　实验室纯水与使用

（1）纯水及其分类

纯水是化学实验中最常用的纯净溶剂和洗涤剂。纯水并不是绝对不含杂质，只是杂质含量极少而已。随制备方法和所用仪器的材料不同，其杂质的种类和含量也有所不同。我国一般将实验室用水分为三级，其主要指标见表 2-2。

表 2-2　实验室用水的级别及主要指标

指　标　名　称	一　级	二　级	三　级
pH 范围(25℃)	—	—	5.0～7.5
电导率(25℃)/(μS/cm)	≤0.1	≤1.0	≤5.0
吸光度(254nm,1cm 光程)	≤0.001	≤0.01	
二氧化硅/(mg/L)	≤0.02	≤0.05	

需要注意的是纯水与空气接触或储存过程中，容器材料的可溶性成分会被溶解引入纯水中，空气中的 CO_2 等气体也会被吸收，从而会引起纯水电导率、pH 的改变。水的纯度越高，这些影响越显著，高纯水更要在临用前制备，不宜存放。

（2）纯水的使用

不同的化学实验，对水质的要求也不同，应根据实验要求选用适当级别的纯水。在使用时还应注意节约，因为纯水来之不易。

在本书的实验中，无机制备实验则根据实验要求与进展，决定在哪些步骤之前用自来水，哪些步骤之后用蒸馏水；在化学分析、常数测定、定性分析等实验中都用蒸馏水。如对纯水有特殊要求，将会在实验中注明。

为了使实验室使用的蒸馏水保持纯净，蒸馏水瓶要随时加塞，专用虹吸管内外部应保持干净。用洗瓶装取蒸馏水时，不要取出洗瓶的塞子和吸管，蒸馏水瓶上的虹吸管也不要插入洗瓶内。为了防止污染，在蒸馏水瓶附近不要存放浓盐酸、氨水等易挥发的试剂。

2.17.2　纯水的制备

（1）三级水的制备

可用蒸馏、去离子（离子交换及电渗析法）或反渗透等方法制取。

三级水用于一般化学实验。三级水是使用最普遍的纯水，一是直接用于某些实验，二是用于制备二级水乃至一级水。

实验室中所用的纯水常用以下方法制备。

① 蒸馏法　将自来水在蒸馏装置中加热气化，将水蒸气冷凝即可得到蒸馏水。此法能除去水中的不挥发性杂质及微生物等，但不能除去易溶于水的气体。通常使用的蒸馏装置由玻璃、铜和石英等材料制成。由于蒸馏装置的腐蚀，故蒸馏水仍含有微量杂质。尽管如此，蒸馏水仍是化学实验中最常用的较纯净的廉价溶剂和洗涤剂。在 25℃时其电阻率为 $1 \times 10^5 \Omega \cdot cm$。

蒸馏法制取纯水的成本低，操作简单，但能耗较大。

② 离子交换法　离子交换法是将自来水通过装有阳离子交换树脂和阴离子交换树脂的离子交换柱，利用交换树脂中的活性基团与水中杂质离子的交换作用，除去水中的杂质离子，实现水的净化。用此法制得的纯水通常称为"去离子水"，其纯度较高。此法不能除去水中的非离子型杂质。去离子水中也常含有微量的有机物。25℃时其电阻率一般在 $5 M\Omega \cdot cm$ 以上。

③ 电渗析法　将自来水通过由阴、阳离子交换膜组成的电渗析器，在外电场的作用下，利用阴、阳离子交换膜对水中阴、阳离子的选择透过性，使杂质离子自水中分离出来，从而达到净化水的目的。电渗析水的电阻率一般为 $10^4 \sim 10^5 \Omega \cdot cm$，比蒸馏水的纯度略低。此法不能除去非离子型杂质。

④ 反渗透法　在高于溶液渗透压的压力下，借助于只允许水分子透过的反渗透膜的选择截留作用，将溶液中的溶质与溶剂分离，从而达到纯净水的目的。反渗透膜是由具有高度有序矩阵结构的聚合纤维素组成的，孔径约为 $0.1 \sim 1nm$。反渗透技术是当今最先进、最节能、最高效的分离技术，最初用于太空的生活用水回收处理，使之可再次饮用，故所制得的水也称"太空水"。

（2）二级水的制备

可用离子交换或多次蒸馏等方法制取。二级水主要用于无机痕量分析实验，如原子吸收光谱分析、电化学分析实验等。

（3）一级水的制备

可用二级水经过石英设备蒸馏或离子交换混合床处理后，再经 $0.2 \mu m$ 微孔滤膜过滤来制取，现在实验室大多用超纯水机进行制备。一级水主要用于有严格要求的分析实验，包括对微粒有要求的实验，如高效液相色谱分析用水。

2.17.3　纯水的检验与电导率仪

(1) 纯水的检验

根据表 2-2 中纯水的主要指标，纯水测定的指标和方法如下。

① pH 的测定　用酸度计测定水的 pH 时，先用 pH=5.0～8.0 的标准缓冲溶液校正 pH 计，再将 100mL 水注入烧杯中，插入玻璃电极和甘汞电极（或复合电极），测定水的 pH。

② 电导率的测定　纯水质量的主要指标是电导率（或换算成电阻率）。水的纯度越高，杂质离子的含量越少，水的电导率也就越低。通常采用物理方法确定，即用电导率仪测定水的电导率。

测定电导率应选用适于测定高纯水的（最小量程为 $0.02\mu S/cm$）电导率仪。一级和二级水的电导率必须"在线"（即将电极装入制水设备的出水管道中）进行测定，电导池常数为 $0.01～0.1m^{-1}$。测定三级水时，电导池常数为 $0.1～1m^{-1}$，用烧杯接取约 300mL 水样，立即测定。

③ 吸光度的测定　将水样分别注入 1cm 和 2cm 的比色皿中，用紫外-可见分光光度计，在波长 254nm 处，以 1cm 比色皿中纯水为参比，测定 2cm 比色皿中待测水的吸光度。

④ SiO_2 的测定　SiO_2 的测定方法比较烦琐，一级、二级水中的 SiO_2 可按 GB/T 6682—2008 方法中的规定测定。通常使用的三级水可测定水中的硅酸盐。方法如下：取 30mL 水注入一小烧杯中，加入 5mL 0.1mol/L HNO_3 溶液、5mL 50g/L $(NH_4)_2MoO_4$ 溶液，室温下放置 5min 后，加入 5mL 100g/L Na_2SO_3 溶液，观察是否出现蓝色，如呈现蓝色，则水合格。

⑤ 氧化物的限度实验　将 100mL 需要进行氧化物限度实验的水注入烧杯中，然后加入 10.0mL 1mol/L H_2SO_4 溶液和新配制的 1.0mL 0.002mol/L $KMnO_4$ 溶液，盖上表面皿，将其煮沸并保持 5min，与置于另一相同容器中不加试剂的等体积的水样做比较。此时溶液呈淡红色，且颜色应不完全褪尽。

另外，在某些情况下，还应对水中的 Cl^-、Ca^{2+}、Mg^{2+} 进行检验。

Cl^- 检验：取 10mL 待检验的水，用 $4mol \cdot L^{-1}$ HNO_3 酸化，加 2 滴 10g/L $AgNO_3$ 溶液，摇匀后不得有浑浊现象。

Ca^{2+}、Mg^{2+} 检验：取 10mL 待检验的水，加 $NH_3 \cdot H_2O$-NH_4Cl 缓冲溶液（pH≈10），调节溶液 pH 至 10 左右，加入 1 滴铬黑 T 指示剂，不得显红色。

在化学分析实验中对水的质量要求较高，应根据所做实验对水质量的要求合理地选用不同规格的纯水。特殊情况下，如生物化学、医药化学等实验的用水往往还需要对其他有关指标进行检验。

(2) 电导率仪及其使用

电导率测定仪可用于纯水或溶液电导率的检测。其使用方法是将两个电极插入水或溶液中，测出两极间的电阻 R，若电极面积为 A，两极间距为 L，则电导率 κ 为：

$$\kappa = \frac{L}{RA}$$

对于一个固定的复合电极而言，电极面积 A 与两极间距 L 都是固定不变的，因此 L/A 是常数，称电极常数，以 Q 表示。则电导率 κ 可表示为：

$$\kappa = \frac{Q}{R}$$

在国际单位制中，电导率的单位是西门子/米（S/m），在测定纯水的电导率时一般用 $\mu S/cm$（$1S/m=10000\mu S/cm$）表示。

电导率仪从使用用途大致有笔形、便携式、实验室、工业用四种类型。笔形电导率仪，一般制成单一量程，测量范围狭，为专用简便仪器；便携式和实验室电导率仪测量范围较广，为常用仪器，不同点是便携式采用直流供电，可携带到现场。实验室电导率仪测量范围广、功能多、测量精度高；工业用电导率仪的特点是要求稳定性好、工作可靠，有一定的测量精度、环境适应能力强、抗干扰能力强，具有模拟量输出、数字通讯、上下限报警和控制功能等。

电导率仪从显示方式分有指针式和数字式两种，其品牌和型号很多，不同的电导率仪需参照各自的说明书进行操作，但基本步骤大体相同。

① **指针式电导率仪**使用的一般步骤：

a. 接通电源前，观察电表指针是否指零。如不指零，可调整使之指零。并将"校正/测量"开关拨在"校正"位置。

b. 接通电源，仪器预热。

c. 安装电极，并将电极浸入待测溶液中。

d. 调整"校正调整器"使指针停在满刻度。

e. 将"范围选择器"拨至所需的测量范围。若不知测量范围则拨至最大挡，然后逐渐下降。

f. 将"电极常数调节器"调节在与配套电极的常数相对应的位置上。若仪器上没有"电极常数调节器"，则用已知电导率的溶液（一般使用 KCl 溶液）测得电导并计算出电导池常数。

g. 将"校正/测量"开关拨向"测量"，则可从电表上读出所测溶液的电导率。

② **数字式电导率仪**使用的一般步骤：

a. 接通电源，开机。

b. 进行参数设置（测定温度、选用的标准溶液等）。

c. 将电导电极插入标准溶液中，校准。

d. 将电极插入待测溶液中测量电导率。

③ **仪器使用的注意事项**：

a. 电极的插头等不能受潮，否则会影响测定结果的准确度。

b. 仪器出厂时，所配电极已测定好电极常数，为保证测量准确度，电极应定期进行常数标定。

c. 根据所测溶液选择合适的电极，新的（或长期不用的）电极在使用前应按照要求进行活化处理。

d. 盛待测溶液的容器必须清洁，不能有污染离子，可用待测溶液清洗 3 次。

e. 每测定一份试样后，应用去离子水冲洗电极，并用吸水纸吸干，也可先用待测液冲洗 3 次后再测定。

f. 在测量超纯水时为了避免测量值的漂移现象应在密封流动状态下测量，流速不要太大，出水口有水缓慢流出即可。

扩展与链接 "实验室用水"标准简介、超纯水器简介

（1）"GB/T 6682 分析实验室用水规格和试验方法"

该标准规定了分析实验室用水的级别、规格、取样及储存、试验方法和试验报告，适用于化学分析和无机痕量分析等试验用水，可根据实际工作需要选用不同级别的水。

(2) 实验室超纯水机简介

以原美国密理博（Millipore）公司的 Milli-Q 系列产品为代表的超纯水机，其工作原理是自来水经过精密滤芯和活性炭滤芯进行预处理，过滤泥沙等颗粒物和吸附异味等，让自来水变得更加干净，然后再通过反渗透装置进行水质纯化脱盐，纯化水进入储水箱储存起来，其水质可以达到国家三级水标准，同时反渗透装置产水的废水排掉。反渗透纯水通过纯化柱进行深度脱盐处理就得到一级水或者超纯水，最后如果用户有特殊要求，则在超纯水后面加上紫外杀菌或者微滤、超滤等装置，除去水中残余的细菌、微粒、热源等。

2.18　气体的制备、净化、干燥与收集

2.18.1　气体的制备方法

实验室中制备气体，按照反应物的状态和反应条件，可以分为四大类：第一类是固体或固体混合物加热的反应；第二类是不溶于水的块状（或粒状）固体与液体之间不需加热的反应；第三类是固体和液体之间需加热的反应，或粉状固体与液体之间不需加热的反应；第四类是液体和液体之间的反应，一般需要加热。

以安全、便捷和经济为原则，实验室一般采用三种典型的制气装置。

(1) 固-固加热制气装置

适用于上述第一类反应，即固体或固体混合物加热的反应，一般由硬质试管、带玻璃导管的单孔塞、铁架台、加热灯具（酒精灯或煤气灯）等组成〔见图 2-67(a)〕。由于装置的严密性，产生的气体只能由导管导出，通常用来制备 O_2、NH_3 等气体。

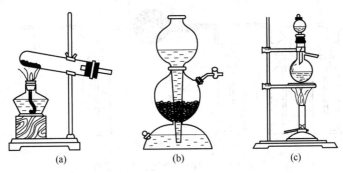

(a)　　　　　　　(b)　　　　　　　(c)

图 2-67　三种制气装置

(2) 固-液不加热制气装置

适用于上述第二类反应，即不溶于水的块状（或粒状）固体与液体之间不需加热的反应，所用典型仪器是启普发生器。启普发生器主要由球形漏斗、葫芦状玻璃容器（包括球体、半球体和下口塞部分）和导管旋塞组成〔见图 2-67(b)〕。简易装置可由合适的双孔胶塞、长颈漏斗（或带胶塞的粗玻璃管）、90°玻璃导管、硬质试管（或 U 形管）及橡皮垫圈（或隔板）等组成。当导管旋塞打开时，固体与液体接触发生反应，气体由导管导出；当导管旋塞关闭时，整个装置密闭，产生的气体使球体内压力增大，将液体压回到半球体和球形漏斗，反应随之停止。因此启普发生器可以随用随制气，便于控制反应的发生和停止，使用方便，尤其适于制备较大量的气体，在实验室通常用来制备 H_2、CO_2、NO_2、NO 和 H_2S 等气体。

(3) 固-液（或液-液）加热制气装置

适用于上述第三类和第四类反应，也称为分液漏斗与烧瓶制气装置，一般由分液漏斗、蒸馏烧瓶、单孔胶塞、橡皮管、玻璃导管、铁架台及加热灯具等组装而成〔见图 2-67(c)〕。

该装置可用于小火加热，也可用于强热，对于粉状固体与液体不加热的反应也可使用，在实验室通常用来制备 Cl_2、HCl、N_2 和 CO 等气体。

2.18.2　气体的净化与干燥

实验室制备的气体常带有酸雾、水汽和其他气体杂质，一般需经过净化（又称纯化、纯制）和干燥，才能得到纯净的气体。

气体的净化和干燥是通过洗涤、吸收其中杂质的办法来完成的。一般用水洗来除去酸雾，用浓硫酸、无水氯化钙或硅胶等干燥剂来除去水汽。其他气体杂质则须根据它们的性质，分别采用不同的洗涤剂（液）来洗涤吸收。微小的固体杂质一般在洗涤、干燥的过程中除去。

净化气体时，一般采用洗气瓶或广口瓶等自制的洗气瓶。用固体干燥剂干燥气体时，常采用干燥管或干燥塔。用液体干燥剂干燥气体时，常采用洗气瓶。实验时，还须根据实际情况，选用多个洗气瓶、干燥管或干燥塔连接成一个完整的净化、干燥装置（见图 2-68）。

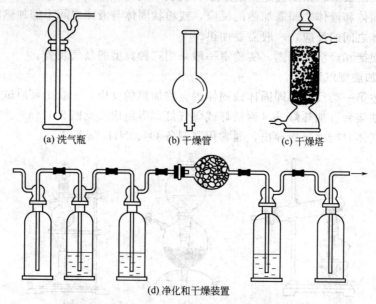

(a) 洗气瓶　　　　　　(b) 干燥管　　　　　(c) 干燥塔

(d) 净化和干燥装置

图 2-68　常用的净化、干燥装置

选择洗涤剂时应注意：酸性物质用碱性物质吸收除去，碱性物质用酸性物质吸收除去；易溶于水的物质用水吸收；用可与杂质生成沉淀或可溶物的吸收剂吸收；不能直接吸收除去的杂质，设法转化成可吸收的物质；不能选用可与被提纯气体作用的吸收剂。

干燥剂只用于吸收气体中的水分，不能与气体发生化学反应。实验室常用的干燥剂一般可分为三类：第一类是酸性干燥剂，如浓硫酸、五氧化二磷、硅胶等；第二类是碱性干燥剂，如固体烧碱、石灰、碱石灰等；第三类是中性干燥剂，如无水氯化钙等。

选择干燥剂时，仅仅按照性质推理是不够的，还须考虑具体的实验条件。一些常见气体应选用的干燥剂如表 2-3 所示。

表 2-3　常见气体应选用的干燥剂

气体	干燥剂
H_2，O_2，N_2，CO，CO_2，CH_4，SO_2	浓硫酸、五氧化二磷、无水氯化钙
H_2S	五氧化二磷、无水氯化钙
Cl_2，HCl	无水氯化钙

续表

气体	干燥剂
HBr	溴化钙
HI	碘化钙
NO	硝酸钙
NH₃	碱石灰、氧化钙

2.18.3 气体的收集

常用的收集气体的方法有排气（空气）集气法和排水集气法两种（见图 2-69）。

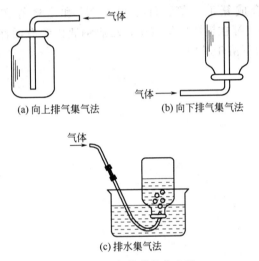

(a) 向上排气集气法   (b) 向下排气集气法

(c) 排水集气法

图 2-69 气体的收集方法

（1）排气集气法

主要用于收集不与空气发生反应，而密度又与空气相差较大的气体，可分为向上排气集气法和向下排气集气法。

向上排气集气法也称为排气集重气法，用于收集 Cl_2、HCl、CO_2、NO_2、SO_2、H_2S 等比空气重的气体。此装置中集气瓶的瓶口向上。

向下排气集气法也称为排气集轻气法，用于收集 H_2、NH_3、CH_4 等密度比空气小的气体。此装置中集气瓶的瓶口向下。

（2）排水集气法

主要用于收集不溶于水，且不与水反应的气体，例如 H_2、O_2、N_2、NO、CO 和 CH_4 等气体。

排水集气法收集的气体浓度大、纯度高，而排气集气法收集的气体常混有少量空气，如果该气体具有可燃性，则易引起爆炸。综上比较，凡是能用排水集气法收集的气体，就尽量不用排气集气法。

实验室中常用特制耐压的储气钢瓶来储存气体，使用时通过减压阀有控制的放出。目前我国的各种气体储气钢瓶采用国际统一的颜色标志，在钢瓶外面还用不同颜色的字样进行标注。我国气体钢瓶的常用标记如表 2-4 所示。

表 2-4　我国气体钢瓶的常用标记

气体	瓶身颜色	标字颜色	气体	瓶身颜色	标字颜色
N_2	黑	黄	NH_3	黄	黑
CO_2	黑	黄	C_2H_2	白	红
空气	黑	白	Ar	灰	绿
O_2	天蓝	黑	石油气体	灰	红
H_2	深绿	红	其他可燃性气体	红	白
Cl_2	草绿	白	其他不可燃气体	黑	黄

　　钢瓶中的气体一般是在工厂充入，H_2 来源于水的电解，O_2、N_2、Ar 等来源于液态空气的分馏，Cl_2 来源于合成氨工厂等。H_2、O_2、N_2 和空气等在钢瓶中呈压缩气状态，CO_2、NH_3、Cl_2 和石油气等在钢瓶中呈液态，乙炔钢瓶内装有活性炭、木屑等多孔性物质和丙酮，乙炔气体在压力下溶于其中。

第3章 无机物的提纯、制备、性质及反应原理

本章实验预习时请注意第2章相关实验单元介绍中，一般化学实验的基本操作及其基本要求。相关实验原理请参阅《无机及分析化学》或《无机化学》教材中四大化学平衡以及元素化学内容。

实验1 玻璃管的加工

一、实验目的
① 了解无机及分析化学实验的基本要求和基本操作；
② 学习煤气灯的使用，练习玻璃管的切割和熔光，制作毛细管，滴管和弯管；
③ 初步学会撰写预习报告以及实验报告。

二、仪器与试剂
玻璃管，煤气灯，石棉网，锉刀，工业酒精。

三、实验内容
（1）玻璃管的切割与熔光

将玻璃管平放在桌上，左手按住要切割的部位，右手用锉刀的棱在管上锉出一道狭窄并与玻璃管垂直的凹痕（见图3-1）。注意向一个方向锉，不要来回锉。然后双手持玻璃管，使凹痕向外，拇指在凹痕后向外推，同时其他四指向内拉，以折断玻璃管（见图3-2）。

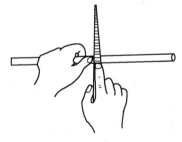

图 3-1　玻璃管的锉痕

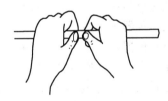

图 3-2　玻璃管的折断

将折断后的玻璃管的截断面斜插入氧化焰中，缓慢转动使其受热均匀，直到管口光滑为止。熔光时间不可过长，以免管口收缩。

（2）制作毛细管和滴管

将玻璃管插入氧化焰中，两手持玻璃管的两端，缓慢而均匀地转动玻璃管，以免玻璃管软化后发生扭曲，一直加热到被加热部分呈红黄色时，从火焰中取出，顺着水平方向边拉边微微来回转动玻璃管，待拉至所需细度时，一手持玻璃管，使玻璃管垂直向下，冷却。

将冷却后的玻璃管截断，取中间最细部分将一端用火封死，另一端微微熔光滑，即为毛细管。

将两侧部分按要求截断，细口处微微熔光滑，粗口处烧熔并垂直在石棉网上轻轻压一下，冷却后装上橡皮滴头，即成滴管。

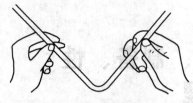

图 3-3　玻璃管的弯曲

(3) 弯曲玻璃管

加热方法同上，但须扩大加热面积。将玻璃管斜插入氧化焰中，加热程度略低于拉细毛细管。待充分软化后，从火焰中取出，稍等 1～2s，准确地把它弯成所需角度（见图 3-3）。弯曲时应注意尽量在一个平面内逐渐完成。120°以上角度可一次弯成，较小的角度分几次弯成，加热部分稍偏离原部位，弯成的玻璃管不能有折和偏的现象。冷却时，应将玻璃管放在石棉网上。

四、思考题

(1) 切割玻璃管应注意什么？为什么截断后的玻璃截面须熔光？

(2) 怎样拉细玻璃管？制作滴管时应注意什么？

(3) 较小角度的弯管为什么不能一次拉成？

(4) 试从你的实验过程或实验结果中，找出可能存在的主要问题，如何改进及提高？

实验 2　硫酸铜的提纯

一、实验目的

① 了解粗硫酸铜提纯及产品纯度检验的原理和方法；

② 学习电子天平和 pH 试纸的使用，掌握加热、溶解、过滤、蒸发和结晶等基本操作。

二、实验原理

粗硫酸铜中含有不溶性杂质和可溶性杂质 Fe^{2+}、Fe^{3+} 等。不溶性杂质可用过滤法除去，可溶性杂质离子 Fe^{2+} 可用氧化剂 H_2O_2 氧化成 Fe^{3+}，然后调节溶液的 pH 近似为 4，使 Fe^{3+} 完全水解成沉淀 $Fe(OH)_3$ 而除去。反应式如下：

$$2Fe^{2+} + H_2O_2 + 2H^+ \Longrightarrow 2Fe^{3+} + 2H_2O$$

$$Fe^{3+} + 3H_2O \Longrightarrow Fe(OH)_3 \downarrow + 3H^+$$

预习时请参考 1.1.2 设计出符合要求的预习报告。

三、仪器与试剂

(1) 仪器：电子天平，酒精灯，石棉网，泥三角，漏斗，漏斗架，布氏漏斗，吸滤瓶，蒸发皿，真空泵，比色管，滤纸，pH 试纸，烧杯，量筒。

(2) 试剂：粗硫酸铜，NaOH（0.5mol/L），H_2O_2（30g/L），H_2SO_4（0.1mol/L，1mol/L），$NH_3 \cdot H_2O$（6mol/L），HCl（2mol/L），KSCN（1mol/L）。

四、实验内容

(1) 硫酸铜的提纯

① 称量和溶解　称取粗硫酸铜晶体 5g，放入 100mL 小烧杯中，用量筒量取去离子水 20mL 并加入烧杯中，将烧杯放在石棉网上加热，搅拌，使晶体溶解。

② 氧化和水解　在溶液中滴加 2mL 30g/L H_2O_2，加热。逐滴加入 0.5mol/L NaOH 并不断搅拌，直至 pH≈4（用 pH 试纸检验）。再加热片刻，静置，使 $Fe(OH)_3$ 沉淀沉降。

③ 常压过滤　用倾泻法过滤，滤液承接在蒸发皿中。

④ 蒸发、结晶、减压过滤　在滤液中加入 2 滴 1mol/L H_2SO_4 溶液，调节溶液 pH=1～2，然后加热蒸发到溶液表面出现极薄一层结晶膜时，停止加热。冷却至室温，然后减压过滤。取出晶体，用滤纸将硫酸铜晶体

表面的水分吸干，观察晶体的形状及颜色，称量并计算产率。

（2）硫酸铜纯度检验

称取提纯后晾干的硫酸铜晶体 $0.5g$ 于小烧杯中，加纯水约 $3mL$ 搅拌溶解。加入 $0.3mL\ 1mol/L\ H_2SO_4$ 溶液，$30g/L\ H_2O_2$ 数滴，加热煮沸，冷却。

滴加 $6mol/L$ 氨水并不断搅拌，直至所产生的沉淀全部溶解，并常压过滤。过滤完毕用 $1mol/L$ 氨水洗涤滤纸，直至蓝色褪去。

漏斗下方更换为洁净的 $25mL$ 比色管，向滤纸上螺旋式滴加 $1.5mL\ 2mol/L\ HCl$ 溶液，再少量多次向滤纸上螺旋式滴加纯水。在比色管中加 1 滴 $1mol/L\ KSCN$ 溶液，并用纯水稀释至刻度线，摇匀。

将定容后的比色管与实验老师准备的标准比色管对比（严格来说，标准比色管与待测溶液比色管应同时、同样显色。实验 3 中 Fe^{3+} 的检测也是如此），记录纯度检验结果。

五、思考题

（1）粗硫酸铜中可溶性和不溶性杂质如何除去？

（2）粗硫酸铜中的 Fe^{2+} 为何要转化成 Fe^{3+} 后再除去？

（3）除 Fe^{3+} 时，为什么要调节 $pH \approx 4$？

（4）蒸发时，为什么不可将滤液蒸干？

（5）减压过滤时，蒸发皿中少量的硫酸铜晶体，能否用去离子水冲洗的方法转移到漏斗中？

（6）试从你的实验过程或实验结果中，找出可能存在的主要问题，并提出如何改进或提高？

实验 3　硫酸亚铁铵的制备

一、实验目的

① 掌握复盐制备的原理和方法；

② 巩固加热、溶解、过滤、蒸发和结晶等基本操作；

③ 学习利用目视比色法检验产品质量的方法。

二、实验原理

硫酸亚铁铵（俗称莫尔盐）是一种复盐：$FeSO_4 \cdot (NH_4)_2SO_4 \cdot 6H_2O$。复盐是由两种不同的金属离子（或铵根离子）和一种酸根离子组成的盐。复盐溶于水时，**电离**出的**离子**，跟组成它的简单盐电离出的离子相同。复盐**晶体**的**晶格能**较大，因此比组成它的简单盐类更稳定。硫酸亚铁铵为淡绿色晶体，其制备方法如下：

$$Fe + H_2SO_4 =\!=\!= FeSO_4 + H_2 \uparrow$$

$$FeSO_4 + (NH_4)_2SO_4 + 6H_2O =\!=\!= FeSO_4 \cdot (NH_4)_2SO_4 \cdot 6H_2O$$

预习报告格式与实验 2 相同。

三、仪器与试剂

（1）仪器：电子天平，酒精灯，石棉网，泥三角，漏斗，漏斗架，蒸发皿，比色管，布氏漏斗，吸滤瓶，烧杯，表面皿，滤纸，pH 试纸。

（2）试剂：Na_2CO_3（$100g/L$），H_2SO_4（$3mol/L$），$FeSO_4$，$(NH_4)_2SO_4$，HCl（$2mol/L$），$KSCN$（$1mol/L$），铁屑。

四、实验内容

（1）硫酸亚铁铵的制备

① 铁屑表面油污的去除　称取铁屑 1.0g，放入烧杯中，加入 10mL 100g/L Na$_2$CO$_3$，小火加热约 10min，用倾泻法除去碱液，用去离子水将铁屑冲洗干净，备用。

② 硫酸亚铁的制备　向盛有铁屑的小烧杯中加入 10mL 3mol/L H$_2$SO$_4$ 溶液，盖上表面皿，将烧杯放在石棉网上小火加热，直至不再有细小气泡冒出为止，在加热过程中应不断补充失去的水分。趁热过滤，滤液承接在蒸发皿中。

③ 硫酸亚铁铵的制备　根据 FeSO$_4$ 的理论产量，计算出所需（NH$_4$）$_2$SO$_4$ 固体的质量〔考虑到 FeSO$_4$ 在过滤中的损失，（NH$_4$）$_2$SO$_4$ 的用量可根据 FeSO$_4$ 理论产量的 80%～85% 计算〕。称取（NH$_4$）$_2$SO$_4$ 固体并配成饱和溶液，加到硫酸亚铁溶液中，混合均匀后滴加 3mol/L H$_2$SO$_4$ 溶液，调节溶液 pH=1～2，加热蒸发到溶液表面出现极薄一层结晶膜，停止加热。冷却至室温，析出淡绿色晶体，然后减压过滤。取出晶体，用滤纸将晶体表面的水分吸干，观察晶体的形状及颜色，称量并计算产率。

（2）硫酸亚铁铵纯度检验

称取 1g 产品置于 25mL 比色管中，用 15mL 不含氧的去离子水溶解，再加入 2mL 2mol/L HCl 和 1mL 1mol/L KSCN 溶液，用纯水稀释至 25mL 刻度，盖上盖子，摇匀。用目视比色法和标准溶液进行比较，确定产品中 Fe^{3+} 含量所对应的级别。

五、思考题

（1）为何要首先除去铁屑表面的油污？

（2）为什么在制备过程中溶液要始终保持酸性？

（3）在检验产品中 Fe^{3+} 含量时，为何要用不含氧的去离子水？

（4）试从你的实验过程或实验结果中，找出可能存在的主要问题，并提出如何改进或提高？

有关盐的溶解度见下表。

有关盐的溶解度（g/100g 水）

温度/℃	（NH$_4$）$_2$SO$_4$	FeSO$_4$·7H$_2$O	FeSO$_4$·（NH$_4$）$_2$SO$_4$·6H$_2$O
10	73.0	45.17	—
20	75.4	62.11	41.36
30	78.0	82.73	—
40	81.0	110.27	62.26

实验 4　酸碱解离平衡

一、实验目的

① 了解同离子效应对弱电解质解离平衡的影响；

② 了解盐类水解和影响盐类水解的因素；

③ 学习缓冲溶液的配制并了解其缓冲作用；

④ 学习酸度计的使用方法。

二、实验原理

在弱电解质的溶液中加入含有相同离子的另一电解质时，弱电解质的解离程度减小，这种效应叫作同离子效应。

酸碱电离理论中，盐类的水解是酸碱中和的逆反应，水解后溶液的酸碱性决定于盐的类型。水解反应是吸热反应，因此，升高温度和稀释溶液有利于水解的进行。如果盐类水解的产物溶解度小，则水解后会产生沉淀。以 $BiCl_3$ 为例：

$$BiCl_3 + H_2O \Longrightarrow BiOCl\downarrow + 2HCl$$

加入 HCl 则上述平衡向左移动，故如果预先加入一定浓度的 HCl 溶液可以防止沉淀的产生。

两种都能水解的盐，如果其中一种水解后呈酸性，另一种水解后溶液呈碱性，当这两种盐溶液相混合时，彼此可加剧水解。例如，$Al_2(SO_4)_3$ 溶液和 $NaHCO_3$ 溶液在混合前：

$$Al^{3+} + 3H_2O \Longrightarrow Al(OH)_3 + 3H^+$$

$$HCO_3^- + H_2O \Longrightarrow H_2CO_3 + OH^-$$

混合后产生 $Al(OH)_3$ 沉淀和 CO_2 气体：

$$Al^{3+} + 3HCO_3^- \Longrightarrow Al(OH)_3\downarrow + 3CO_2\uparrow$$

弱酸及其盐或弱碱及其盐的混合溶液，当将其稀释或在其中加入少量的酸或碱时，溶液的 pH 改变很小，故这种溶液具有缓冲作用。

预习时请参考 1.1.2 设计出符合要求的预习报告。

三、仪器与试剂

(1) 仪器：酸度计，电磁搅拌器。

(2) 试剂：HCl(2mol/L、0.1mol/L)，$NH_3 \cdot H_2O$(0.1mol/L)，NaOH(0.1mol/L)，NaCl(0.1mol/L)，HAc(0.1mol/L)，NaAc(1mol/L、0.1mol/L)，$NaHCO_3$(0.5mol/L)，NH_4Cl(1mol/L、0.1mol/L)，$BiCl_3$(0.1mol/L)，$Al_2(SO_4)_3$(0.1mol/L)，Na_2CO_3(1mol/L)，NH_4Ac(s)，酚酞，甲基橙，pH 试纸。

四、实验内容

(1) 同离子效应

① 在试管中加入 1mL 0.1mol/L $NH_3 \cdot H_2O$，再加入 1 滴酚酞溶液，观察溶液的颜色。再加入少量 NH_4Ac 固体，摇动试管使其溶解，观察溶液颜色的变化。说明其原因。

② 在试管中加入 1mL 0.1mol/L HAc，再加入 1 滴甲基橙溶液，观察溶液的颜色。再加入少量 NH_4Ac 固体，摇动试管使其溶解。观察溶液颜色的变化。说明其原因。

(2) 盐类的水解和影响盐类水解的因素

① 用 pH 试纸分别检测 0.1mol/L NaAc，0.1mol/L NH_4Cl，0.1mol/L NaCl 溶液的 pH，并分别与该溶液的理论计算 pH 作比较。

② 温度对水解度的影响，在试管中加入 2mL 1mol/L NaAc 溶液和 1 滴酚酞溶液，加热至沸腾，观察溶液颜色的变化。说明其原因。

③ 溶液酸度对水解平衡的影响，在试管中加入 5 滴 0.1mol/L $BiCl_3$ 溶液，然后加入 2mL 去离子水，观察沉淀的产生。再加入 2mol/L HCl 溶液，观察沉淀是否溶解。解释观察到的现象。

(3) 能水解的盐类间的相互反应

① 在 1mL 0.1mol/L $Al_2(SO_4)_3$ 溶液中，加入 1mL 0.5mol/L $NaHCO_3$，观察现象。以水解平衡移动观点解释之。写出反应的离子方程式。

② 在 1mL 1mol/L NH_4Cl 溶液中，加入 1mL 1mol/L Na_2CO_3 溶液，试证明有 NH_3 的产生。写出反应的离子方程式。

（4）缓冲溶液的缓冲性能

分别量取 25mL 0.1mol/L HAc 和 25mL 0.1mol/L NaAc 于 100mL 烧杯中，加入 0.5mL（约 10 滴）0.1mol/L HCl 溶液，搅拌 30s，用酸度计测定其 pH。再加入 1mL（约 20 滴）0.1mol/L NaOH 溶液，搅拌 30s，再用酸度计测定其 pH，记录结果并与理论计算值比较。

五、思考题

（1）什么叫同离子效应？在 $NH_3 \cdot H_2O$ 中加入 NH_4Ac 将产生什么效应？本实验中如何试验这种效应？

（2）哪些类型的盐会产生水解？如何使水解平衡移动？如何防止盐类水解？本实验中如何试验水解平衡的移动？如何计算盐类水解后溶液的 pH？

（3）两种能水解的盐是否能相互反应？本实验中用哪些反应来验证？

（4）什么叫缓冲溶液？如何配制？缓冲溶液的 pH 如何计算？在缓冲溶液中加入少量酸或碱后，如何计算该溶液的 pH？

实验 5　缓冲溶液的配制和性质

一、实验目的

① 学习缓冲溶液的配制，了解缓冲作用原理。

② 巩固 pH 计的使用。

二、实验原理

缓冲溶液是能够抵抗少量强酸、强碱或稀释的影响，保持溶液的 pH 相对稳定的溶液。缓冲溶液一般由弱酸及其共轭碱、弱碱及其共轭酸构成。

对于本实验的弱酸及其共轭碱体系：$pH = pK_a^\ominus + \lg(c_b/c_a)$

三、仪器与试剂

（1）仪器：酸度计，吸量管，烧杯，50mL 容量瓶。

（2）试剂：HAc（0.5mol/L、0.1mol/L），NaAc（0.5mol/L、0.1mol/L），HCl（0.1mol/L），NaOH（0.1mol/L）。

四、实验内容

（1）配制缓冲溶液

按下表中实验编号 1～6 所示体积，用吸量管分别吸取相应的溶液加入 50mL 容量瓶中，稀释到刻度，摇匀。

编号	V_{HAc}/mL (0.5mol/L)	V_{NaAc}/mL (0.5mol/L)	V_{HAc}/mL (0.1mol/L)	V_{NaAc}/mL (0.1mol/L)	V_{H2O}/mL
1	1.50	4.50			
2	3.00	3.00			
3	4.50	1.50			
4			1.50	4.50	
5			3.00	3.00	
6					50.00

（2）缓冲溶液 pH 的测量

将 1 号溶液转移至 100mL 烧杯中，测定溶液的 pH。然后加入两滴 HCl 溶液，搅拌均匀，测量 pH；加入两滴 NaOH 溶液，搅拌均匀，测量 pH。测量结束后，将电极取出并洗净，用滤纸吸干，按同样的步骤分别测定 2～6 号溶液的 pH。数据记录在下表中。

实验编号	1	2	3	4	5	6
pH(理论)						
pH(实验)						
加 2 滴 HCl						
ΔpH						
4 滴 NaOH						
ΔpH						

五、思考题

（1）怎样根据缓冲溶液的 pH 选定缓冲物质。

（2）为什么在通常情况下所配置的缓冲溶液中酸（或碱）的浓度与其共轭碱（或共轭酸）的浓度相近？这种缓冲溶液的 pH 主要取决于什么？

（3）酸度计的操作要点是什么？

（4）试从你的实验过程或实验结果中，找出可能存在的主要问题，并提出如何改进或提高。

实验 6　氧化还原反应、电化学

一、实验目的

① 了解介质对氧化还原反应的影响；

② 了解氧化剂的浓度对氧化还原反应速度的影响；

③ 了解金属还原性的大小对氧化还原反应速度的影响；

④ 了解氧化还原平衡的移动。

二、实验原理

各种金属失去电子的能力是不同的，金属愈活泼，愈易失去电子，则它的标准电极电势代数值愈小，还原性愈强；相应地，它的离子得到电子的能力则愈强，氧化性愈弱。标准电极电势代数值较小的金属可以将标准电极电势代数值较大的金属从它的盐溶液中置换出来，例如：

$$Zn^{2+} + 2e === Zn \qquad E^{\ominus} = -0.76V$$
$$Pb^{2+} + 2e === Pb \qquad E^{\ominus} = -0.13V$$

如果将金属锌放入硝酸铅溶液中，则电子就从锌转移给铅离子而发生下述反应：

$$Zn + Pb^{2+} === Zn^{2+} + Pb$$

在上述置换反应中，如果 Pb^{2+} 浓度愈大，则反应速度愈快。如果某金属的标准电极电势代数值比铅大，例如：

$$Cu^{2+} + 2e === Cu \qquad E^{\ominus} = +0.34V$$
$$Pb^{2+} + 2e === Pb \qquad E^{\ominus} = -0.13V$$

则 Cu^{2+} 不能将铅从它的盐溶液中置换出来。但是根据吕·查德里原理，如果设法把溶液中的 Cu^{2+} 浓度降低到一定程度，下述平衡：

$$Cu + Pb^{2+} === Pb + Cu^{2+}$$

也可能向右进行。例如加入 S^{2-}，使 Cu^{2+} 和 S^{2-} 生成极难溶解的 CuS 沉淀，使 $[S^{2-}] = 0.1mol/L$ 时，即可使 Cu^{2+} 浓度减少到 $6.3 \times 10^{-35} mol/L$，金属铜就可能将铅置换出来。

为了使置换出来的铅晶体有规则地生长，以便区别氧化还原反应速度的快慢，可在溶液中加入一定浓度的硅酸钠（水玻璃）。硅酸钠酸化后即生成硅酸胶体，再形成硅酸凝胶，铅晶体靠硅胶的支撑便像树一样有规则地逐渐生长起来，这种铅晶体通常叫作"铅树"。

预习时请参考 1.1.2 设计出符合要求的预习报告。

三、仪器与试剂

（1）仪器：试管、烧杯、水浴锅。

（2）试剂：NaOH（6.0mol/L），H_2SO_4（1.0mol/L），HAc（1.0mol/L），$KMnO_4$（0.01mol/L），KI（0.1mol/L），Na_2SiO_3（0.50mol/L），Na_2SO_3（0.10mol/L），$KBrO_3$（0.10mol/L），$FeCl_3$（0.10mol/L），$SnCl_2$（0.10mol/L），$Pb(NO_3)_2$（0.1mol/L、0.5mol/L、1.0mol/L），Na_2S（0.10mol/L），H_2O_2（30g/L），锌片，铁片，铜片，铜丝，pH 试纸。

四、实验内容

（1）常用氧化剂和还原剂反应

① 碘化钾的还原性　向试管中加入数滴 0.1mol/L KI 溶液，再加入少量 1.0mol/L H_2SO_4 酸化，然后逐滴加入 30g/L H_2O_2 溶液，振荡并观察现象。

② 高锰酸钾的氧化性　在试管中加数滴 0.01mol/L $KMnO_4$ 溶液，再加入少量 1.0mol/L H_2SO_4 酸化，然后逐滴加入 30g/L H_2O_2 溶液，振荡，观察现象并解释。

③ 氯化亚锡的还原性　在试管中加入 1mL 0.1mol/L $FeCl_3$ 溶液，逐滴加入 0.1mol/L $SnCl_2$ 溶液，振荡，观察现象。

（2）介质对氧化还原反应的影响

在二支试管中各加入 0.1mol/L KI 溶液 1mL，在其中一支试管中加入数滴 1.0mol/L H_2SO_4 酸化，然后分别逐滴加入 0.1mol/L $KBrO_3$ 溶液，振荡，观察现象并解释。

（3）介质对氧化还原产物的影响

在三支试管中各加入少量 0.01mol/L $KMnO_4$ 溶液，然后分别加入 1mL 1.0mol/L H_2SO_4、1mL 6.0mol/L NaOH、1mL 水，在各试管中滴入 0.1mol/L Na_2SO_3 溶液，振荡并观察现象。

（4）氧化剂浓度对铅树生长速度的影响

① 在三支试管中，分别装入 0.5mL 浓度各为 0.1mol/L、0.5mol/L、1.0mol/L 的 $Pb(NO_3)_2$ 溶液，以制备醋酸铅胶体［具体步骤见实验内容（7）］。

② 成胶后，在三支试管中分别装入相同表面积的锌片。

③ 观察三支试管中铅树生长的速度，并解释。

（5）金属活泼性大小对铅树生长速度的影响

① 在 100mL 烧杯中注入 1mL 1.0mol/L $Pb(NO_3)_2$ 溶液以制备醋酸铅胶体［见实验内容（7）］。

② 成胶后在胶面的三个不同部位分别插入表面积相等的锌片、铁片、铜片。

③ 观察现象并解释。

（6）氧化还原平衡的移动

① 取一支粗试管，加入由 1.0mol/L $Pb(NO_3)_2$ 溶液配制的醋酸铅胶体（约占试管体积的三分之一）。

② 成胶后插入粗铜丝（先用砂纸擦去表面氧化膜），加入等体积无铅盐的硅胶（由等体积的 HAc 和 Na_2SiO_3 制取，并在 90℃热水浴内成胶），使插入的铜丝穿过两胶层并露出液面。

③ 再加入数滴新配制的 0.1mol/L Na_2S 溶液。

④ 半小时后观察现象，并解释。

（7）醋酸盐硅胶的制备

① 将硝酸盐［其浓度参照实验内容（4）、（5）、（6）］、醋酸（1.0mol/L）、0.50mol/L 硅酸钠（ρ=1.06）以下列体积比混合：

$$Pb(NO_3)_2 : HAc : Na_2SiO_3 = 1 : 10 : 10$$

② 混合步骤：先将 $Pb(NO_3)_2$ 和醋酸严格按比例混合搅匀，再缓慢滴入硅酸钠溶液，振荡，搅匀。

③ 用 pH 试纸检查混合物为酸性后，在 90℃的水浴中加热至胶化，即可进行实验内容（4）、（5）、（6）。应注意水浴温度不宜超过 90℃，否则成胶后容易产生气泡造成空隙。

五、思考题

（1）在酸性介质中，H_2O_2 分别与 KI、$KMnO_4$ 的反应有什么不同？

（2）怎样从标准电极电势判断金属的置换反应是否能够进行？

（3）介质对氧化还原反应有什么影响？

（4）置换反应的速度和哪些因素有关？

（5）根据平衡移动的原理，是否可以使金属铜将铅从铅盐溶液中置换出来？

（6）试从你的实验过程或实验结果中，找出可能存在的主要问题，如何改进及提高？

实验 7　卤素的基本性质

一、实验目的

① 比较卤化氢的还原性；

② 了解氯的含氧酸及其盐的性质；

③ 了解卤素离子的鉴定和分离方法。

二、实验原理

卤素都是氧化剂，它们的氧化性按下列顺序变化：

$$F_2 > Cl_2 > Br_2 > I_2$$

卤素离子的还原性，按相反顺序变化：

$$I^- > Br^- > Cl^- > F^-$$

次氯酸和次氯酸盐都是强氧化剂。

氯酸盐在中性溶液中，没有明显的氧化性，但在酸性介质中能表现出明显的氧化性。

Cl^-、Br^-、I^- 能和 Ag^+ 生成难溶于水的 AgCl（白色）、AgBr（淡黄色）、AgI（黄色），它们都不溶于稀 HNO_3。AgCl 在氨水和 $(NH_4)_2CO_3$ 溶液中，因生成配离子 $[Ag(NH_3)_2]^+$ 而溶解，AgBr 和 AgI 则不溶。利用这个性质可以将 AgCl 和 AgBr、AgI 分离，在分离 AgBr、AgI 后的溶液中，再加入 HNO_3 酸化，则 AgCl 又重新沉淀。

Br^- 和 I^- 可以用 Cl_2 氧化为 Br_2 和 I_2 后，再加以鉴定。

预习时请参考 1.1.2 设计出符合要求的预习报告（以下两个实验要求相同）。

三、仪器与试剂

（1）仪器：离心机，水浴锅，试管。

（2）试剂：NaOH(2.0mol/L)，$NH_3 \cdot H_2O$(6.0mol/L)，HCl(浓、2.0mol/L)，H_2SO_4（浓、1+1、1.0mol/L、2.0mol/L），HNO_3（0.1mol/L、2.0mol/L、6.0mol/L），$KClO_3$（饱和），KI（0.1mol/L），NaCl（0.1mol/L），$AgNO_3$（0.1mol/L），KBr（0.1mol/L），$Pb(Ac)_2$（0.1mol/L），$NaNO_2$（0.1mol/L），$(NH_4)_2CO_3$（120g/L），氯水，淀粉溶液（50g/L），CCl_4，KCl(AR)，KBr(AR)，KI(AR)，$KClO_3$(AR)，CCl_4，锌粉，硫粉，pH

试纸，Pb(Ac)₂试纸，KI-淀粉试纸，品红溶液。

四、实验内容

(1) 卤化氢还原性的比较

此实验应在通风橱中操作。取三支试管，在第一支试管中加入 KCl 晶体数粒，再加入数滴浓硫酸，微热。观察试管中的颜色有无变化，用 pH 试纸，检验试管中产生的气体。在第二支试管中加入 KBr 晶体数粒，再加入数滴浓硫酸，微热。观察试管中的颜色有无变化。在第三支试管中加入 KI 晶体数粒，再加入数滴浓硫酸，微热。观察试管中的颜色有无变化。用 Pb(Ac)₂ 试纸检验试管中产生的气体。根据实验结果，比较 HCl、HBr、HI 的还原性，并写出相应的化学反应方程式。

(2) 次氯酸盐的氧化性

取 2mL 氯水加入试管中，逐滴加入 2.0mol/L NaOH 至溶液呈碱性为止（用 pH 试纸检验），将所得溶液分盛于 3 支试管中。在第一支试管中加入数滴 2.0mol/L HCl，用 KI-淀粉试纸检验放出的气体。在第二支试管中加入 KI 溶液，再加入淀粉溶液数滴，观察现象。在第三支试管中加入数滴品红溶液，观察现象。

根据上面的试验，说明 NaClO 具有什么性质。

思考：如果在溴水中逐滴加入 NaOH 溶液至碱性为止，再用上面的方法试验，是否也有相似的现象出现？

(3) 氯酸盐的氧化性

① 在 10 滴饱和 KClO₃ 溶液中，加入 2～3 滴 HCl（对于常见酸、碱试剂，本书中若未标明浓度，指的是浓酸或浓碱），检验所产生的气体。

② 取 2 滴 0.1mol/L KI 溶液于试管中，加入少量饱和 KClO₃ 溶液，再逐滴加入 1+1 的 H₂SO₄，并不断振荡试管，观察溶液颜色的变化。加入过量 KClO₃ 溶液时，溶液颜色又将如何变化？比较 HIO₃ 和 HClO₃ 氧化性强弱。

③ 取绿豆大小干燥的 KClO₃ 晶体与硫粉在纸上均匀混合（KClO₃ 和 S 的质量比约是2：3），用纸包好，在室外用铁锤捶打。

(4) 卤素离子的鉴定

① Cl⁻ 的鉴定　取 2 滴 0.1mol/L NaCl 溶液于试管中，加入 1 滴 2.0mol/L HNO₃，再加 2 滴 0.1mol/L AgNO₃，观察沉淀的颜色。离心沉降后，弃去清夜，在沉淀上加入数滴6.0mol/L 氨水，振荡后再加入 6.0mol/L HNO₃ 酸化，再观察现象，此法可鉴定 Cl⁻ 的存在。

② Br⁻ 的鉴定　取 2 滴 0.1mol/L KBr 溶液于试管中，加入 1 滴 2.0mol/L H₂SO₄ 和5～6 滴 CCl₄，然后逐滴加入新配制的氯水，边加边振荡，观察 CCl₄ 层的颜色，此法可鉴定 Br⁻ 的存在。

③ I⁻ 的鉴定

a. 取 2 滴 0.1mol/L KI 溶液和 5～6 滴 CCl₄ 于试管中。然后逐滴加入氯水，边加边振荡，观察 CCl₄ 层的颜色，此法可鉴定 I⁻ 的存在。（若加入过量氯水将又有何变化，原因何在？）

b. 取 2 滴 0.1mol/L KI 溶液于试管中，加入 1 滴 2.0mol/L H₂SO₄ 和 1 滴淀粉溶液，然后加入 1 滴 0.1mol/L NaNO₂ 溶液，观察现象，此法可鉴定 I⁻ 的存在。

④ Cl⁻、Br⁻、I⁻ 混合物的分离和鉴定　在试管中加入 0.1mol/L NaCl、0.1mol/L

KBr、0.1mol/L KI 溶液各 2 滴，混合后加入 2 滴 6.0mol/L HNO_3，再加入 0.1mol/L $AgNO_3$ 溶液至沉淀完全，离心沉降弃去清夜，沉淀用水洗两次。

a. Cl^- 的鉴定：将上面得到的沉淀加入 10～15 滴 120g/L $(NH_4)_2CO_3$ 溶液，充分搅动，并温热 1min，AgCl 转化为 $[Ag(NH_3)_2]Cl$ 而溶解，AgBr 和 AgI 则仍为沉淀。离心沉降，将沉淀与清夜分开。先在清液中加入 0.1mol/L KI 溶液数滴，若有黄色沉淀生成，则表示有 Cl^- 存在。也可在清液中加入 0.1mol/L HNO_3 酸化，若有白色沉淀产生，表示有 Cl^- 存在。

b. Br^- 和 I^- 的鉴定：将得到的沉淀用水洗涤 2 次，弃去洗液，在沉淀上加 5 滴水和少量锌粉，再加入 2～4 滴 1.0mol/L H_2SO_4，加热，搅动，离心沉降，清液中存在 Br^- 和 I^-（因 Zn 与 AgBr、AgI 作用，Ag 被置换出来，而 Br^-、I^- 则进入溶液）。吸取清液于另一试管中，加入 10 滴 CCl_4 再加入 2 滴氯水，摇动后若 CCl_4 层呈红紫色，则表示有 I^- 存在。继续加入氯水至红紫色褪去，而 CCl_4 层呈橙黄色则表示有 Br^- 存在。

五、思考题

(1) 卤化氢的还原性有什么递变规律？实验中怎样验证？

(2) 次氯酸盐有哪些主要的性质？怎样验证？

(3) 在水溶液中氯酸盐的氧化性与介质有何关系？

(4) Cl^-、Br^-、I^- 怎样分离和鉴定？

(5) 试从你的实验过程或实验结果中，找出可能存在的主要问题，如何改进及提高？

附：

(1) 氯和溴的安全操作

氯气有毒和刺激性，吸入人体会刺激喉管，引起咳嗽气喘。溴蒸气对气管、肺部、眼、鼻、喉部都有强烈刺激性。进行有产生氯、溴的实验，应在通风橱内操作。

(2) 氯酸钾的安全操作

氯酸钾是强氧化剂，保存不当时容易爆炸。它与硫、磷的混合物是炸药，绝对不允许它们混合后存放。

实验 8　氧、硫、氮、磷等元素的主要性质

一、实验目的

① 了解氧、硫、氮、磷的氢化物、含氧酸及其盐的化学性质；

② 了解 S^{2-}、SO_3^{2-}、$S_2O_3^{2-}$、NH_4^+、NO_2^-、NO_3^- 和 PO_4^{3-} 的鉴定方法。

二、实验原理

H_2S 中 S 的氧化数是 -2，它是强还原性物质，H_2S 可与多种金属离子生成不同颜色的金属硫化物沉淀，各种金属硫化物在水中的溶解度是不同的。根据金属硫化物的溶解度和颜色的不同，可以用来分离和鉴定金属离子。

S^{2-} 能与稀酸反应生成 H_2S 气体，可以根据 H_2S 特有的腐蛋臭味，或能使 $Pb(Ac)_2$ 试纸变黑（由于生成 PbS）的现象，而检验出 S^{2-}；此外在弱碱性条件下，它能与亚硝酰铁氰化钠 $Na_2[Fe(CN)_5NO]$ 反应生成红紫色络合物，利用这种特征反应能鉴定 S^{2-}，反应式为：

$$S^{2-}+[Fe(CN)_5NO]^{2-}\xlongequal{\hspace{1cm}}[Fe(CN)_5NOS]^{4-}$$

可溶性硫化物和硫作用可以形成多硫化物。

多硫化物在酸性介质中生成多硫化氢，多硫化氢不稳定，极易分解成 H_2S 和 S。

SO_2 溶于水生成 H_2SO_3。H_2SO_3 及其盐常用作还原剂，但遇强还原剂时，也可起氧化剂的作用。SO_2 和某些有色的有机物生成无色加成物，所以具有漂白性，但这种加成物受热易分解。

SO_3^{2-} 能与 $Na_2[Fe(CN)_5NO]$ 反应而生成红色化合物，加入 $ZnSO_4$ 饱和溶液和 $K_4[Fe(CN)_6]$ 溶液，可使红色显著加深，利用这个反应可以鉴定 SO_3^{2-} 的存在。

$Na_2S_2O_3$ 是硫代硫酸盐，硫代硫酸不稳定，易分解为 S 和 SO_2。$Na_2S_2O_3$ 是常用的还原性物质，能将 I_2 还原为 I^-，本身被氧化为连四硫酸钠 $Na_2S_4O_6$。

$S_2O_3^{2-}$ 与 Ag^+ 生成白色硫代硫酸银沉淀，但迅速变成黄色，然后变成棕色，最后变成黑色的硫化银沉淀，这是 $S_2O_3^{2-}$ 最特殊的反应之一，可用来鉴定 $S_2O_3^{2-}$ 的存在。

如果溶液中同时存在 S^{2-}、SO_3^{2-} 和 $S_2O_3^{2-}$，需要逐个加以鉴定时，必须先将 S^{2-} 除去，因 S^{2-} 的存在妨碍 SO_3^{2-} 和 $S_2O_3^{2-}$ 的鉴定，除去 S^{2-} 的方法是在含有 S^{2-}、SO_3^{2-} 和 $S_2O_3^{2-}$ 的混合溶液中，加入 $PbCO_3$ 固体，使 $PbCO_3$ 转化为溶液积更小的 PbS 沉淀，离心分离后，在清液中再分别鉴定 SO_3^{2-} 和 $S_2O_3^{2-}$。

氮和磷是周期系 VA 族元素，其价电子层构型为 ns^2np^3，所以它们的氧化数最高为 +5，最低为 -3。

NH_4^+ 常用两种方法鉴定：

① 用 NaOH 与 NH_4^+ 反应生成 NH_3，使 pH 试纸变蓝。

② 用奈斯勒试剂（K_2HgI_4 的碱性溶液）与 NH_4^+ 反应生成红棕色沉淀，其反应为：

$$NH_4^+ + 2[HgI_4]^{2-} + 4OH^- \Longrightarrow [Hg_2ONH_2]I\downarrow + 3H_2O + 7I^-$$

硝酸是强酸，亦是强氧化剂，硝酸与非金属反应时，常被还原为 NO；与金属反应时，被还原的产物决定于硝酸的浓度和金属的活泼性，浓硝酸一般被还原为 NO_2，稀硝酸通常被还原为 NO。当与较活泼的金属如 Fe、Zn、Mg 等反应时，主要被还原为 N_2O；若酸很稀，则主要被还原为 NH_3，后者与硝酸反应生成铵盐。

硝酸盐的热稳定性较差，加热容易放出氧，和可燃物质作用极易燃烧而发生爆炸。

亚硝酸可通过稀酸和亚硝酸盐的相互作用而制得，但亚硝酸不稳定，易分解。

$$2H^+ + 2NO_2^- \Longrightarrow H_2O + N_2O_3 \Longrightarrow H_2O + NO_2 + NO$$

HNO_2 具有氧化性，但遇强氧化剂时，则可呈还原性。

NO_3^- 可用棕色环法鉴定，其反应为：

$$2Fe^{2+} + NO_3^- + 4H^+ \Longrightarrow 3Fe^{3+} + 2H_2O + NO$$

$$NO + FeSO_4 \Longrightarrow [Fe(NO)]SO_4$$

NO_2^- 也能产生同样的反应，因此当有 NO_2^- 存在时，须先将 NO_2^- 除去。可与 NH_4Cl 一起加热，反应为：

$$NH_4^+ + NO_2^- \Longrightarrow N_2\uparrow + H_2O$$

NO_2^- 与 $FeSO_4$ 在 HAc 溶液中能产生棕色 $[Fe(NO)]SO_4$，利用下列反应可以鉴定 NO_2^- 的存在（检验 NO_3^- 时，必须用浓硫酸）。

$$NO_2^- + Fe^{2+} + 2HAc \Longrightarrow NO + Fe^{3+} + 2Ac^- + H_2O$$

$$Fe^{2+} + NO \Longrightarrow [Fe(NO)]^{2+}（棕色）$$

磷酸的各种钙盐在水中的溶解度是不同的，$Ca_3(PO_4)_2$ 和 $CaHPO_4$ 难溶于水，而 $Ca(H_2PO_4)_2$ 则易溶于水。

PO_4^{3-} 能与钼酸铵作用生成黄色难溶的晶体，下面就是 PO_4^{3-} 的鉴定反应：

$$PO_4^{3-} + 3NH_4^+ + 12MoO_4^{2-} + 24H^+ \Longrightarrow (NH_4)_3PO_4 \cdot 12MoO_3 \cdot 6H_2O \downarrow + 6H_2O$$

三、仪器与试剂

（1）仪器：点滴板，离心机，量筒，试管。

（2）试剂：HNO_3（2.0mol/L、浓），H_2SO_4（1.0mol/L、浓），HCl（2.0mol/L、6.0mol/L、浓），HAc（2.0mol/L），SO_2 水溶液（饱和），NaOH（2.0mol/L），KI（0.1mol/L），$KMnO_4$（0.1mol/L），$FeCl_3$（0.1mol/L），NaCl（0.1mol/L），$ZnSO_4$（0.1mol/L），$CuSO_4$（0.1mol/L），$Hg(NO_3)_2$（0.1mol/L），Na_2S（0.1mol/L），$Na_2[Fe(CN)_5NO]$（10g/L），$K_4[Fe(CN)_6]$（0.1mol/L），$ZnSO_4$（饱和），$Na_2S_2O_3$（0.1mol/L），$AgNO_3$（0.1mol/L），NH_4Cl（0.1mol/L），KNO_3（0.1mol/L），$NaNO_2$（0.1mol/L、1.0mol/L），Na_3PO_4（0.1mol/L），H_2O_2（30g/L），I_2（0.01mol/L），$CaCl_2$（0.1mol/L），Na_2HPO_4（0.1mol/L），NaH_2PO_4（0.1mol/L），硫代乙酰胺（饱和），H_2S 溶液，$PbCO_3$（AR），KNO_3（AR），$FeSO_4$（AR），Na_2SO_3，钼酸铵，奈斯勒试剂，CCl_4，品红溶液，淀粉溶液，硫粉，锌粉，铜屑，pH 试纸，$Pb(Ac)_2$ 试纸。

四、实验内容

(1) 过氧化氢的性质

① 在试管中加入 0.5mL KI 溶液（0.1mol/L），酸化后加 5 滴 30g/L H_2O_2 溶液和 10 滴 CCl_4，充分摇荡，观察溶液颜色，写出离子反应方程式。

② 取 0.5mL $KMnO_4$ 溶液（0.1mol/L），酸化后滴加 30g/L H_2O_2 溶液，观察现象。写出离子反应方程式。

(2) 硫化氢和硫化物

① 硫化氢的还原性

a. 在 10 滴 0.1mol/L $KMnO_4$ 中，加入数滴 1.0mol/L H_2SO_4，酸化后再加入 1mL H_2S 溶液，观察现象。

b. 在 10 滴 0.1mol/L $FeCl_3$ 中，加入 1mL H_2S 水溶液，观察现象。

② 硫化物的溶解性　在 4 支试管中，分别加入 0.1mol/L NaCl、0.1mol/L $ZnSO_4$、0.1mol/L $CuSO_4$、0.1mol/L $Hg(NO_3)_2$ 各 5 滴，然后再各加入 H_2S 水溶液 1mL，观察现象并记录。离心沉降，吸去上面清液，在沉淀中分别加入数滴 2.0mol/L HCl，观察现象。

将不溶解的沉淀离心分离，用数滴 6.0mol/L HCl 处理沉淀，观察现象。

将还不溶解的沉淀再离心分离，用少量蒸馏水洗涤沉淀，加入数滴浓 HNO_3，微热，观察现象。

在仍不溶解的沉淀中，再加入王水（HNO_3 和 HCl 以 1∶3 的体积比混合而成），微热，观察现象。

试从实验结果对金属硫化物的溶解性作出比较。

③ S^{2-} 的鉴定

a. 在点滴板上，滴 1 滴 0.1mol/L Na_2S，再加 1 滴 10g/L $Na_2[Fe(CN)_5NO]$，观察现象，此法可以鉴定 S^{2-} 的存在。

b. 在试管中加入 5 滴 0.1mol/L Na_2S，再加入 5 滴 6.0mol/L HCl，在试管口上盖以湿

润的 $Pb(Ac)_2$ 试纸，微热，观察现象。此法有时也可以鉴定 S^{2-} 的存在。

④ 多硫化物　在试管中加入少量硫粉，再加入 2mL 0.1mol/L Na_2S，将溶液煮沸，注意溶液颜色的变化，离心沉降。吸取清液于另一试管中，加入 6.0mol/L HCl，用 $Pb(Ac)_2$ 试纸检验逸出的气体，观察现象。

（3）H_2SO_3 的性质和 SO_3^{2-} 的鉴定

① H_2SO_3 的性质

a. 在 10 滴 0.01mol/L 碘水中，加入 1 滴淀粉溶液，然后滴加 SO_2 饱和溶液。

b. 在 10 滴 H_2S 饱和溶液中，滴加 SO_2 饱和溶液。

c. 在 1 滴品红溶液中，滴加 10 滴 SO_2 饱和溶液，再加热，观察现象，并总结。

② SO_3^{2-} 的鉴定　在点滴板上滴加 2 滴饱和 $ZnSO_4$ 溶液，加 1 滴新配的 0.1mol/L $K_4[Fe(CN)_6]$ 和 1 滴新配的 10g/L $Na_2[Fe(CN)_5NO]$，再加入 1 滴含 SO_3^{2-} 的溶液，搅动，出现红色沉淀，表示有 SO_3^{2-} 存在（酸能使红色沉淀消失，因此检验 SO_3^{2-} 的酸性溶液时，需滴加 2mol/L 氨水使溶液成中性）。

（4）硫代硫酸及其盐的性质和 $S_2O_3^{2-}$ 的鉴定

① $H_2S_2O_3$ 的性质

a. 在 10 滴 0.1mol/L $Na_2S_2O_3$ 溶液中，加入 10 滴 2.0mol/L HCl，片刻后，观察溶液是否变为浑浊，有无 SO_2 气味？写出反应式，说明 $H_2S_2O_3$ 具有什么性质。

b. 在 10 滴碘水中逐滴加入 0.1mol/L $Na_2S_2O_3$，观察碘水颜色是否褪去，写出反应式，说明 $Na_2S_2O_3$ 有什么性质。

② $S_2O_3^{2-}$ 的鉴定　在点滴板上滴 2 滴 0.1mol/L $Na_2S_2O_3$，加入 0.1mol/L $AgNO_3$，直至产生白色沉淀，观察沉淀颜色的变化（由白→黄→棕→黑）。此法可鉴定 $S_2O_3^{2-}$ 的存在。

（5）S^{2-}、$S_2O_3^{2-}$、SO_3^{2-} 混合物的分离和鉴定

取一份 S^{2-}、SO_3^{2-} 和 $S_2O_3^{2-}$ 的混合溶液，鉴定 S^{2-} 的存在。另取一份混合溶液，在其中加入少量固体 $PbCO_3$，充分搅动，离心分离，弃去沉淀。取 1 滴溶液用 $Na_2[Fe(CN)_5NO]$ 试剂检验 S^{2-} 是否沉淀完全。如不完全，离心液重复用 $PbCO_3$ 处理，直至 S^{2-} 完全被除去。离心分离，将离心液分为两份，分别鉴定 SO_3^{2-} 和 $S_2O_3^{2-}$。

取上述离心液于试管中，加 12 滴 2.0mol/L HCl，加热，出现白色浑浊表示有 $S_2O_3^{2-}$ 存在。

（6）NH_4^+ 的鉴定

① 在试管中加入 10 滴 0.1mol/L NH_4Cl，再加入 10 滴 2.0mol/L NaOH 加热至沸，用 pH 试纸检验逸出的气体，记录观察到的现象。

② 重复上面的实验，在滤纸条上滴一滴奈斯勒试剂代替 pH 试纸，记录观察到的现象。

（7）硝酸和硝酸盐的性质

① 在两支试管中，各加入少量硫粉，再分别加入 1mL 2.0mol/L HNO_3 和 1mL 浓 HNO_3，将两支试管加热煮沸（应在通风橱中操作）后，检验是否都有 SO_4^{2-} 生成。

② 在分别盛有少量锌粉和铜屑的两支试管中，各加入约 1mL HNO_3（通风橱中操作），观察现象，写出反应式。

③ 在分别盛有少量锌粉和铜屑的两支试管中，各加入 1mL 2.0mol/L HNO_3（如不发生反应，可微加热之），试证明哪一支试管中有 NH_4^+ 存在。

④ 在干燥试管中加入少量 KNO_3 晶体，加热熔化，将带余烬的火柴投入试管中，火柴又燃烧起来，解释这种现象。

(8) NO_3^- 的鉴定

取 1mL 0.1mol/L KNO_3 倒入试管中，加入 1～2 粒 $FeSO_4$ 晶体，振荡。晶体溶解后，将试管斜持，沿试管壁慢慢滴加 5～6 滴 H_2SO_4，观察 H_2SO_4 和溶液两个液层交界处有无棕色环出现。

(9) 亚硝酸和亚硝酸盐的性质

① 亚硝酸的生成和性质

在试管中加入 10 滴 1.0mol/L $NaNO_2$（如果室温较高，可放在冰水中冷却），然后加入 H_2SO_4。观察溶液的颜色和液面上气体的颜色，解释这种现象，写出反应式。

② 亚硝酸盐的氧化性和还原性

a. 在 0.1mol/L $NaNO_2$ 中加入 0.1mol/L KI 溶液，观察现象，然后用 1mol/L H_2SO_4 酸化，观察现象，并证明是否有 I_2 产生，写出反应式。

b. 如果用 Na_2SO_3 代替 KI 来证明 $NaNO_2$ 具有氧化性，应该怎样进行实验？

c. 在 0.1mol/L $NaNO_2$ 中加入 0.01mol/L $KMnO_4$，观察紫色是否褪去。然后用 1mol/L H_2SO_4 酸化，观察现象，写出反应式。

(10) NO_2^- 的鉴定

取 10 滴 0.1mol/L $NaNO_2$ 倒入试管中，加入数滴 2.0mol/L HAc 酸化，再加入 1～2 小粒 $FeSO_4$ 晶体，如有棕色出现，证明有 NO_2^- 存在。

(11) 磷酸的各种钙盐的溶解性

在 3 支试管中各加入 10 滴 0.1mol/L $CaCl_2$ 溶液，然后分别加入等量的 0.1mol/L Na_3PO_4、0.1mol/L Na_2HPO_4 和 0.1mol/L NaH_2PO_4，观察各试管中是否有沉淀生成。说明磷酸的三种钙盐的溶解性。

(12) PO_4^{3-} 鉴定

在 5 滴 0.1mol/L Na_3PO_4 中，加入 10 滴 HNO_3，再加入 20 滴钼酸铵试剂，微热至 40～50℃，观察黄色沉淀的产生。

(13) 未知晶体的鉴定

现有三种白色晶体，第一种可能是 $NaNO_2$ 或 $NaNO_3$，第二种可能是 $NaNO_3$ 和 NH_4NO_3，第三种可能是 $NaNO_3$ 或 Na_3PO_4，试加以鉴定。

五、思考题

(1) 怎样验证硫化氢的还原性？

(2) 金属硫化物的溶解情况可以分为几类？试根据实验内容预先加以分类？

(3) 亚硝酸有哪些主要性质？怎样用实验的方法加以验证？

(4) 在实验中，硫代硫酸及其盐的主要性质是怎样验证的？

(5) 怎样鉴定 S^{2-}、SO_3^{2-} 和 $S_2O_3^{2-}$？

(6) 在实验中怎样试验硝酸和硝酸盐的性质？

(7) 怎样制备亚硝酸？亚硝酸是否稳定？怎样试验亚硝酸盐的氧化性和还原性？

(8) 怎样鉴定 NH_4^+、NO_3^-、NO_2^-、PO_4^{3-}？

(9) 磷酸的各种钙盐的溶解性有什么不同？

(10) 试从你的实验过程或实验结果中，找出可能存在的主要问题，如何改进及提高？

实验 9　锡、铅、锑、铋等元素的主要性质

一、实验目的

① 了解锡、铅、锑、铋的化合物的性质，氢氧化物的酸碱性，低价化合物的还原性和高价化合物的氧化性，硫化物和硫代酸盐的性质等；

② 了解锡、铅、锑、铋的离子鉴定法。

二、实验原理

锡、铅是周期系 ⅣA 族元素。它们原子的价电子层构型为 ns^2np^2。它们都能形成 +2 价和 +4 价的化合物。+2 价锡是强还原性；而 +4 价铅却是强氧化剂。

锡和铅的氢氧化物都呈两性。

锡和铅都能生成有色硫化物：SnS 为棕色，SnS_2 为黄色，PbS 为黑色。它们都不溶于水和稀酸；在 $(NH_4)_2S$ 或 Na_2S 中，SnS_2 能溶解生成硫代酸盐，SnS 和 PbS 则不溶解。

铅能生成许多难溶的化合物，铅离子能生成难溶的黄色 $PbCrO_4$ 沉淀。在分析上常利用这个反应来鉴定 Pb^{2+}。

锑和铋是周期系 ⅤA 族元素，它们的原子的价电子层构型为 ns^2np^3。它们都能形成 +3 价和 +5 价的化合物。+3 价锑的氧化物和氢氧化物呈两性，而 +3 价铋的氧化物和氢氧化物只呈显碱性。和 +3 价锑比较，+3 价铋是弱还原剂，须用强氧化剂在碱性介质中才能氧化成 +5 价。例如：

$$Bi_2O_3 + 2Na_2O_2 === 2NaBiO_3 + Na_2O$$

相反，+5 价铋呈显强氧化性，能将 Mn^{2+} 氧化为 MnO_4^-。

$$5NaBiO_3 + 2Mn^{2+} + 14H^+ === 2MnO_4^- + 5Bi^{3+} + 5Na^+ + 7H_2O$$

锑和铋都能生成不溶于稀酸的有色硫化物：Sb_2S_3 和 Sb_2S_5 为橙色，Bi_2S_3 为黑色。锑的硫化物能溶于 $(NH_4)_2S$ 或 Na_2S 中生成硫代酸盐，而铋的硫化物则不溶。

Sb^{3+} 和 SbO_4^{3-} 在锡片上可以还原为金属锑，使锡片呈显黑色。利用这个反应可以鉴定 Sb^{3+} 和 SbO_4^{3-}。

$$2Sb^{3+} + 3Sn === 2Sb\downarrow + 3Sn^{2+}$$

Bi^{3+} 在碱性溶液中可被亚锡酸钠还原为黑色的金属铋。利用这个反应可以鉴定 Bi^{3+}。

$$2Bi(OH)_3 + 3SnO_2^{2-} === 2Bi\downarrow + 3SnO_3^{2-} + 3H_2O$$

三、仪器与试剂

(1) 仪器：离心机。

(2) 试剂：H_2SO_4（2.0mol/L），HCl（2.0mol/L、6.0mol/L），HNO_3（6.0mol/L），$NaOH$（2.0mol/L），$SnCl_2$（0.1mol/L），$Pb(NO_3)_2$（0.1mol/L），KI（0.1mol/L），$MnSO_4$（0.1mol/L），Na_2S（0.5mol/L），K_2CrO_4（0.1mol/L），$BiCl_3$（0.1mol/L），$HgCl_2$（0.1mol/L），$SbCl_3$（0.1mol/L），（PbO_2(s)，Bi_2S_3(s)，亚锡酸钠，Bi_2O_3 粉末，Na_2O_2 粉末，锡箔。

四、实验内容

(1) 锡和铅

① +2 价锡和铅的氢氧化物的酸碱性

a. 在 10 滴 0.1mol/L $SnCl_2$ 溶液中，逐滴加入 2.0mol/L $NaOH$，直至生成的白色沉淀经摇荡后不再溶解为止。将沉淀分盛两支试管中，分别加入 2.0mol/L $NaOH$ 和 6.0mol/L

HCl，振荡试管，观察沉淀是否溶解，写出反应方程式。

b. 试用 0.1mol/L Pb(NO₃)₂ 溶液制得 Pb(OH)₂ 沉淀，用实验证明 Pb(OH)₂ 是否具有两性（注意：试验其碱性应该用什么酸?），写出反应方程式。

② +2 价锡的还原性和 +4 价铅的氧化性

a. 在 10 滴 0.1mol/L HgCl₂ 溶液中，逐滴加入 0.1mol/L SnCl₂，观察沉淀颜色的变化（Hg₂Cl₂ 为白色，Hg 为黑色），写出反应方程式。

b. 在亚锡酸钠溶液（自己配制）中，加入 2 滴 0.1mol/L BiCl₃ 溶液，观察现象，并解释之，写出反应方程式。

上述两个反应常用来鉴定 Hg^{2+} 和 Bi^{3+}，相反地也可用来鉴定 Sn^{2+} 的存在。

c. 在试管中放入少量 PbO₂，加入 1mL 6.0mol/L HNO₃ 和 3 滴 0.1mol/L MnSO₄ 溶液。加热，静置片刻，使溶液逐渐澄清。观察溶液的颜色。试解释之，并写出反应方程式。

③ 铅的难溶盐的制备 在 5 支试管中各加入 10 滴 0.1mol/L Pb(NO₃)₂ 溶液，然后分别加入数滴 2.0mol/L HCl、2.0mol/L H₂SO₄、0.1mol/L KI、0.1mol/L K₂CrO₄、0.5mol/L Na₂S 溶液。观察沉淀的生成，并记录各种沉淀的颜色。

④ Sn^{2+} 和 Pb^{2+} 的鉴别 向指导教师领取含有 Sn^{2+} 或 Pb^{2+} 的未知溶液，利用它们的性质加以鉴别。

(2) 锑和铋

① +3 价锑和 +3 价铋的氢氧化物的酸碱性 试用 0.1mol/L SbCl₃ 和 0.1mol/L BiCl₃ 检验 +3 价锑和 +3 价铋的氢氧化物的酸碱性，作出结论并写出反应方程式。

② +5 价铋化合物的制备及其氧化性

a. 在干燥试管中加入少量 Bi₂O₃ 粉末和等量 Na₂O₂ 粉末，混合均匀，加热，观察混合物变为深棕色（为什么?）。冷却后，加水洗涤，用玻璃棒搅动，使未反应的 Na₂O₂ 溶解。静置片刻，待沉淀下沉后吸去上层清液，再用水洗涤 2~3 次。保留沉淀（沉淀是什么?），供下面实验用。写出反应方程式。

b. 在试管中加入 2 滴 0.1mol/L MnSO₄ 溶液和 1mL 6.0mol/L HNO₃，再加入上面保留的 NaBiO₃ 沉淀少许，振荡，并微热，观察溶液的颜色。解释现象，写出反应方程式。

③ +3 价锑和 +3 价铋的硫化物

a. 在试管中加入 10 滴 0.1mol/L SbCl₃，加入 5~6 滴 0.5mol/L Na₂S 溶液，观察沉淀的颜色。静置片刻或离心沉降，吸去上层清液，用少量蒸馏水洗涤沉淀，离心分离，将沉淀分为两份，分别逐滴加入 2.0mol/L HCl 和 0.5mol/L Na₂S 溶液，振荡，观察沉淀是否溶解。在加入 Na₂S 溶液的试管中，再逐滴加入 2.0mol/L HCl，观察是否又有沉淀产生。解释观察到的现象，写出反应方程式。

b. 在试管中加入 10 滴 0.1mol/L BiCl₃，用上面相同的方法，试验 Bi₂S₃ 在 2.0mol/L HCl 和 0.5mol/L Na₂S 中的溶解情况，并和 Sb₂S₃ 比较有什么区别。

④ Sb^{3+} 和 Bi^{3+} 的鉴定

a. 在一小片光亮的锡片或锡箔上滴加 1 滴 0.1mol/L SbCl₃ 溶液，锡片上出现黑色，此法可鉴定 Sb^{3+} 的存在。

b. 鉴定 Bi^{3+} 通常采用亚锡酸钠作还原剂，将 Bi^{3+} 还原为金属铋来证实（见本实验内容①）。

⑤ Sb^{3+} 和 Bi^{3+} 的分离和鉴定 自己取 0.1mol/L SbCl₃ 和 0.1mol/L BiCl₃ 各 5 滴，混合后设法加以分离和鉴定。

五、思考题

(1) 怎样根据实验说明 +2 价锡和铅的氢氧化物具有两性? 在证明 Pb(OH)₂ 具有碱性

时，应该用什么酸？

（2）＋2 价锡的还原性和＋4 价铅的氧化性是怎样证明的？

（3）怎样鉴定 Sn^{2+} 和 Pb^{2+}？

（4）怎样检验＋3 价锑和＋3 价铋的氢氧化物的酸碱性？

（5）怎样说明＋5 价铋的化合物是强氧化剂？

（6）＋3 价锑和＋3 价铋的硫化物是否能溶于稀盐酸和硫化钠中？如果溶于硫化钠中，生成什么化合物？这种化合物加酸后会发生什么变化？

（7）怎样分离和鉴定 Sb^{3+} 和 Bi^{3+}？

（8）试从你的实验过程或实验结果中，找出可能存在的主要问题，如何改进及提高？

第4章 有关常数的测定

有关常数的测定需要采用一定的检测仪器，这些检测仪器的精度决定了常数测定的精度（见第1章以及参阅《无机及分析化学》、《无机化学》或《分析化学》教材中"化学反应的基本原理"、"酸碱与沉淀平衡"以及"可见光分光光度法或吸光光度法"的相关论述）。实验预习时请注意所用仪器的操作及注意事项，以及实验所需实验单元的基本操作及其基本要求，并请设计出符合要求的预习报告。

实验 10 化学反应速率和化学平衡常数的测定

I 化学反应速率的测定

一、实验目的
① 了解浓度、温度和催化剂对化学反应速率的影响；

② 测定 KIO_3 与 Na_2SO_3 在酸性溶液中的反应速率，并计算该反应的反应级数、速率常数和活化能。

二、实验原理
化学反应速率用来衡量化学反应进行的快慢程度，以单位时间内反应物浓度的减少或生成物浓度的增加来表示。

在酸性溶液中，KIO_3 与 Na_2SO_3 发生如下反应：

$$2IO_3^- + 5SO_3^{2-} + 2H^+ =\!=\!= I_2 + 5SO_4^{2-} + H_2O$$

该反应的机理可能为：

$$HIO_3 + H_2SO_3 =\!=\!= HIO_2 + H_2SO_4 （慢步骤）$$
$$HIO_2 + 2H_2SO_3 =\!=\!= HI + 2H_2SO_4$$
$$HIO_3 + 5HI =\!=\!= 3I_2 + 3H_2O$$

其反应速率方程表达式为：

$$v = kc^m(IO_3^-)c^n(SO_3^{2-})$$

式中，k 为反应速率常数，$m+n$ 为反应级数，v 为瞬时反应速率。当 $c(IO_3^-)$、$c(SO_3^{2-})$ 均为起始浓度时，v 为起始反应速率。

若实验中 KIO_3 过量，就可使 Na_2SO_3 在反应中消耗完，反应的终点以生成的 I_2 使 Na_2SO_3 溶液中所含的可溶性淀粉变蓝色为标志。在反应时间 Δt 内，Na_2SO_3 的浓度由 $c(SO_3^{2-}) \to 0$，则其平均速率为：

$$\overline{v} = -\frac{\Delta c(SO_3^{2-})}{\Delta t} = \frac{c(SO_3^{2-})}{\Delta t}$$

由于本实验在反应时间 Δt 内反应物浓度的变化很小，故可近似地用平均速率 $\overline{v}$ 代替初始反应速率 v：

$$v = kc^m(IO_3^-)c^n(SO_3^{2-}) = \frac{c(SO_3^{2-})}{\Delta t}$$

将反应速率方程 $v = kc^m(IO_3^-)c^n(SO_3^{2-})$ 两边取对数得：

$$\lg v = \lg k + m \lg c(IO_3^-) + n \lg c(SO_3^{2-})$$

当 $c(SO_3^{2-})$ 固定（即表 4-1 中的实验 1、2、3）时，以 $\lg v$ 对 $\lg c(IO_3^-)$ 作图，可得一直线，其斜率为 m。当 $c(IO_3^-)$ 固定（即表 4-1 中的实验 3、4、5）时，以 $\lg v$ 对 $\lg c(SO_3^{2-})$ 作图，可得一直线，其斜率为 n。$m+n$ 即为该反应的反应级数。

将 m、n 代入速率方程 $v = kc^m(IO_3^-)\, c^n(SO_3^{2-})$，即可求得反应速率常数 k。

温度对反应速率的影响可用阿伦尼乌斯公式 $\lg k = \dfrac{-E_a}{2.303RT} + \lg A$ 表示，测出不同温度时的 k 值，以 $\lg k$ 为纵坐标、$1/T$ 为横坐标作图，得一直线，由其斜率可求出反应的活化能 E_a，由其截距可求得指前因子 A。

试应用计算机进行数据处理，并做出电子版实验报告。

三、仪器与试剂

（1）仪器：烧杯，量筒，温度计，秒表，恒温水浴锅，玻璃棒。

（2）试剂：KIO_3 溶液（0.01mol/L，内含 0.018mol/L H_2SO_4），Na_2SO_3-淀粉溶液（0.01mol/L，内含 2g/L 可溶性淀粉），H_2O_2 溶液（30g/L），MnO_2(s)。

四、实验内容

（1）浓度对化学反应速率的影响

在室温下，按表 4-1 给定的体积，用量筒准确量取各试剂。先将 KIO_3 溶液和 H_2O 倒入 100mL 烧杯中混合均匀，再迅速将 Na_2SO_3-淀粉溶液倒入同一烧杯中，同时按动秒表计时，用玻璃棒搅拌均匀，当溶液变蓝时停止计时，将对应时间填入表 4-1 中。

表 4-1　浓度对反应速率的影响

实验编号	V_{KIO_3} /mL	V_{H_2O} /mL	$V_{Na_2SO_3}$ /mL	$V_总$ /mL	c_{KIO_3} /(mol/L)	$c_{Na_2SO_3}$ /(mol/L)	Δt /s
1	25	10	15	50			
2	20	15	15	50			
3	15	20	15	50			
4	15	15	20	50			
5	15	10	25	50			

根据表 4-1 中的数据求出反应速率 v、反应级数 $m+n$、室温下该反应的速率常数 k，将各参数列在表 4-2 中，并根据各参数写出该反应的速率方程式。

表 4-2　反应速率、反应级数、速率常数汇总

实验编号	v/(mol/L·s^{-1})	$\lg v$	$\lg c(IO_3^-)$	$\lg c(SO_3^{2-})$	m	n	$m+n$	k
1								
2								
3								
4								
5								

（2）温度对反应速率的影响

按 3 号烧杯的配比重复测定室温+10℃、室温+20℃下的反应速率。

根据反应速率分别求出室温、室温+10℃（6 号实验）、室温+20℃（7 号实验）时的 k

值。以 $\lg k$ 为纵坐标、$1/T$ 为横坐标作图，得一直线，根据该直线的斜率计算反应的活化能，并将各计算结果列在表 4-3 中。

表 4-3　温度对反应速率的影响

实验编号	T/K	$\Delta t/s$	$v/(mol/L \cdot s^{-1})$	k	$\lg k$	$1/T$	$E_a/(kJ/mol)$
3							
6							
7							

(3) 催化剂对反应速率的影响

H_2O_2 溶液在常温下能分解放出 O_2，但分解很慢，如果加入催化剂（如 MnO_2 等），则反应速率立刻加快。

在试管中加入 3mL 30g/L H_2O_2 溶液，观察是否有气泡产生。用牛角匙加入少量固体 MnO_2，观察气泡产生，试证明产生的气体是氧气。

五、思考题

（1）根据实验结果，总结浓度、温度、催化剂对反应速率及反应速率常数的影响。

（2）本实验中量取各反应物时，为什么用量筒而不用移液管来精确量取它们的体积，这样对实验的准确度有无影响？

（3）根据反应方程式能否直接确定反应级数？为什么？

（4）试从你的实验过程或实验结果中，找出可能存在的问题，如何改进及提高？

Ⅱ　化学平衡常数的测定（可见光分光光度法）

一、实验目的

① 了解光度法测定化学平衡常数的原理和方法；

② 学习可见光分光光度计的使用方法。

二、实验原理

化学平衡常数有时可用可见光分光光度法来测定。基本原理如下：

当一束波长一定的单色光通过有色溶液时，溶液对光的吸收程度和溶液中有色物质的浓度及溶液厚度成正比。

设 b 为溶液的厚度，c 为溶液的物质的量浓度，I_0 为入射光的强度，I 为透过光的强度，由朗伯－比尔定律，有：

$$A = \lg \frac{I_0}{I} = \varepsilon bc$$

式中，A 为吸光度，表示光通过溶液时被吸收的程度；ε 在指定的条件下是一个常数，称为摩尔吸收系数。

当入射光波长 λ 及光程 b 一定时，在一定的浓度范围内，有色物质的吸光度与其浓度 c 成正比，因此对于组成相同、浓度不同的两个有色溶液，有：

$$\frac{A_1}{A_2} = \frac{c_1}{c_2}, c_2 = \frac{A_2}{A_1} c_1$$

式中，若 c_1 为标准溶液的浓度，A_1 为标准溶液的吸光度，测得待测溶液的吸光度 A_2，就可由上式求出待测溶液的浓度 c_2。

本实验通过可见光分光光度法测定下列化学反应的平衡常数 $K^{\ominus}$。

$$Fe^{3+} + HSCN \Longrightarrow [Fe(SCN)]^{2+} + H^+$$

$$K^{\ominus} = \frac{(c^{eq}_{[Fe(SCN)]^{2+}}/c^{\ominus})(c^{eq}_{H^+}/c^{\ominus})}{(c^{eq}_{Fe^{3+}}/c^{\ominus})(c^{eq}_{HSCN}/c^{\ominus})}$$

因为 $c^{\ominus} = 1mol/L$，所以上式可变为：

$$K^{\ominus} = \frac{c^{eq}_{[Fe(SCN)]^{2+}} \cdot c^{eq}_{H^+}}{c^{eq}_{Fe^{3+}} \cdot c^{eq}_{HSCN}}$$

反应中 Fe^{3+}、HSCN 和 H^+ 近似是无色的，而 $[Fe(SCN)]^{2+}$ 是深红色，所以 $[Fe(SCN)]^{2+}$ 的平衡浓度可以用已知浓度的 $[Fe(SCN)]^{2+}$ 标准溶液通过光度法测得。然后由 Fe^{3+}、HSCN 和 H^+ 的初始浓度，求出各物质的平衡浓度，再代入上述平衡常数表达式中，就可以计算出该反应的化学平衡常数。

本实验中的 $[Fe(SCN)]^{2+}$ 标准溶液可以根据下面的假设配制：当 $c_{Fe^{3+}} \gg c_{HSCN}$ 时，反应中 HSCN 可以全部转化为 $[Fe(SCN)]^{2+}$，因此 $[Fe(SCN)]^{2+}$ 标准溶液的浓度等于 HSCN 的初始浓度。本实验各溶液的初始浓度为：

$$c_{Fe^{3+}} = 0.100mol/L, c_{HSCN} = 2.00 \times 10^{-4}mol/L$$

由于 Fe^{3+} 会水解产生一系列有色离子而干扰测定，所以系统中应控制较高酸度。本实验中用 HNO_3 保持 H^+ 浓度为 $0.5mol/L$，以阻止 Fe^{3+} 的水解，并使 HSCN 保持未离解状态。

三、仪器与试剂

（1）仪器：可见光分光光度计，烧杯，移液管。

（2）试剂：$Fe(NO_3)_3$ 溶液（$0.00200mol/L$，$0.200mol/L$），KSCN 溶液（$0.00200mol/L$），浓 H_2NO_3。

注：$Fe(NO_3)_3$ 溶液是将一定量的 $Fe(NO_3)_3 \cdot 9H_2O$ 溶于 $1.0mol/L$ HNO_3 中配成，HNO_3 的浓度应尽量准确，以免影响 H^+ 浓度。

四、实验内容

（1）溶液的配制

① $2.00 \times 10^{-4}mol/L[Fe(SCN)]^{2+}$ 标准溶液的配制　在洁净干燥的 1 号小烧杯中加入 $10.00mL$ $0.200mol/L$ Fe^{3+} 溶液、$2.00mL$ $0.00200mol/L$ KSCN 溶液和 $8.00mL$ H_2O，加数滴浓 HNO_3，使 H^+ 浓度为 $0.5mol/L$，充分混匀。

② 待测溶液的配制　按表 4-4 中各物质的体积，于 2～5 号洁净干燥的小烧杯中分别依次加入 $0.00200mol/L$ Fe^{3+} 溶液、$0.00200mol/L$ KSCN 溶液和水，再各加入数滴浓 HNO_3，使 H^+ 浓度为 $0.5mol/L$，充分混匀。

表 4-4　待测溶液的试剂用量

烧杯编号	$V_{Fe^{3+}}$/mL	V_{KSCN}/mL	V_{H_2O}/mL
2	5.00	5.00	0.00
3	5.00	4.00	1.00
4	5.00	3.00	2.00
5	5.00	2.00	3.00

（2）吸光度的测定

用可见光分光光度计，在波长 447nm 处，以去离子水为参比，测定 1～5 号溶液的吸光度，并将结果记录在表 4-5 中。

表 4-5　平衡常数测定实验数据和结果（$T=$　　℃）

烧杯编号		1	2	3	4	5
吸光度 A						
初始浓度 /(mol/L)	$c_{Fe^{3+}}$（始）					
	c_{HSCN}（始）					
平衡浓度 /(mol/L)	$c_{H^+}^{eq}$					
	$c_{[Fe(SCN)]^{2+}}^{eq}$					
	$c_{Fe^{3+}}^{eq}$					
	c_{HSCN}^{eq}					
$K^{\ominus}=\dfrac{c_{[Fe(SCN)]^{2+}}^{eq} \cdot c_{H^+}^{eq}}{c_{Fe^{3+}}^{eq} \cdot c_{HSCN}^{eq}}$						
$\overline{K^{\ominus}}$						

（3）计算化学平衡常数

附：各物质平衡浓度的计算方法

$$c_{H^+}^{eq}=\frac{1}{2}c_{HNO_3}=0.5\text{mol/L}$$

$$c_{[Fe(SCN)]^{2+}}^{eq}=\frac{A_2}{A_1}c_{[Fe(SCN)]^{2+},\text{标准}}$$

$$c_{Fe^{3+}}^{eq}=c_{Fe^{3+}}（始）-c_{[Fe(SCN)]^{2+}}^{eq}$$

$$c_{HSCN}^{eq}=c_{HSCN}（始）-c_{[Fe(SCN)]^{2+}}^{eq}$$

五、思考题

（1）本实验中所用的 $Fe(NO_3)_3$ 溶液为何要用 HNO_3 溶液配制？HNO_3 浓度对平衡常数的测定有何影响？

（2）使用分光光度计和比色皿有哪些注意事项？

（3）试从你的实验过程或实验结果中，找出可能存在的问题，如何改进及提高？

实验 11　弱酸解离常数的测定

一、实验目的

① 熟悉酸度计的使用方法；

② 学习利用测定弱酸和缓冲溶液 pH 的方法来测定弱酸的解离常数。

二、实验原理

HAc 是一种常见的一元弱酸，在水溶液中存在如下解离平衡：

$$HAc \rightleftharpoons H^+ + Ac^-$$

根据其解离平衡，可推导出 $[H^+]$ 的最简计算式：

$$[H^+]=\sqrt{cK_a^{\ominus}}$$

因此，用酸度计测出一定浓度的 HAc 溶液的 pH，可计算出 HAc 的 $K_a^{\ominus}$。

缓冲溶液一般是由弱酸及其共轭碱或弱碱及其共轭酸组成。对于弱酸及其共轭碱组成的缓冲溶液，有：

$$pH=pK_a^{\ominus}+\lg\frac{c_{共轭碱}}{c_{酸}}$$

当 $c_{酸}=c_{共轭碱}$ 时，有 $pH=pK_a^{\ominus}$。

请参见 1.6.2，试应用计算机进行数据处理，并做出电子版实验报告。

三、仪器与试剂

(1) 仪器：酸度计，玻璃电极，饱和甘汞电极（本实验也可用复合电极代替玻璃电极和饱和甘汞电极），酸式滴定管，碱式滴定管，烧杯。

(2) 试剂：HAc 溶液(约 0.1mol/L，精确到 0.01)，NaAc 溶液(约 0.1mol/L，精确到 0.01)。

四、实验内容

(1) 不同浓度 HAc 溶液的配制

准备 5 个有编号的洁净小烧杯。按照表 4-6 中所列的体积，用两支滴定管分别在 1～4 号烧杯中准确加入一定量的 HAc 标准溶液和去离子水，混合均匀。

(2) 缓冲溶液的配制

分别用 2 支滴定管在 5 号烧杯中准确加入 25.00mL HAc 标准溶液和 25.00mL NaAc 标准溶液，混合均匀。

(3) 溶液 pH 的测定

用酸度计按照由稀到浓的顺序分别测量 1～4 号溶液的 pH，仔细洗净电极后再测量 5 号溶液的 pH。

(4) 数据记录和处理

各溶液的 pH 测定值及解离常数计算值见表 4-6。

表 4-6　HAc、NaAc 的试剂用量及测定结果（测定温度＝　　　℃）

烧杯编号	$V_{HAc,标准}$ /mL	$V_{去离子水}$ /mL	$c_{HAc,配制}$ /(mol/L)	pH	离解常数 $K_a^{\ominus}$		
					$K_a^{\ominus}$	$\overline{K_a^{\ominus}}$	$pK_a^{\ominus}$
1	5.00	45.00					
2	10.00	40.00					
3	25.00	25.00					
4	50.00	0.00					
5	25.00	25.00mL NaAc 标准溶液					

五、思考题

(1) 实验中所用的烧杯是否要用 HAc 溶液润洗？

(2) 测量 HAc 解离常数所用的 HAc 溶液浓度大点好还是小点好？为什么？

(3) 测定不同浓度 HAc 溶液的 pH 时为什么要按照由稀到浓的顺序进行？

(4) 通过测定等浓度的 HAc 和 NaAc 混合溶液的 pH 值来确定 HAc 的解离常数的基本原理是什么？

(5) 试从你的实验过程或实验结果中，找出可能存在的问题，如何改进及提高？

实验 12 硫酸钙溶度积的测定（离子交换法）

一、实验目的

① 了解离子交换树脂的处理和使用方法；

② 学习并掌握离子交换法测定硫酸钙溶度积的原理和方法；

③ 进一步熟悉酸度计的使用。

二、实验原理

离子交换树脂是分子中含有活性基团而能与其他物质进行离子交换的高分子化合物。含有酸性基团而能与其他物质交换阳离子的称为阳离子交换树脂，含有碱性基团而能与其他物质交换阴离子的称为阴离子交换树脂。本实验中采用强酸型阳离子交换树脂交换硫酸钙饱和溶液中的 Ca^{2+}。反应如下：

$$2R—SO_3H+Ca^{2+}\rightleftharpoons(R—SO_3)_2Ca+2H^+$$

由于硫酸钙是微溶盐，其溶解部分除 Ca^{2+} 和 SO_4^{2-} 离子外，还有离子对（分子）形式的硫酸钙存在于水溶液中，饱和溶液中存在下列平衡：

$$CaSO_4(aq)\rightleftharpoons Ca^{2+}+SO_4^{2-}$$

解离常数 $\quad K_d^\ominus=\dfrac{[Ca^{2+}][SO_4^{2-}]}{[CaSO_4(aq)]}\qquad$（已知 25℃时，$K_d^\ominus=5.2\times10^{-3}$）

当溶液流经树脂时，由于 Ca^{2+} 被交换，上述平衡向右移动，$CaSO_4(aq)$ 离解，结果全部 Ca^{2+} 被交换为 H^+，从流出液的 $[H^+]$ 可计算出 $CaSO_4$ 的溶解度 s（以 mol/L 表示）：

$$s=[Ca^{2+}]+[CaSO_4(aq)]=[H^+]_{25}/2$$

$$[H^+]_{25}=[H^+]_{100}\times(100/25)$$

式中，$[H^+]_{25}$ 为 25mL 溶液完全交换后的 $[H^+]$ 浓度；$[H^+]_{100}$ 为稀释至 100mL 后测定的 $[H^+]$ 浓度。

溶液的 pH 可由酸度计测定。

设饱和 $CaSO_4$ 溶液中 $[Ca^{2+}]=c$，则 $[SO_4^{2-}]=c$

则 $[CaSO_4(aq)]=\dfrac{[H^+]_{25}}{2}-c$，而 $\dfrac{[H^+]_{25}}{2}=s$

由于 $\qquad\qquad\qquad K_d^\ominus=\dfrac{[Ca^{2+}][SO_4^{2-}]}{[CaSO_4(aq)]}$

所以 $\qquad\qquad\qquad\dfrac{c^2}{s-c}=5.2\times10^{-3}$

$$c^2+5.2\times10^{-3}c-5.2\times10^{-3}s=0$$

$$c=\dfrac{-5.2\times10^{-3}+\sqrt{2.7\times10^{-5}+2.08\times10^{-2}s}}{2}\text{（负值舍去）}$$

则 $\qquad\qquad\qquad k_{sp}^\ominus=[Ca^{2+}][SO_4^{2-}]=c^2$

三、仪器与试剂

(1) 仪器：酸度计，烧杯，容量瓶，移液管，离子交换柱，pH 试纸。

(2) 试剂：$CaSO_4$ 溶液（饱和），HCl 溶液（2.0mol/L）。

四、实验内容

(1) 装柱

在交换柱底部填入少量玻璃纤维，将用去离子水浸泡 24～48h 的钠型阳离子交换树脂和去离子水的糊状物注入交换柱内，用塑料通条赶尽树脂间气泡，保持液面略高于树脂。

（2）转型

为保证 Ca^{2+} 完全交换成 H^+，必须将钠型完全转变为氢型，否则将使实验结果偏低。用 130mL 2.0mol/L HCl 溶液以每分钟 30 滴的流速流过离子交换树脂，然后用去离子水淋洗树脂直到流出液呈中性为止。

以上操作由实验室人员课前准备完毕。

（3）交换和洗涤

用移液管准确量取 25mL $CaSO_4$ 饱和溶液，放入离子交换柱中。开始时流出液为中性水溶液，可以用小烧杯承接，流出速度控制在每分钟 20～25 滴，不宜太快。当液面下降到略高于树脂时，加 25mL 去离子水洗涤，流速仍为每分钟 20～25 滴。当液面再次下降到接近树脂时，再补充 25mL 去离子水洗涤。当小烧杯中的水约有 40～50mL 时，此时开始用 pH 试纸检验流出液是否呈酸性。当流出液稍显酸性时，立即用 100mL 容量瓶承接流出液。再次用水洗涤时，流速可稍快，每分钟 40～50 滴，至流出液的 pH 接近 7 为止（用 pH 试纸检验）。旋紧螺旋夹，移走容量瓶。注意在每次加液体前，液面应高于树脂 2～3cm，这样既不会带进气泡，又尽可能减少溶液的混合，可提高交换和洗涤的效果。

（4）氢离子浓度的测定

向装有流出液的 100mL 容量瓶中加入去离子水至刻度，充分摇匀，用酸度计测定溶液的 pH，计算 $[H^+]$。

（5）数据记录与处理

记录、处理实验数据并填入表 4-7。计算时 $K_d^{\ominus}$ 近似取用 25℃的数据。

表 4-7 硫酸钙溶度积的测定结果

通过交换柱的 $CaSO_4$ 饱和溶液体积/mL		流出液的$[H^+]_{25}$/(mol/L)	
流出液的 pH（测定）		$CaSO_4$ 的溶解度 s/(mol/L)	
流出液的$[H^+]_{100}$/(mol/L)		$CaSO_4$ 的溶度积 $k_{sp}^{\ominus}$	

五、思考题

（1）为什么刚开始流出液可以不用容量瓶承接？

（2）为什么要将交换下来的 H^+ 全部承接在容量瓶中？

（3）操作过程中，为什么要控制液体的流速不宜太快？

（4）试从你的实验过程或实验结果中，找出可能存在的问题，如何改进及提高？

附： $CaSO_4$ 的溶解度见表 4-8。

表 4-8 $CaSO_4$ 溶解度的文献值

温度/℃	0	10	20	30
溶解度 s/(mol/L)	$1.29×10^{-2}$	$1.43×10^{-2}$	$1.50×10^{-2}$	$1.54×10^{-2}$

实验 13 邻菲啰啉合铁（Ⅱ）配合物组成及稳定常数的测定

一、实验目的

① 了解可见光分光光度法在测定配合物组成及稳定常数方面的应用；

② 了解连续变化法测定配合物组成的基本原理。

二、实验原理

可见光分光光度法是测定配合物组成及其稳定常数的最有用的方法之一。其方法又包括连续变化法（或称等摩尔系列法）、摩尔比法、平衡移动法、直线法、斜率比法等。本实验采用连续变化法测定邻菲啰啉合铁（Ⅱ）配合物的组成和稳定常数。

设金属离子 M 和配位剂 R 形成一种有色配合物 MR_n（电荷省略）。反应如下：

$$M + nR \rightleftharpoons MR_n$$

测定配合物组成，就是要确定 MR_n 中的 n。

连续变化法是在保持每份溶液中金属离子的浓度 c_M 与配位剂的浓度 c_R 之和不变（即总的物质的量不变）的前提下，改变 c_M 与 c_R 的相对比值，配制一系列溶液，在 MR_n 的最大吸收波长下，测定每份溶液的吸光度 A。当 A 达到最大，即 MR_n 浓度最大时，该溶液中 c_R/c_M 比值即为配合物的组成比 n。若以吸光度 A 为纵坐标，$c_M/(c_{M+}c_R)$ 的比值为横坐标作图，即可绘出连续变化法曲线。见图 4-1，从曲线外推的交点所对应的 $c_M/(c_{M+}c_R)$ 值，即可求出配合物的组成 M 和 R 之比。如图中最大吸光度所对应的 $c_M/(c_{M+}c_R)$ 为 0.33，$c_M/c_R = 0.33/0.67$，表明配合物组成比为

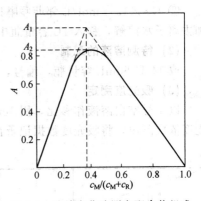

图 4-1　连续变化法测定配合物组成

M∶R＝1∶2，本法适用于溶液中只形成一种离解度较小、配位比低的配合物组成的测定。

为方便起见，实验中配制浓度相同的 M 和 R 的溶液，在维持溶液总体积不变的条件下，按不同体积比配成一系列 M 和 R 的混合溶液，它们的体积之比就是浓度之比。

将曲线两边的直线部分延长得一交点，对应的吸光度为 A_1，它应是金属离子与配位剂全部形成配合物时的吸光度，而曲线最高点吸光度为 A_2。A_2 较 A_1 小，这是由于配合物的离解引起的。设配合物的离解度为 α，则

$$\alpha = \frac{A_1 - A_2}{A_1}$$

对于配位反应

$$M + nR = MR_n$$

起始浓度　　　　　0　　　　0　　　　c

平衡浓度　　　　$c\alpha$　　　$nc\alpha$　　$c-c\alpha$

其中 c 为配合物总浓度。则配合物的稳定常数 $K^{\ominus}$ 为：

$$K^{\ominus} = \frac{[MR_n]}{[M][R]^n} = \frac{c-c\alpha}{c\alpha(nc\alpha)^n} = \frac{1-\alpha}{(nc)^n \alpha^{n+1}}$$

在 pH 为 2~9 的溶液中，邻菲啰啉与 Fe^{2+} 生成稳定的橙红色配合物：

$$Fe^{2+} + 3 \; \text{（邻菲啰啉）} \longrightarrow \left[\text{（邻菲啰啉）}_3 Fe \right]^{2+}$$

配合物的最大吸收波长约为 510nm。

三、仪器与试剂

(1) 仪器：可见光分光光度计，吸量管，容量瓶，烧杯，比色皿。

（2）试剂：铁标准溶液（1.8×10^{-3} mol/L），邻菲啰啉标准溶液（1.8×10^{-3} mol/L），HCl 溶液（1mol/L），盐酸羟胺溶液（20g/L），醋酸钠溶液（1mol/L）。

四、实验内容

（1）标准溶液的配制（由实验教师准备）

① 1.8×10^{-3} mol/L 铁标准溶液　准确称取 0.7030g 硫酸亚铁铵[$(NH_4)_2Fe(SO_4)_2 \cdot 6H_2O$]于 100mL 烧杯中，加入 100mL 1mol/L HCl 溶液，搅拌，完全溶解后，移入 1L 容量瓶中并用去离子水稀释至刻度，摇匀。

② 1.8×10^{-3} mol/L 邻菲啰啉标准溶液　准确称取 0.3244g 邻菲啰啉于 100mL 烧杯中，加去离子水溶解，移入 1L 容量瓶中，稀释至刻度，摇匀。

（2）待测溶液的配制

取 11 只 50mL 容量瓶，编号，按表 4-9 配制一系列待测溶液。

（3）吸光度测定

以 1 号空白溶液作参比，用 1cm 比色皿，以 510nm 为测量波长，将 2～11 号溶液的吸光度依次测出，将吸光度数据记录在表 4-10 中。

表 4-9　试剂用量表

试剂 ＼ 编号	1	2	3	4	5	6	7	8	9	10	11
铁标准溶液/mL	0.00	0.50	1.00	1.50	2.00	2.50	3.00	3.50	4.00	4.50	5.00
邻菲啰啉标准溶液/mL	5.00	4.50	4.00	3.50	3.00	2.50	2.00	1.50	1.00	0.50	0.00
盐酸羟胺溶液/mL	2	2	2	2	2	2	2	2	2	2	2
1mol/L 醋酸钠溶液/mL	5	5	5	5	5	5	5	5	5	5	5

（4）数据记录与处理

见表 4-10。

表 4-10　邻菲啰啉合铁（Ⅱ）配合物的组成及稳定常数测定结果

编号项目	1	2	3	4	5	6	7	8	9	10	11
$V_{Fe}/(V_{Fe}+V_{邻})$	0.00	0.10	0.20	0.30	0.40	0.50	0.60	0.70	0.80	0.90	1.00
吸光度 A											
n											
α											
$K^{\ominus}$											

五、思考题

（1）本实验中盐酸羟胺、醋酸钠的作用各是什么？

（2）在测吸光度时，如果温度有变化，对测定的配合物稳定常数有何影响？

（3）试从你的实验过程或实验结果中，找出可能存在的问题，如何改进及提高？

实验 14　二氧化碳分子量的测定

一、实验目的

① 了解利用气体相对密度法测定气体相对分子质量的原理和方法；

② 进一步熟悉分析天平的使用。

二、实验原理

根据阿伏伽德罗定律，在同温同压下，相同体积的任何气体含有相同数目的分子。因此，在同温同压下，同体积的两种气体的质量之比等于分子质量之比，其关系可用下式表示：

$$\frac{m_1}{m_2} = \frac{M_1}{M_2}$$

式中，m_1 为第一种气体的质量，M_1 为其相对分子质量；m_2 为同温同压下，同体积的第二种气体的质量，M_2 为其相对分子质量。

如果以 D 表示气体的相对密度，则：

$$D = \frac{m_1}{m_2} = \frac{M_1}{M_2} \quad \text{或} \quad M_1 = DM_2$$

所以某气体的相对分子质量等于该气体对另一气体的相对密度乘上后一气体的相对分子质量。

如果以 $D_{空气}$ 表示某气体对空气（其平均相对分子质量为 28.96）的相对密度，则该气体的相对分子质量 M_x 可以从下式求得：

$$M_x = 28.96 D_{空气}$$

因此，只要通过实验测得一定体积的二氧化碳的质量，并根据实验时的大气压和温度，计算出同体积的空气的质量，即可求出二氧化碳对空气的相对密度，从而求出二氧化碳的相对分子质量。

三、仪器与试剂

(1) 仪器：启普发生器，分析天平，气压计，洗气瓶，锥形瓶，量筒，大烧杯，软木塞，温度计。

(2) 试剂：大理石、浓硫酸、6mol/L 盐酸，饱和 $NaHCO_3$ 溶液。

四、实验内容

(1) 二氧化碳的制备

二氧化碳由盐酸与大理石（$CaCO_3$）反应制得，装置如图 4-2 所示。

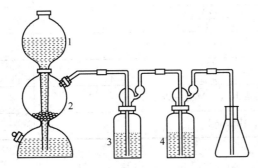

图 4-2　制备二氧化碳的装置
1—盐酸；2—$CaCO_3$；3—$NaHCO_3$ 溶液；4—浓硫酸

在启普发生器中放入大理石，加入 6mol/L 盐酸。打开旋塞，盐酸即从底部上升与大理石反应，产生二氧化碳。产生的气体经过两个洗气瓶 3 和 4（瓶 3 内装 $NaHCO_3$ 溶液，用以除去二氧化碳气体中的氯化氢和其他可溶性杂质；瓶 4 内装浓硫酸，用来干燥二氧化碳），然后经导管放出。

如果实验室中备有 CO_2 钢瓶，则 CO_2 也可从钢瓶中直接取得。从钢瓶出来的 CO_2 先经过一只 10L 的缓冲瓶，然后分成几路导出，同时供几个学生使用。每一路导管都应装有旋塞，使用时打开，不用时关闭。钢瓶的阀门应该由教师控制，CO_2 的流速可以根据浓硫酸中冒出气泡的快慢来控制。CO_2 流速不宜太大，否则钢瓶内 CO_2 迅速蒸发而产生低温，使出来的 CO_2 温度过低，以致由于温度的变动而使称量不准。

（2）二氧化碳分子量的测定

取一只 250mL 烘干的洁净锥形瓶，用一个紧密合适的软木塞塞紧（塞子塞入瓶颈的深度应用橡皮圈标明），放在分析天平上称出其质量 m_1（准确至 0.001g）。拔去塞子，将启普发生器的导气管插入锥形瓶的底部。打开旋塞通入 CO_2 约 2～3min 后，将塞子塞到橡皮圈所标明的位置上，再放在原来的天平上称量。为了保证瓶内空气完全被二氧化碳代替，可再通入 CO_2 2～3min，然后再称质量。重复进行这一操作，直至两次称量的结果相差不超过 1mg 为止。记下装满 CO_2 的锥形瓶的质量 m_2。

为了测定锥形瓶的体积，可将锥形瓶装水至橡皮圈所标明的位置，塞上塞子，然后在台秤上称量其质量 m_3。$m_3 - m_1$ 即为水的质量（空气的质量在这里可忽略不计）。由水的质量即可求出锥形瓶的容积 V。

观察并记录实验时的室温和气压计读数。

（3）实验数据记录与处理

将记录的实验数据与处理结果填在表 4-11 中。

表 4-11　二氧化碳分子量的测定

项　　目	数据记录及处理结果
实验时的室温 T/K	
实验时的大气压 p/Pa	
装满空气的锥形瓶和塞子的质量 m_1/g	
装满 $CO_2(g)$ 的锥形瓶和塞子的质量 m_2/g	
装满水的锥形瓶和塞子的质量 m_3/g	
锥形瓶的容积 V/mL　$V = \dfrac{m_3 - m_1}{1.0}$	
锥形瓶内空气的质量 $m_{空气}/g$　$m_{空气} = \dfrac{pVM_{空气}}{RT}$	
锥形瓶内 CO_2 的质量 m_{CO_2}/g　$m_{CO_2} = m_2 - m_1 + m_{空气}$	
CO_2 对空气的相对密度 $D_{空气}$　$D_{空气} = \dfrac{m_{CO_2}}{m_{空气}}$	
CO_2 的相对分子质量 $M_{CO_2}/(g/moL)$　　$M_{CO_2} = 28.96 D_{空气}$	
相对误差/%（文献值 $M_{CO_2} = 44.01g/mol$）	

五、思考题

（1）从启普发生器制取的二氧化碳为什么要通过碳酸氢钠溶液和浓硫酸？

（2）如何确认锥形瓶中已充满二氧化碳？

（3）为什么装满二氧化碳的锥形瓶和塞子的质量要在分析天平上称量，而装满水的锥形瓶和塞子的质量可以在台秤上称量？

（4）试从你的实验过程或实验结果中，找出可能存在的问题，如何改进及提高？

第 5 章　物质的分离与分析

本章实验在预习时请更多地关注第 2 章中容量瓶、移液管与吸量管、滴定管的基本操作以及所涉及的实验单元操作的基本要求。预习中请根据具体实验，参阅《无机及分析化学》、《分析化学》等教材中"酸碱滴定"、"沉淀滴定及重量分析或称量分析"、"配位滴定"、"氧化还原滴定"，以及"可见光分光光度法或吸光光度法"、"分离方法"等相关内容。

实验 15　分析天平的称量练习

一、实验目的
① 掌握分析天平的称量方法；
② 加深对有效数字的认识。

二、实验原理
分析天平可直接称取某一物体的质量，也可以用减量法称取某些易吸水、易吸收空气中 CO_2 的物质，即两次称重之差就是所要称取物质的质量（见 2.2.2）。

预习时请设计出符合要求的预习报告。

三、仪器与试剂
(1) 仪器：电子分析天平，称量瓶，表面皿，锥形瓶。
(2) 试剂：固体粉末试样。

四、实验内容
(1) 直接称量法称取盛有粉末试样的称量瓶的质量

采用直接称量法准确称量（称准至 0.1mg）一只盛有粉末试样的称量瓶的质量。

(2) 减量法称取一定质量范围的粉末样品

采用不去皮的操作，准确称取一份 0.2～0.3g 的粉末样品，精确到 0.1mg。

取 2 个洁净的锥形瓶，分别用去皮操作的方式，称取两份质量为 0.2～0.3g 的样品，精确到 0.1mg。

(3) 固定质量称量法

称取一份质量为 (0.5000±0.0003)g 的粉末样品于洁净的表面皿上。

五、思考题
(1) 试样的称量方法有几种？各如何操作？各有什么优缺点？
(2) 减量法称量时，怎样操作才能保证称量正确无误？
(3) 在减量法称量过程中，若称量瓶内的样品吸湿，对称量结果有无影响？若试样倒入锥形瓶后再吸湿，对称量结果有无影响？
(4) 分析天平的灵敏度越高，是否称量的准确度就越高呢？
(5) 为什么称量时，物体必须放在天平盘的中央？

实验 16　酸碱标准溶液的配制与滴定分析基本操作练习

一、实验目的

① 认识滴定分析常用仪器（滴定管、容量瓶、移液管、锥形瓶等）；
② 掌握滴定分析常用仪器的正确洗涤方法和操作；
③ 学会标准溶液的配制及粗略判断所配酸碱标准溶液浓度的方法；
④ 初步学会滴定终点的判断；
⑤ 初步学会滴定基本操作、容量瓶及移液管的基本操作。

二、实验原理

酸碱标准溶液配制的方法采用间接法（见 2.4.2）。

如果按照规范的操作配制，两种标准溶液的浓度均应接近 0.2mol/L。但是，在初学阶段，由于各种原因，所配的酸或碱标准溶液的浓度可能会稍远离 0.2mol/L。粗略判断的方法可以借鉴"酸碱标准溶液浓度的比较"（见实验 18），即用碱标准溶液滴定酸标准溶液，若所配浓度基本一致，两种标准溶液的体积比应等于 1：

$$\frac{c_{HCl}}{c_{NaOH}} = \frac{V_{NaOH}}{V_{HCl}}$$

预习时请设计出符合要求的预习报告。

三、仪器与试剂

（1）仪器：滴定管，容量瓶，移液管，锥形瓶，烧杯，量筒，电子天平，试剂瓶。
（2）试剂：浓 HCl（AR），NaOH（AR），酚酞指示剂。

四、实验内容

（1）酸碱标准溶液的配制

① 器皿的洗涤　请根据以下溶液配制的内容，将相关的器皿按要求洗涤至符合要求。

② 0.2mol/L HCl 溶液的配制　1000mL 试剂瓶中先倒入一定体积的去离子水。取浓 HCl 约＿＿＿mL（自己计算）倒入试剂瓶中，瓶口用洗瓶吹洗，再用去离子水稀释至 1L，盖上瓶塞，摇匀（再次提醒：盐酸之类的标准溶液配制应在通风橱中进行！具体操作可观看微视频）。

③ 0.2mol/L NaOH 溶液的配制　称取固体氢氧化钠＿＿＿g（自己计算）于 250mL 洁净且外壁干燥的烧杯中。加水约 100mL，搅拌，使氢氧化钠全部溶解，转入 1000mL 试剂瓶中。烧杯及玻璃棒用洗瓶适当吹洗，洗涤液并入试剂瓶内。加去离子水稀释到 1L，用橡皮塞塞好瓶口，充分摇匀。

再次提醒：试剂配好后，贴上标签，写上溶液名称、浓度、配制日期以及学号，以防混淆。

（2）滴定练习

① 器皿的洗涤　将滴定管、锥形瓶、量筒等玻璃器皿洗涤至符合要求。
② 滴定管的准备　见 2.14.1。
③ 滴定操作练习　将酸式滴定管、碱式滴定管分别装入去离子水，练习滴定管的使用（见 2.14.2）。

重点在于滴定管下端出口处（碱式滴定管的乳胶管内）气泡的排除操作；滴定管的操作手势；锥形瓶的摇动；学会调节液面至 0.00mL 以及正确读取滴定管读数；酸式滴定管和碱式滴定管的几种滴定方式，快速（连续滴加）、中速（一滴接着一滴）及慢速（逐滴或半滴，即悬而未落）滴定；滴定与锥形瓶摇动的协调。

（3）酸碱滴定

分别用待盛取的标准溶液润洗相应的滴定管，洗三次。然后将滴定管装满相应的标准溶液，赶除下端出口附近的气泡。补加标准溶液至滴定管中溶液的弯月面在零刻度线以上约 1～2mL，静止 1min。按规范的操作手势，缓慢将溶液的弯月面底部实影调至零刻度线略在零的下面，准确读取初始读数（初读数），并记录在报告本上（再次提醒：数据不得随便记在纸片或草稿纸上，应采用蓝黑或黑色墨水笔记录，不得涂改，不得采用橡皮擦或涂改液，或改正带）。

由酸式滴定管放出 20～30mL（在这个区间内，最后大约 2mL 体积必须逐滴滴加。滴加完毕，静止约 1min 再读取实际放出的体积）盐酸溶液于 250mL 锥形瓶中，记下被滴盐酸标准溶液的体积数。加入 50mL 去离子水稀释，再加入 2 滴酚酞指示剂，用氢氧化钠标准溶液滴至出现微红色且 30s 不褪色即为终点，准确读取终点读数（终读数）并记录，核算出所耗氢氧化钠溶液的体积。

重新把滴定管装满标准溶液，按上法再滴定两次（平行滴定，每次滴定应使用滴定管的同一段体积）。

计算氢氧化钠与盐酸标准溶液的体积比。

（4）容量瓶与移液管的操作练习

① 试液的定容与摇匀　将容量瓶塞用绳子或橡皮筋固定在容量瓶瓶颈上（绳子长度以能够正常打开瓶塞为准）。

用自来水模拟练习：容量瓶内先放入约 20～30mL 自来水作为假定试液。取一只 250mL 烧杯盛装自来水，并放入一支滴管。用烧杯中的自来水完成定容操作（见 2.12.2）。

② 溶液的移取　取一支 25mL 移液管，三只锥形瓶，练习完成准确移取 25mL 溶液的操作。至少移取三份。

五、思考题

（1）定量分析所用器皿洗净的标志是什么？为什么？

（2）标准溶液配制的基本方法有哪些？

（3）具有刺激性、腐蚀性、挥发性等溶液在配制时应注意什么？

（4）配制盐酸标准溶液时采用什么量器量取浓 HCl？为什么？

（5）配制氢氧化钠标准溶液时用什么容器称取固体 NaOH？可否使用纸作容器称取固体 NaOH？为什么？

（6）标准溶液倒入滴定管时是直接倒入还是借助于漏斗、小烧杯等器皿？为什么？

（7）标准溶液装入滴定管时，如何保证其浓度不变？由滴定管量取一定量该标准溶液，盛放溶液的烧杯或锥形瓶是否应事先用该标准溶液淋洗 3 次或烘干？

（8）滴定管中装入溶液后，为什么先要把滴定管下端出口处的气泡赶净，然后读取滴定管中液面的读数？如果没有赶净气泡，将对实验的结果产生什么影响？如何检查碱式滴定管橡皮管内是否充满溶液？

（9）酸碱滴定的滴定终点如何判断与控制？

（10）若此酸碱滴定的体积比远离 1，如何判断是哪一种标准溶液的浓度偏高或偏低？请设计实验方案。

（11）容量瓶与移液管怎样洗涤？有没有更好的办法，能使容量瓶、移液管保持清洁，或便于洗涤？

实验 17　容量器皿的校正

一、实验目的

① 了解容量器皿校正的意义和方法；

② 初步掌握滴定管的校正及容量瓶与移液管间相对校正的操作。

二、实验原理

目前我国生产的容量器皿的准确度可以满足一般分析工作的要求。但是，在要求较高的分析工作中，则必须对所用的容量器皿进行校正。

测量容积的基本单位是标准升●，即在真空中质量为 1000g 的纯水，在 3.98℃时所占的体积。

容量器皿的容积随温度改变而有变化。例如在某温度下体积为 1L 的容量瓶，在其他温度时其体积就会比 1L 略大或略小。因此，必须对容量器皿温度作统一规定。标准升规定的温度（3.98℃）太低，不实用，所以采用实际工作时的平均温度。一般用 20℃作为标准温度。我国生产的容量器皿，其容积都是以 20℃为标准的。例如一个标有 20℃ 1L 的容量瓶，表示在 20℃时它的容积是 1 标准升（即真空中重 1000g 的纯水在 3.98℃时所占的体积）。

容量器皿校正的原理是称量器皿中所容纳（或放出）的水重，根据水的密度计算出该容量器皿在 20℃时的容积。由质量换算成体积时，必须考虑三个因素：①水的密度随温度而改变；②温度对玻璃容量器皿胀缩的影响；③在空气中称量时，空气浮力的影响。把上述三项因素考虑在内，可以得到一个总校正值。即可计算出某一温度时须称取多少克水，使它们所占的体积恰好等于 20℃时该容器所指示的体积。

为了便于计算，将 20℃下容量为 1L 的玻璃容器，在不同温度时所盛水的质量列于表 5-1 中。

表 5-1　20℃下容量为 1L 的玻璃容器在不同温度时所盛水的质量

温度／℃	质量／g	温度／℃	质量／g	温度／℃	质量／g	温度／℃	质量／g
0	998.24	11	998.32	22	996.80	33	994.06
1	998.32	12	998.23	23	996.60	34	993.75
2	998.39	13	998.14	24	996.38	35	993.45
3	998.44	14	998.04	25	996.17	36	993.12
4	998.48	15	997.93	26	995.93	37	992.80
5	998.50	16	997.80	27	995.69	38	992.46
6	998.51	17	997.65	28	995.47	39	992.12
7	998.50	18	997.51	29	995.18	40	991.77
8	998.48	19	997.34	30	994.91		
9	998.44	20	997.18	31	994.64		
10	998.39	21	997.00	32	994.34		

【例 5-1】　在 15℃时，某 250mL 容量瓶所盛水的重量为 249.52g，计算该容量瓶在 20℃时的容积是多少？

解：由表 5-1 查得，20℃时容量为 1L 的玻璃容器在 15℃时所盛水的质量为 997.93g，即水的密度（包括容器校正在内）为 0.99793g/mL。

所以容量瓶在 20℃的真正容积为：

● 这里所指的升与国际单位制（SI）升的关系为：1L＝1.0000028L(SL)；1L(SL)＝1dm³＝10⁻³m³。

$$\frac{249.52g}{0.99793g/mL}=250.04mL$$

【例 5-2】 欲使容量瓶在 20℃ 的容积为 500mL，则在 16℃ 应称水多少克？

解： 由表 5-1 查得，20℃ 时容量为 1L 的玻璃容器在 16℃ 时所盛水的质量为 997.80g，则应称取水重为：

$$\frac{997.80g}{1000.0mL}\times500.0mL=498.9g$$

预习时请设计出符合要求的预习报告。

三、仪器与试剂

分析天平，50mL 酸式、碱式滴定管，25mL 移液管，250mL 容量瓶，锥形瓶。

四、实验内容

(1) 滴定管的绝对校正

将洗净的滴定管装去离子水到刻度"0.00"处，放出一段水（约 10mL）于已称重的 50mL 具塞锥形瓶中，称准到 0.01g。再放出一段水于同一锥形瓶中，再称量。如此逐段放出和称量，直到刻度"50"处为止。由各段水的质量计算出滴定管每段的体积。现举例如下。

水温：25℃，水密度：0.9962g/mL，空瓶质量：29.20g，由滴定管中放出 10.10mL 水，其质量为 10.08g，由此算出水的实际体积为：

$$\frac{10.08g}{0.9962g/mL}=10.12mL$$

故滴定管这段容积的误差为 10.12－10.10＝＋0.02mL。将此滴定管的校正实验数据列于表 5-2 中。

表 5-2　滴定管校正实验数据

（水的温度＝25℃，1mL 水＝0.9962g）

滴定管读数	读数的容积/mL	瓶与水的质量/g	水的质量/g	实际容积/mL	校正值/mL	总校正值/mL
0.03		29.20（空瓶）				
10.13	10.10	39.29	10.08	10.12	＋0.02	＋0.02
20.10	9.97	49.19	9.91	9.95	－0.02	0.00
30.17	10.07	59.27	10.09	10.12	＋0.05	＋0.05
40.20	10.03	69.24	9.97	10.01	－0.02	＋0.03
49.99	9.79	79.97	9.83	9.86	＋0.07	＋0.10

表中最后一列为总校正值，例如 0mL 与 10mL 之间的校正值为 ＋0.02，而 10mL 与 20mL 之间的校正值为 －0.02mL，则 0mL 到 20mL 的总校正值为 ＋0.02mL－0.02mL＝0.00mL，据此即可校正滴定时所用去的毫升数。

(2) 移液管与容量瓶的相对校正

① 移液管的校正　将移液管洗净，吸取去离子水达到标线以上，缓缓调节液面到标线，按前述的使用方法将水放入已称重的锥形瓶中，再称重，两次质量之差为量出水的质量，以实际温度时每毫升水的质量来除，即得移液管的真实体积。重复校正以得到精确结果。

② 容量瓶的校正　将洗净的容量瓶干燥，称空瓶重，注入去离子水到标线，附着在瓶颈内壁的水滴应用滤纸吸干，再称得空瓶加水的质量，两次质量之差即为瓶中水的质量，以实验温度每毫升水的质量来除，即得该容量瓶的真实体积。

③ 移液管与容量瓶的相对校正　在多数分析工作中，容量瓶常和移液管配合使用，以移取一定比例的溶液。这时，重要的不是知道移液管和容量瓶的绝对体积，而是要知道它们之间的体积是否成一定比例。例如，用 25mL 移液管从 250mL 容量瓶中吸取的溶液是否准确地为总量的 1/10。校正这种相对关系时，只需用移液管吸取去离子水注入干燥的容量瓶中，如此进行十次后，观察水面是否与标线符合，如果不符合，可以另做一个标记，使用时以此标记为标线，用这一移液管吸取一管溶液，就是容量瓶中溶液体积的 1/10。

五、思考题

（1）在实验中，为何体积的度量有时要很准确，有时则不需要很准确？哪些容量器皿的度量是准确的，哪些容量器皿的度量是不很准确的？

（2）论述滴定管校正的原理。

（3）移液管与容量瓶相对校正的意义何在？

（4）滴定管校正时，若锥形瓶外壁有水珠，可能会造成什么影响？

（5）滴定管校正时，每次去离子水的放出速度太快，且立刻读数，可能会造成什么影响？

（6）容量瓶与移液管相对校正时，移液管洗净但不晾干，使用前用滤纸将移液管外壁水分擦干，而不将其内壁水分吸干，这样做是否可以？为什么？

（7）容量瓶与移液管相对校正时，若移液管放出去离子水于容量瓶后，没按要求停留约 15s 再取出移液管；或用外力（如吹等）使移液管最后一滴去离子水也流入容量瓶；或移液管移取去离子水后，没用滤纸将移液管外壁水分擦干就插入容量瓶中。这三种情况对校正各会造成什么结果？

（8）250mL 容量瓶，若与标线相差＋0.5mL，问此容量的相对误差为多少？若以此容量瓶的原标线为准配制某一基准物溶液，用以标定某一标准溶液的浓度，会造成什么结果？

扩展与链接　"量器校准"标准简介

"GB/T 12810 实验室玻璃仪器　玻璃量器的容量校准和使用方法"

标准规定了玻璃量器容量校准的一般方法，以便在使用中达到最佳准确度。对量器产品标准中的使用方法和容量单位作了补充规定。该标准中的使用方法适用于容量范围为 0.1～2000mL 的小容量量器，包括单标线吸量管、分度吸量管、滴定管，单标线容量瓶、量筒和量杯，不适用于容量范围在 0.1mL 以下的量器，如微量量器。

实验 18　酸碱标准溶液浓度的比较

一、实验目的

① 掌握酸碱滴定法的基本原理；

② 学会标准溶液浓度确定的基本方法；

③ 掌握滴定分析的基本操作；

④ 学会酸碱滴定终点的判断与控制。

二、实验原理

标准溶液浓度确定的基本方法有比较法与标定法。例如氢氧化钠标准溶液浓度的确定，一般采用邻苯二甲酸氢钾或草酸基准物来标定其准确浓度（见"实验 19 氢氧化钠标准溶液浓度的标定"）。如果实验室有一已知准确浓度的盐酸标准溶液，也可以用待确定的氢氧化钠标准溶液滴定该盐酸标准溶液。根据该盐酸标准溶液的准确浓度，所取的准确体积，以及滴定所消耗的氢氧化钠标准溶液的体积，就能确定出氢氧化钠标准溶液的准确浓度。这就是浓度确定中的比较法。

实际的滴定反应是：

$$H^+ + OH^- = H_2O$$

当反应达到化学计量点时，用去的酸与碱的量符合化学反应式所表示的化学计量关系，即：

$$(cV)_{HCl} = (cV)_{NaOH}$$

整理得：

$$\frac{c_{HCl}}{c_{NaOH}} = \frac{V_{NaOH}}{V_{HCl}}$$

由此可见，经过滴定，可确定 NaOH 溶液和 HCl 溶液反应完全时的体积比，从而确定它们的浓度比。如果其中一种标准溶液的浓度是确定的话，则另一种标准溶液的浓度即可求出。

本实验以酚酞为指示剂，用 NaOH 标准溶液滴定 HCl 标准溶液，当指示剂由无色恰好变为微红色时，即表示到达终点。

预习时请参考 1.1.2 设计出符合要求的预习报告。

三、仪器与试剂

（1）仪器：酸式、碱式滴定管，锥形瓶，量筒。

（2）试剂：HCl 标准溶液（0.2mol/L），NaOH 标准溶液（0.2mol/L），甲基橙，酚酞。

四、实验内容

基本采用实验 16 实验内容中"（3）酸碱滴定"的所有步骤，在该实验的基础上能准确地确定出两种标准溶液的浓度比。

五、思考题

（1）使用滴定管时，记录应记准几位有效数字？

（2）在做完第一次比较实验时，滴定管中溶液已差不多用去一半，问做第二次滴定时继续用余下的溶液好，还是将滴定管中标准溶液添加至零点附近再滴定为好？说明原因。

（3）做好本实验的关键是什么？

（4）通过两次滴定实验，对酸碱滴定终点的判断与控制有何体会？

实验 19　氢氧化钠标准溶液浓度的标定

一、实验目的

① 学会用基准物质标定标准溶液浓度的方法；

② 进一步掌握酸碱滴定法的基本原理；

③ 熟悉滴定管的使用，巩固滴定操作。

二、实验原理

邻苯二甲酸氢钾（$KHC_8H_4O_4$，摩尔质量 204.2g/mol）的摩尔质量大，易净化，且不易吸收水分，是标定氢氧化钠溶液的常用基准物。

本实验的滴定反应为：

$$\text{邻苯二甲酸氢钾} \quad + NaOH \longrightarrow \quad \text{邻苯二甲酸钾钠} \quad + H_2O$$

根据此反应，当达到化学计量点时，两种物质的物质的量相等。根据基准物的准确质量 m 以及滴定所消耗的滴定剂的体积 V，就能求得氢氧化钠标准溶液的准确浓度 c。

滴定采用酚酞为指示剂，可以满足准确滴定的要求。滴定由无色滴定至浅粉红色 30s 不褪色为终点。

再次提醒，预习时请参考 1.1.2 设计出符合要求的预习报告（本实验至实验 25，预习报告的格式基本相同）。

三、仪器与试剂

（1）仪器：分析天平，50mL 碱式滴定管或聚四氟乙烯旋塞的滴定管，锥形瓶。

（2）试剂：邻苯二甲酸氢钾（AR），NaOH 标准溶液，酚酞。

四、实验内容

准确称取邻苯二甲酸氢钾三份，每份重约____ g（自己计算），分别放入 250mL 锥形瓶中，加 50mL 去离子水（最好是用煮沸过的中性水），温热使之溶解，冷却。加酚酞指示剂 2 滴，用 NaOH 溶液滴定至溶液呈微红色，30s 内不褪色即为终点。计算 NaOH 标准溶液的浓度 c（预习报告中请列出计算式）。

五、思考题

（1）草酸能否作为标定 0.2mol/L 氢氧化钠标准溶液的基准物质？为什么？

（2）作为定量分析用的基准物质的称量范围是怎样确定的？为什么？

（3）若邻苯二甲酸氢钾加水后加热溶解，不等其冷却就进行滴定，对标定结果有无影响？为什么？

（4）在酸碱滴定中，每次指示剂的用量很少，仅用 1～2 滴或 2～3 滴，为什么不可多用？

（5）若邻苯二甲酸氢钾烘干温度>125℃，致使少部分基准物变成了酸酐，用此物标定 NaOH 溶液时，对 NaOH 溶液的浓度有无影响？若有，有何影响？

（6）试从你的实验过程或实验结果中，找出可能存在的问题，如何改进及提高？

扩展与链接 邻苯二甲酸氢钾相关标准简介

（1）"GB 10730 第一基准试剂 邻苯二甲酸氢钾"

标准规定了第一基准试剂邻苯二甲酸氢钾的性状、规格、试验、检验规则和包装及标志，适用于第一基准试剂邻苯二甲酸氢钾的检验。

（2）"GB 1257 工作基准试剂 邻苯二甲酸氢钾"

该标准规定了工作基准试剂——邻苯二甲酸氢钾的性状、规格、试验、检验规则和包装及标志，适用于滴定分析用工作基准——邻苯二甲酸氢钾的检验。

实验 20　食用白醋中 HAc 含量的测定

一、实验目的

① 进一步掌握强碱滴定一元弱酸的基本原理；

② 学会用已标定的标准溶液来测定未知物的含量；

③ 巩固滴定管的基本操作；

④ 熟悉容量瓶和移液管的使用。

二、实验原理

醋酸的解离常数 $k_a^{\ominus}=1.76\times10^{-5}$，因 $ck_a^{\ominus}\geqslant10^{-8}$，故可用氢氧化钠标准溶液进行直接滴定。

滴定反应：
$$\mathrm{HAc+NaOH}=\!=\!=\mathrm{NaAc+H_2O}$$

强碱滴定一元弱酸的化学计量点处于弱碱性区域，可以采用酚酞为指示剂。需要注意的是，这类滴定的突跃范围相对较窄，且浓度越低，突跃范围越窄。

三、仪器与试剂

（1）仪器：分析天平，50mL 碱式滴定管，25mL 移液管，250mL 容量瓶，锥形瓶。

（2）试剂：醋酸（待测液），邻苯二甲酸氢钾（AR），NaOH 标准溶液，酚酞。

四、实验内容

取一只洁净的 250mL 容量瓶，向指导老师领取待测定的食醋试液，用水稀释至刻度，摇匀。

取 25mL 移液管，吸取稀释后的试液润洗内壁三次。然后准确移取 25mL 稀释后的试液三份，分别放入 250mL 锥形瓶中，加入酚酞指示剂 2 滴。用水吹洗瓶口，并加水 50mL 左右进行稀释。以标准 NaOH 溶液滴定至溶液恰好出现微红色，30 s 不褪色即为终点。根据 NaOH 标准溶液的浓度 c 和滴定时消耗的体积 V，可计算出所取 HAc 的总含量，平行测定三份。

$$m_{\text{HAc}}=(cV)_{\text{NaOH}}\times\frac{M_{\text{HAc}}}{1000}\times\frac{V_{\text{容量瓶}}}{V_{\text{移液管}}}$$

式中　c——NaOH 标准溶液的浓度，mol/L；

　　　V——滴定时消耗 NaOH 溶液的体积，mL；

　M_{HAc}——HAc 的摩尔质量，g/mol。

五、思考题

（1）使用容量瓶定容过程中，为什么要有预摇匀的操作？

（2）为何定容过程中，在接近刻度线约 1~2mL 时需要静止约 1min？后续操作能否不用滴管？

（3）移液操作中，为何移液管与容器的器壁之间要紧靠且成一定角度？

（4）残余在移液管口内的少量试液，最后是否应该吹出或使用其他外力将其弄出？

（5）在滴定 HAc 溶液过程中，经常用去离子水吹洗锥形瓶内壁，使得最后锥形瓶内溶液的体积达到 200mL 甚至更大，问这样做对滴定有无影响？为什么？

（6）试从你的实验过程或实验结果中，找出可能存在的问题，如何改进及提高？

扩展与链接　醋及醋酸相关标准简介

"GB 1903 食品添加剂 冰乙酸（冰醋酸）"　规定了食品添加剂冰乙酸（冰醋酸）的要求、试验方法、检验规则及标志、包装、运输和储存等，适用于由发酵法生产的乙醇为原料制得的冰乙酸。该产品作食品酸味剂使用。

"GB/T 1628 工业用冰乙酸"　规定了工业用冰乙酸的技术要求、试验方法、检验规则及标志、包装、运输、储存和安全，适用于工业用冰乙酸的生产、检验和销售。

"SB/T 10174 食醋的分类"　规定了食醋的定义和分类，适用于各种酿造食醋及调配食醋。

"**GB/T 5009.41 食醋卫生标准的分析方法**"　规定了食醋各项卫生指标的分析方法，适用于食醋各项卫生指标的分析，其中总酸测定的分析步骤按"GB/T 5009.39 酱油卫生标准的分析方法"。

实验 21　盐酸标准溶液浓度的标定

一、实验目的
① 学会使用双色指示剂判断滴定终点；
② 学会分析影响测定结果的主要因素；
③ 进一步巩固酸式滴定管的基本操作。

二、实验原理
无水碳酸钠也是标定盐酸标准溶液浓度的基准物之一。

用盐酸标准溶液滴定碳酸钠，滴定反应为：

$$Na_2CO_3 + 2HCl \Longrightarrow 2NaCl + H_2CO_3$$
$$\downarrow$$
$$H_2O + CO_2 \uparrow$$

当达到化学计量点时，$2n_{碳酸钠} = n_{盐酸}$。根据碳酸钠的准确质量 m，以及滴定所消耗的盐酸标准溶液的体积 V，就能求得盐酸标准溶液的准确浓度 c。

这一滴定反应的化学计量点处于弱酸性区域，可以采用甲基橙为指示剂，以刚呈现橙色为滴定终点。

三、仪器与试剂
（1）仪器：分析天平，酸式滴定管，锥形瓶。
（2）试剂：Na_2CO_3（AR），甲基橙，盐酸标准溶液。

四、实验内容
准确称取＿＿ g 无水碳酸钠 3 份于 3 个 250mL 锥形瓶中，各加 50mL 水，温热，摇动锥形瓶使之溶解，加入 1～2 滴甲基橙指示剂，用盐酸溶液滴定至溶液由黄色恰好变成橙黄色即为终点，记下滴定时消耗盐酸溶液的体积（mL），根据碳酸钠的质量，计算盐酸标准溶液的浓度 c（预习报告中请列出计算式）。

五、思考题
（1）用减量法称取无水碳酸钠的过程中，若称量瓶内的试样吸湿，对称量会造成什么误差？若无水碳酸钠倾入锥形瓶内后再吸湿，对称量是否有影响？为什么？
（2）标定 HCl 溶液可否采用酚酞（变色范围 pH＝8.0～9.6）作指示剂？为什么？
（3）当滴定至接近终点时，要剧烈摇动溶液，为什么？
（4）常用的标定 HCl 溶液的基准物质有哪些？哪种最好？
（5）请比较本实验方法与国标或行标方法的主要异同点，并说明各自的主要优、缺点，本实验方法或行标方法应如何改进或完善？

扩展与链接　无水碳酸钠相关标准简介

"**GB 10735 第一基准试剂 无水碳酸钠**"　规定了第一基准试剂无水碳酸钠的性状、规格、试验、检验规则和包装及标志，适用于第一基准试剂无水碳酸钠的检验。
"**GB 1255 工作基准试剂 无水碳酸钠**"　规定了工作基准试剂无水碳酸钠的性状、规格、试验、检验规则和包装及标志，适用于滴定分析用工作基准无水碳酸钠的检验。

实验 22　工业纯碱中总碱量的测定

一、实验目的
① 进一步巩固用双色指示剂判断滴定终点；
② 学会物质的定量转移操作；
③ 巩固容量瓶、移液管的基本操作；
④ 进一步理解在同一实验中减少系统误差的方法。

二、实验原理
工业纯碱是不纯的碳酸钠，由于制造方法不同，杂质也不同。除主要成分外，还可能有少量的氯化钠、硫酸钠、氢氧化钠或碳酸氢钠等，用盐酸滴定时，除主要成分碳酸钠被中和外，其中少量氢氧化钠或碳酸氢钠也同样被中和，因此测得的是总碱量。测定结果用 $w(\text{Na}_2\text{O})$ 或 $w(\text{Na}_2\text{CO}_3)$ 表示，这是工厂鉴定纯碱质量的测定方法之一。

工业纯碱试样均匀性较差，因此应称取较多试样，使之尽可能具有代表性。

化学反应方程式为：

$$\text{Na}_2\text{CO}_3 + 2\text{HCl} == \text{H}_2\text{O} + \text{CO}_2 \uparrow + 2\text{NaCl}$$

以甲基橙为指示剂。

三、仪器与试剂
(1) 仪器：分析天平，酸式滴定管，移液管，容量瓶，锥形瓶。
(2) 试剂：甲基橙，工业纯碱样品，盐酸标准溶液。

四、实验内容
准确称取 2.0～3.0g 工业纯碱试样于小烧杯中，加少量去离子水使其溶解，必要时可稍加热促进溶解。冷却后，将溶液转入 250mL 容量瓶中，用去离子水润洗烧杯几次，一起转入容量瓶中，加水稀释至刻度，摇匀（请阅读 2.12.2）。

平行移取 25mL 试液 3 份，分别放入 3 个 250mL 锥形瓶中，各加入 20～30mL 去离子水及 1～2 滴甲基橙指示剂，用盐酸溶液分别滴定至溶液由黄色变为橙黄色即为终点，记下滴定时消耗盐酸溶液的体积（mL），计算试样的总碱量，结果用 $w(\text{Na}_2\text{O})$ 表示（预习报告中请列出计算式）。

五、思考题
(1) 工业纯碱中总碱量测定能否用酚酞作指示剂？为什么？
(2) 若试样经加热溶解，不等冷却就转入容量瓶稀释至刻度，但等冷却后才进行测定，对测定结果有无影响，何种影响？
(3) 若试样溶液在转移入容量瓶中的过程中不小心损失了，或盛试液的小烧杯没用去离子水淋洗多次并入容量瓶中。对测定结果有何影响？
(4) 如何用实验的方法判断混合碱的组成？试用实验验证试样的组成。
(5) 试从你的实验过程或实验结果中，找出可能存在的问题，如何改进及提高？

扩展与链接　总碱度测定标准简介

"SL 83 碱度（总碱度、重碳酸盐和碳酸盐）的测定（酸滴定法）"

该标准为行业标准，规定了用酸滴定法测定水中的总碱度、重碳酸盐和碳酸盐。该方法适用一般非浑浊低色度地面水。对于重碳酸盐和碳酸盐的计算，只适用于仅含有氢氧化物、重碳酸盐和碳酸盐组成碱度的水样。

实验 23 碱灰中碱度的测定

一、实验目的
① 了解多元碱滴定过程中 pH 值的变化；
② 掌握双指示剂法测定碱灰中 Na_2CO_3 和 $NaHCO_3$ 的方法。

二、实验原理
用 HCl 滴定碱灰并用甲基橙为指示剂，Na_2CO_3 和 $NaHCO_3$ 均被测定，测定结果用 Na_2O 的质量分数表示，称为总碱度。

如果用酚酞作指示剂，则仅有 Na_2CO_3 被滴定生成 $NaHCO_3$，由两种指示剂测定时消耗的 HCl 体积，可分别计算出碱灰中 Na_2CO_3 和 $NaHCO_3$ 的质量分数。

三、仪器与试剂
(1) 仪器：分析天平，酸式滴定管，移液管，容量瓶，锥形瓶。
(2) 试剂：Na_2CO_3（AR），甲基橙，酚酞，工业纯碱样品，盐酸标准溶液。

四、实验内容
准确称取 3 份 0.15～0.2g 碱灰试样分别置于 3 只 250mL 锥形瓶中，加 50mL 去离子水溶解。加 1 滴酚酞指示剂，溶液呈红色，用 HCl 标准溶液滴定至无色，用去 HCl 溶液的体积记为 V_1。再加 1～2 滴甲基橙，继续用 HCl 标准溶液滴定到溶液由黄色变为橙色，又用去 HCl 溶液的体积记为 V_2。

总碱度的计算公式为：

$$w(Na_2O) = \frac{\frac{1}{2}c_{HCl}(V_1+V_2)\frac{M_{Na_2O}}{1000}}{m_{试样}} \times 100$$

试样中 Na_2CO_3 和 $NaHCO_3$ 质量分数的计算公式请自行列出。

五、思考题
(1) 为什么用酚酞作指示剂时比用甲基橙作指示剂消耗的 HCl 体积少？

(2) 现有某烧碱或碱灰试样，根据本实验步骤中所设定的 V_1 和 V_2，滴定时将有 $V_1 < V_2$，$V_1 = V_2$，$V_1 > V_2$，$V_1 = 0$，$V_2 = 0$ 等五种情况，试分别说明各试样的组成是什么？

(3) 请比较本实验方法与行标方法的主要异同点，并说明各自的主要优、缺点，本实验方法或行标方法应如何改进或完善？

扩展与链接 碱度测定相关标准简介

(1) "GB/T 8309 茶 水溶性灰分碱度测定"简介
该标准规定了茶叶中水溶性灰分碱度测定的原理、仪器和用具、试剂和溶液、测定步骤及结果计算方法，适用于茶叶中水溶性灰分碱度的测定。

(2) "GB/T 7378 表面活性剂 碱度的测定 滴定法"简介
标准规定了测定表面活性剂碱度滴定的通用方法。该标准适用于表面活性剂的溶液、浆状物或粉体，对其以碳酸盐、碳酸氢盐、氢氧化碱或游离有机碱如三乙醇胺这些形式的碱进行测定。所采用的方法只有某种产品的特定标准中指明时才适用，不适用于含肥皂的产品。

实验 24　尿素的测定

一、实验目的

① 学习试样测定前的消化方法；

② 了解酸碱滴定法在测定尿素中的应用。

二、实验原理

尿素 $CO(NH_2)_2$（相对分子质量为 60.06）可以用甲醛法测定。$CO(NH_2)_2$ 经浓硫酸消化后转化为 $(NH_4)_2SO_4$，过量的 H_2SO_4 须以甲基红作指示剂，用 NaOH 溶液滴定至溶液从红色到黄色。然后加入 HCHO，与 NH_4^+ 反应生成质子化六次甲基四胺和 H^+ 离子。再以 NaOH 标准溶液滴定生成的酸，即可测得 $CO(NH_2)_2$ 含氮量。

三、仪器与试剂

（1）仪器：分析天平，烧杯，量筒，表面皿，酒精灯，容量瓶，移液管，锥形瓶，碱式滴定管。

（2）试剂：尿素（粗试样），浓 H_2SO_4（AR），中性甲醛溶液（体积分数 20%），NaOH 溶液（0.1mol/L、2mol/L），酚酞，甲基红。

四、实验内容

称取尿素试样 0.6～0.7g 于 100mL 干燥的烧杯中，加入 6mL 浓 H_2SO_4（用量筒量取）。盖上表面皿，小火加热至无 CO_2 生成，后继续用稍大火加热 1～2min，冷却，吹洗表面皿和烧杯壁。用 30mL 水稀释，并转移至 250mL 容量瓶中，稀释至标线，摇匀。准确移取 25mL 试液于 250mL 锥形瓶中，加 3 滴甲基红指示剂，用 NaOH 溶液中和游离酸（先用 2mol/L NaOH 滴定至溶液的颜色稍微变淡，再继续用 0.1mol/L NaOH 溶液滴定至红色变为纯黄色）。加入 10mL 20% 中性甲醛溶液，充分摇动，放置 5min 后，加 5 滴酚酞指示剂，用 NaOH 标准溶液滴定溶液由纯黄色变为金黄色即为终点。根据实验结果，计算尿素中 N 的质量分数，计算式自拟。

五、思考题

（1）如果中和游离酸的碱加过量了该怎么处理？

（2）为什么加入的甲醛必须是中性的？

（3）中和过量的 H_2SO_4，加入 NaOH 溶液的量是否要准确控制？若过量和不足对结果有何影响？加入的碱量是否要记录？

（4）从滴定开始，溶液颜色由红色→金黄→纯黄→金黄，是哪种指示剂在起作用？

（5）请比较本实验方法与国标或行标方法的主要异同点，并说明各自的主要优、缺点，本实验方法或行标方法应如何改进或完善？

扩展与链接　总氮测定相关标准简介

（1）"GB/T 2441.1 尿素的测定方法　第 1 部分：总氮含量"简介

该标准规定了尿素中总氮含量的测定，适用于由氨和二氧化碳合成制得的尿素总氮含量的测定。

（2）"GB/T 5511 谷物和豆类　氮含量测定和粗蛋白质含量计算　凯氏法"简介

标准规定了用凯氏法测定谷物、豆类及衍生产品中氮含量的测定方法和粗蛋白质含量的计算方法。该方法不能区分蛋白质氮和非蛋白质氮。如果测定非蛋白质氮含量非常重要，可以使用其他合适的方法。

（3）"GB/T 23952 无机化工产品中总氮含量测定的通用方法　蒸馏-酸碱滴定法"简介

该标准规定了测定无机化工产品中总氮含量（硝态氮、铵态氮）的通用方法，蒸馏-酸碱滴定法的方法提要、安全提示、一般规定、试剂、仪器、设备、分析步骤和结果计算，适用于无机化工品中总氮含量的测定，适用于无机化工产品中常量、半微量氮的测定。

实验 25　可溶性氯化物中氯含量的测定

一、实验目的
① 学习 $AgNO_3$ 标准溶液的配制方法；
② 了解莫尔法的实验操作方法。

二、实验原理

可溶性氯化物中氯的含量测定常用莫尔法，此法是在中性或弱碱性的溶液中，以 K_2CrO_4 为指示剂，用 $AgNO_3$ 标准溶液直接滴定 Cl^-，过量的 $AgNO_3$ 与 K_2CrO_4 生成砖红色的 Ag_2CrO_4（$K_{sp}^{\ominus}=1.12\times10^{-12}$）以指示终点。

$$Ag^+ + Cl^- \Longrightarrow AgCl\downarrow$$
$$2Ag^+ + CrO_4^{2-} \Longrightarrow Ag_2CrO_4\downarrow \text{（砖红色）}$$

溶液的 pH 应控制在 $6.5\sim10.5$ 之间，若试液中存在铵盐，则 pH 上限不能超过 7.2。溶液中若存在大量的 Cu^{2+}、Co^{2+}、Cr^{3+} 等有色离子时，将影响目视终点（可采用电势滴定法确定终点）。凡是能与 Ag^+ 或 CrO_4^{2-} 发生化学反应的阴、阳离子都干扰测定。

三、仪器与试剂
（1）仪器：分析天平，量筒，烧杯，酸式滴定管，锥形瓶，容量瓶，移液管，棕色细口瓶。
（2）试剂：NaCl(AR)，$AgNO_3$(AR)，NaCl(粗试样)，生理盐水，K_2CrO_4(50g/L)。

四、实验内容
（1）配制 100mL 0.05mol/L NaCl 标准溶液。
（2）配制 500mL 0.05mol/L $AgNO_3$ 溶液，置于棕色细口瓶中。
（3）标定 $AgNO_3$ 溶液。移取 25.00mL NaCl 标准溶液于锥形瓶中，加入 1mL 50g/L K_2CrO_4 溶液，在用力摇动下用 $AgNO_3$ 标准溶液滴定至刚刚出现淡红色即为终点。平行滴定 3 次，计算 $AgNO_3$ 标准溶液的浓度。
（4）试样中 NaCl 含量的测定。
① 食盐中 NaCl 含量的测定　准确称取 1.3g 粗食盐样品于小烧杯中，加水溶解后，定量转移入 250mL 容量瓶中，用水稀释至刻度，摇匀。

移取 25.00mL NaCl 试液于锥形瓶中，加入 1mL 50g/L K_2CrO_4 作指示剂，在充分摇动下，用 $AgNO_3$ 标准溶液滴定至溶液呈砖红色，即为终点。

根据 $AgNO_3$ 标准溶液的浓度和滴定消耗的体积计算样品中氯的含量。
② 液体试样（如生理盐水）中 NaCl 浓度的测定　先粗测其大致浓度，再决定如何取样滴定。结果以 NaCl g/100mL 表示。

五、思考题
（1）K_2CrO_4 指示剂的浓度大小对测定 Cl^- 有何影响？
（2）用莫尔法测定 Cl^-，为什么不能在酸性溶液中进行？pH 过高又有什么影响？
（3）实验中含银废液是否可以倒入水池中？
（4）请比较本实验方法与行标方法的主要异同点，并说明各自的主要优、缺点，本实验方法或行标方法应如何改进或完善？

扩展与链接 氯化钠基准试剂及氯化物测定相关标准简介

(1) 氯化钠相关的标准简介

"GB 10733 第一基准试剂 氯化钠"规定了第一基准试剂氯化钠的性状、规格、试验、检验规则和包装及标志，适用于第一基准试剂氯化钠的检验。

"GB 1253 工作基准试剂 氯化钠"规定了工作基准试剂——氯化钠的性状、规格、试验、检验规则和包装及标志，适用于滴定分析用工作基准——氯化钠的检验。

(2) 氯化物测定的相关标准简介

"GB/T 12457 食品中氯化钠的测定"规定了间接沉淀滴定法、电位滴定法测定食品中氯化钠的分析步骤；并提供了直接沉淀滴定法测定食品中氯化钠的分析步骤。本标准的间接沉淀滴定法和直接沉淀滴定法适用于肉类制品、水产制品、蔬菜制品、腌制食品、调味品、淀粉制品中氯化钠的测定，不适用于深颜色食品中氯化钠的测定；电位滴定法适用于上述各类食品和深颜色食品中氯化钠的测定。

"GB/T 13025.5 制盐工业通用试验方法 氯离子的测定"规定了盐产品和盐化工产品中氯离子的测定方法，适用于盐产品和盐化工产品及其原料中氯离子的测定。

实验 26 氯化钡中钡含量的测定

一、实验目的

① 熟悉并掌握重量分析的一般基本操作，包括沉淀陈化、过滤、洗涤、转移、烘干、灰化、灼烧、恒重；

② 了解晶型沉淀的性质及其沉淀的条件；

③ 了解本实验误差的来源及其消除方法。

二、实验原理

Ba^{2+} 与 SO_4^{2-} 作用，形成难溶于水的 $BaSO_4$ 沉淀。沉淀经陈化、过滤、洗涤并灼烧至恒重。由所得到的 $BaSO_4$ 和试样重计算试样中钡的百分含量。

为了得到较大颗粒和纯净的 $BaSO_4$ 晶型沉淀，试样溶于水后，用盐酸酸化，加热至近沸，在不断搅动下，缓慢加入热、稀、适当过量的 H_2SO_4 沉淀剂。这样，有利于得到较好的沉淀。

预习时请设计出符合要求的预习报告。以下两个实验，预习报告格式基本相同。

三、仪器与试剂

(1) 仪器：马弗炉，瓷坩埚，烧杯，量筒，分析天平，表面皿，水浴锅，酒精灯，长颈漏斗，漏斗板，干燥器。

(2) 试剂：$BaCl_2$（待测样品），H_2SO_4（1mol/L），HCl（6mol/L），HNO_3（6mol/L），$AgNO_3$。

四、实验内容

(1) 瓷坩埚的恒重

洗净两只瓷坩埚并烘干，置于马弗炉中 800～850℃灼烧 30min 左右，取出稍冷片刻，置于干燥器中冷却至室温后称量。第二次灼烧 15～20min 左右，取出稍冷，于干燥器中冷却至室温后，再称量。重复此操作，直至恒重为止。

(2) 沉淀剂（0.1mol/L H_2SO_4）的配制

取 6mL 1mol/L H_2SO_4 置于小烧杯中，用水稀释到 60mL。

(3) 试样溶液的制备

准确称取 0.3g 左右 $BaCl_2$ 试样两份，分别置于两个 250mL 烧杯中，加 70mL 去离子水，搅拌使其溶解，再加入 1~2mL 6mol/L HCl，盖上表面皿。加入稀 HCl 是为了增加酸度，以防止生成 $BaCO_3$ 等沉淀，但 HCl 会使 $BaSO_4$ 溶解度增加，所以不要加入过多的 HCl。

(4) 沉淀

将一份试样溶液和一份沉淀剂加热至近沸（不能沸腾），并保持在 90℃ 左右。一边搅动溶液，一边用滴管将 20mL 左右的热沉淀剂逐滴加入试液中。待沉淀沉降后，再在上层清液中滴几滴浓沉淀剂溶液，以检查沉淀是否完全。沉淀完全后，加少量水吹洗表面皿和烧杯壁，再盖上表面皿，放置过夜陈化。另一份试液也按上法沉淀后放置陈化。

沉淀也可在水浴中加热陈化。一般加热陈化 1h 后，冷却至室温即可进行过滤。

(5) 洗涤剂（0.01mol/L H_2SO_4 溶液）**的配制**

取 5mL 1mol/L H_2SO_4 稀释到 500mL。

(6) 过滤和洗涤

预先准备两只充满水柱的长颈漏斗，用慢速定量滤纸过滤 $BaSO_4$ 沉淀。先用倾滗法将沉淀上面的清液沿玻璃棒倾入漏斗中。再用倾滗法洗涤沉淀两次，每次用 20~30mL 洗涤液。接着把沉淀全部转移到滤纸上，最后在滤纸上继续洗涤，直到滤液不含 Cl^- 为止。

通过检查滤液中有无 Cl^- 来判断 $BaSO_4$ 沉淀是否已洗干净。由于 Cl^- 与 Ag^+ 的反应非常灵敏，若滤液中无 Cl^-，说明其他杂质也已经洗去。检查方法：将漏斗颈末端的外部用洗瓶吹洗后，用干净的小试管接取从漏斗中滴下的滤液数滴，加入 2 滴 6mol/L HNO_3 和 2 滴 $AgNO_3$ 溶液，如无白色沉淀或浑浊，表示无 Cl^- 存在。

(7) 沉淀的灼烧与恒重

把洗净的沉淀用滤纸包裹后，移入已恒重的瓷坩埚中，进行炭化、灰化、灼烧、冷却、称量直到恒重。

根据试样及沉淀的质量计算氯化钡中钡的质量分数。

五、思考题

(1) 若实验中 $BaCl_2$ 和 $BaSO_4$ 共沉淀，则测定结果将偏高还是偏低？

(2) 使用沉淀理论来解释本实验的沉淀条件？

(3) 用 150mL 水洗涤 0.3g $BaSO_4$ 沉淀，此时有多少克 $BaSO_4$ 溶解？因溶解而失去的质量占沉淀质量的百分之几？

(4) 炭化和灰化的目的是什么？

(5) 试从你的实验过程或实验结果中，找出可能存在的问题，如何改进及提高？

扩展与链接　工业级、试剂级氯化钡相关标准简介

(1) "GB/T 1617 工业氯化钡"简介

标准规定了工业氯化钡的要求、试验方法、检验规则、标志、标签、包装、运输、储存和安全，适用于工业氯化钡。该产品主要用于化学工业、电子工业和金属加工等。

(2) "GB/T 652 化学试剂　氯化钡"简介

该标准规定了化学试剂氯化钡的规格、试验方法、检验规则、包装及标志，适用于化学试剂氯化钡的检验。

实验 27　磷肥中水溶磷的测定

一、实验目的

① 进一步熟悉和掌握重量分析操作；

② 了解磷肥中水溶磷的测定方法。

二、实验原理

磷肥中往往含有多种磷化合物。其中可溶于水的有 H_3PO_4 及 $Ca(H_2PO_4)_2$ 等成分，统称为水溶磷。通常需要测定水溶磷的磷肥有过磷酸钙及重过磷酸钙等。

水溶磷的测定是用水提取磷肥试样中的水溶磷，然后在酸性溶液中使它与喹啉和钼酸钠形成黄色的磷钼酸喹啉沉淀，沉淀经过滤、洗涤后在 $180℃$ 烘干至恒重，反应为：

$$H_3PO_4+3C_9H_7N+12Na_2MoO_4+24HNO_3 ===$$
$$(C_9H_7N)_3 \cdot H_3(PO_4 \cdot 12MoO_3) \cdot H_2O \downarrow +24NaNO_3+11H_2O$$
$$(C_9H_7N)_3 \cdot H_3(PO_4 \cdot 12MoO_3) \cdot H_2O === (C_9H_7N)_3 \cdot H_3(PO_4 \cdot 12MoO_3)+H_2O$$

由试样重量和所得到的沉淀重量，即可求得水溶磷的含量：

$$w(P_2O_5)=0.03207 \times \frac{磷钼酸喹啉沉淀质量(g)}{试样质量(g)} \times 100\%$$

式中，0.03207 为 $(C_9H_7N)_3 \cdot H_3(PO_4 \cdot 12MoO_3)$ 沉淀换算为 P_2O_5 的换算系数。

三、仪器与试剂

(1) 仪器：烘箱，烧杯，容量瓶，移液管，三角漏斗、酒精灯，水浴锅，玻璃坩埚，干燥器。

(2) 试剂：HNO_3（1+1），$NH_3 \cdot H_2O$（1+1），喹啉（AR），钼酸钠（AR）。

四、实验内容

(1) 玻璃坩埚的准备

在 $180℃$ 烘干至恒重。

(2) 试液的准备

准确称取磨细的试样 1g 左右，置于小烧杯中。测定中取样的多少，应根据样品中 P_2O_5 的含量而定，测定时每份移取的试液中含有 P_2O_5 不得超过 35mg。加入 25mL 去离子水，用粗玻璃棒小心搅拌和研磨。然后静置数分钟让不溶物沉降。把澄清液倾注到（沿玻璃棒小心倾入以免损失）滤纸上过滤。滤液承接于盛有 1~2mL HNO_3 的 250mL 容量瓶中。

按上述方法重复将残渣研磨和过滤三次。在残渣中加入适量水用玻璃棒边搅拌边将溶液连同残渣全部转移到滤纸上。充分揩净小烧杯和玻璃棒上的不溶物并将它们全部转移到滤纸上。用水充分洗涤滤纸和残渣至滤液约为 200mL 左右，稀释至刻度，摇匀，最后再用干的漏斗和滤纸过滤。将最初滤出的几毫升溶液弃去，其他的则注入一个干的烧杯中。

(3) 试样的测定

准确移取上述滤液 25mL，置于 250mL 烧杯中，加入 10mL（1+1）HNO_3，加水稀释至 100mL，将溶液加热至微沸并在不断搅拌下，用滴管慢慢加入 50mL 沉淀剂混合溶液。在 $90℃$ 水浴中加热约 10min，使溶液澄清，冷却至室温（冷却过程中搅拌 2~3 次）。用预先在 $180℃$ 烘干至恒重的 4 号玻璃坩埚过滤。过滤时先将上层清液倾入漏斗中，再用倾滗法用水洗涤沉淀两次，每次约 25mL。最后将沉淀全部转移到坩埚中。用水洗涤漏斗和沉淀 7~8 次，把坩埚连同沉淀在 $180℃$ 下干燥 45min，取出置于干燥器中，冷却 30min 后称重。同样条件下再烘干、称重，直到恒重。计算 P_2O_5 百分含量。必要时可按同样操作进行空白试验，并在计算结果中扣除空白值。

实验完毕后，将玻璃坩埚洗涤干净。先用水冲洗坩埚中的沉淀，再用（1+1）$NH_3 \cdot H_2O$ 浸泡至黄色消失，最后用水洗净。

五、思考题

（1）溶液为什么要用 HNO_3 酸化？

（2）如何检查沉淀是否洗干净？应在什么时候进行这种检验？取滤液时应注意什么？

（3）沉淀的过滤和洗涤为什么常用倾滗法？倾滗时注意什么？洗涤沉淀时应如何选择洗液？

（4）请比较本实验方法与行标方法的主要异同点，并说明各自的主要优、缺点，本实验方法或行标方法应如何改进或完善？

扩展与链接　磷肥相关标准简介

（1）"GB 20412 钙镁磷肥"简介

标准规定了钙镁磷肥的要求，试验方法，检验规则，标识，包装、运输和储存，适用于以磷矿石与含镁、硅的矿石，在高炉或电炉中经高温熔融、水淬、干燥和磨细所制得的钙镁磷肥，包括含有其他添加物的钙镁磷肥产品，其用途为农业上作肥料和土壤调理剂。

（2）"GB/T 10512 硝酸磷肥中磷含量的测定　磷钼酸喹啉重量法"简介

该标准规定了用磷钼酸喹啉重量法测定硝酸磷肥、硝酸磷钾肥中的磷含量，适用于各种工艺生产的硝酸磷肥、硝酸磷钾肥中水溶性磷和有效磷含量的测定。

实验 28　硫代硫酸钠标准溶液的配制与浓度的标定

一、实验目的

① 掌握间接碘量法的基本原理；

② 学会正确控制碘量法实验中反应进行的基本条件；

③ 了解碘量法的误差来源及其消除的方法；

④ 巩固碱式滴定管的基本操作。

二、实验原理

本实验以 KIO_3 为基准物质，以淀粉溶液为指示剂标定 $Na_2S_2O_3$ 溶液的浓度。

标定 $Na_2S_2O_3$ 的方法是间接碘量法。将一定量的基准物质（KIO_3）与过量 KI 反应生成 I_2：

$$IO_3^- + 5I^- + 6H^+ = 3I_2 + 3H_2O$$

析出的 I_2 用 $Na_2S_2O_3$ 溶液滴定，滴定反应为：

$$I_2 + 2S_2O_3^{2-} = 2I^- + S_4O_6^{2-}$$

由此可见，$3n_{碘酸钾} = n_{碘}$；$n_{硫代硫酸钠} = 2n_{碘}$。根据所称取的碘酸钾的准确质量，以及滴定时所消耗溶液的体积即可求出 $Na_2S_2O_3$ 溶液的浓度。

滴定采用淀粉指示剂。淀粉指示剂与碘形成蓝紫色物质。滴定至蓝紫色刚好消失为滴定终点。

预习时请参考 1.1.2 设计出符合要求的预习报告（本实验至实验 36，预习报告格式基本相同）。

三、仪器与试剂

（1）仪器：台秤，分析天平，烧杯，量筒，棕色细口瓶，碱式滴定管，锥形瓶。

（2）试剂：$Na_2S_2O_3 \cdot 5H_2O$（AR），Na_2CO_3（AR），KIO_3（AR），KI（100g/L），HCl（6mol/L），淀粉（2g/L）。

四、实验内容

(1) 配制 0.1mol/L Na₂S₂O₃ 溶液 700mL

称取一定质量的 $Na_2S_2O_3 \cdot 5H_2O$ 固体（具体质量自行计算），用新煮沸后冷却的去离子水溶解并稀释至 700mL，最后加入少量 Na_2CO_3 固体（约 0.2g）使溶液呈微碱性。配制后的溶液应保存于棕色瓶中，放置一周后再标定。

(2) 0.1mol/L Na₂S₂O₃ 溶液的标定

准确称取 3 份 KIO_3 基准物（具体质量自行计算）于 3 个 250mL 锥形瓶中，分别加入约 30mL 去离子水，使 KIO_3 完全溶解（也可加热促进溶解，冷却后再进行滴定）。

滴定前，在 KIO_3 溶液中依次加入 20mL 100g/L KI 溶液及 5mL 6mol/L HCl 溶液，摇匀后，立即用待标定的 $Na_2S_2O_3$ 溶液滴定至浅黄色；再加入 5mL 2g/L 淀粉溶液，摇匀，溶液颜色由浅黄色变为深蓝色，再继续用 $Na_2S_2O_3$ 溶液滴定至恰好变为无色（淀粉质量不好时呈浅紫色）时即为终点。计算硫代硫酸钠标准溶液的浓度（预习报告中请列出计算式）。

五、思考题

（1）硫代硫酸钠标准溶液配制时应注意什么？为什么要这样做？

（2）碘量法的基本原理是什么？

（3）在标定过程中加入过量 KI 的目的何在？

（4）淀粉指示剂应在什么情况下加入？为什么？

（5）碘量法的主要误差来源是什么？应怎样消除？

（6）以下做法对标定有无影响？为什么？

a. 某同学将基准物质加热溶解后，未等冷却就进行滴定。

b. 某同学将三份基准物质加水溶解后，同时都加入 20mL 100g/L KI 溶液及 5mL 6mol/L HCl 溶液，然后一份一份滴定。

c. 到达滴定终点后，溶液放置稍久又逐渐变蓝，某同学又以 $Na_2S_2O_3$ 标准溶液滴定，将补滴定所消耗的体积又加到原滴定所消耗的体积中。

d. 某同学在滴定过程中剧烈摇动溶液。

（7）试从你的实验过程或实验结果中，找出可能存在的问题，如何改进及提高？

扩展与链接　基准试剂碘酸钾标准简介

"GB1258 工作基准试剂碘酸钾"

规定了工作基准试剂碘酸钾的性状、规则、试验、检验规则和包装及标志，适用于滴定分析用工作基准试剂碘酸钾的检验。

实验 29　硫酸铜中铜含量的测定

一、实验目的

① 进一步掌握间接碘量法的基本原理；

② 进一步学习滴定分析中终点的判断和控制；

③ 进一步理解碘量法的误差来源及其消除的方法；

④ 加深理解影响电极电势的主要因素。

二、实验原理

硫酸铜中铜含量的测定同样采用间接碘量法。在弱酸性溶液中，定量的 Cu^{2+} 与过量 KI 作用生成 CuI 沉淀，并释出定量的 I_2。

$$2Cu^{2+} + 4I^- \Longrightarrow 2CuI\downarrow + I_2$$

释出的 I_2 以淀粉为指示剂，用 $Na_2S_2O_3$ 标准溶液滴定。

Cu^{2+} 与 I^- 之间反应是可逆的，加入过量 KI 时 Cu^{2+} 的还原趋于完全，但由于 CuI 沉淀强烈地吸附 I_3^-，使测定结果偏低，故接近终点前加入 KSCN，使 CuI 转化为溶解度更小的 CuSCN，释放出被吸附的 I_3^-，并使反应更趋于完全。

$$CuI + SCN^- \Longrightarrow CuSCN + I^-$$

根据 $Na_2S_2O_3$ 标准溶液的浓度和滴定所消耗的体积，就可计算出硫酸铜中铜的含量（预习报告中请列出计算式）。

三、仪器与试剂

（1）仪器：分析天平，烧杯，量筒，碱式滴定管，移液管，容量瓶，锥形瓶。

（2）试剂：铜盐（待测样品）或铜溶液（待测液），H_2SO_4（1mol/L），$Na_2S_2O_3$ 标准溶液，KI（100g/L），淀粉（2g/L），KSCN（100g/L）。

四、实验内容

用减量法准确称取铜盐（$CuSO_4 \cdot 5H_2O$）试样 3 份（每份质量约相当于 20～30mL 0.1mol/L $Na_2S_2O_3$ 溶液），置于 250mL 锥形瓶中，加入 1mol/L H_2SO_4 溶液 5mL，去离子水 30mL 左右使之完全溶解。

实验时为简便起见，按下述步骤进行：

用一洗净的 250mL 容量瓶向指导老师领取待测铜溶液，定容并摇匀。

准确移取待测溶液 25mL，加入 100g/L KI 溶液 10mL，立即用 $Na_2S_2O_3$ 标准溶液滴定至浅黄色，加入 2g/L 淀粉溶液 5mL，继续用标准溶液滴定至浅蓝色，最后加入 10mL 100g/L KSCN 溶液，摇匀后，溶液的蓝色又转深。再用 $Na_2S_2O_3$ 标准溶液滴定到蓝色刚好消失，溶液呈米色悬浊液即为滴定终点。根据所消耗标准 $Na_2S_2O_3$ 溶液的体积计算出铜的含量。

五、思考题

（1）由 $E^\ominus(Cu^{2+}/Cu^+) = 0.158V$，$E^\ominus(I_2/I^-) = 0.54V$，$Cu^{2+}$ 不能氧化 I^-，为什么本实验能够进行？

（2）$CuSO_4$ 易溶于水，为什么溶解时要加 H_2SO_4？是否可以加入盐酸？

（3）在测定过程中加入过量 KI 的目的何在？

（4）淀粉指示剂以及 KSCN 应在什么情况下加入？为什么？

（5）KSCN 是否可用 NH_4SCN 代替？

（6）试从你的实验过程或实验结果中，找出可能存在的问题，如何改进及提高？

扩展与链接   硫酸铜相关标准简介

"**GB437 硫酸铜（农用）**" 规定了硫酸铜的要求、试验方法以及标志、标签、包装、储运，适用于由含 5 个结晶水的硫酸铜及其生产中产生的杂质组成的硫酸铜。

"**HG 2932 饲料级硫酸铜**" 为化工行业标准，规定了饲料级硫酸铜的要求、试验方法、检验规则以及标志、包装、运输、储存，适用于饲料级硫酸铜，该产品经预处理后在饲料中作为铜的补充剂。

实验 30   高锰酸钾标准溶液的配制与浓度的标定

一、实验目的

① 掌握 $KMnO_4$ 法的基本原理以影响及氧化还原反应速度的主要因素；

② 理解 $KMnO_4$ 标准溶液的配制和标定方法；

③ 掌握用 $Na_2C_2O_4$ 作基准物标定 $KMnO_4$ 标准溶液的反应条件。

二、实验原理

以 $Na_2C_2O_4$ 为基准物标定 $KMnO_4$ 溶液的浓度，二者在酸性溶液中的反应为：

$$2MnO_4^- + 5C_2O_4^{2-} + 16H^+ =\!\!=\!\!= 2Mn^{2+} + 10CO_2\uparrow + 8H_2O$$

本实验采用 $KMnO_4$ 自身指示剂。

预习报告中请列出标定结果的计算式。

三、仪器与试剂

（1）仪器：台秤，分析天平，烧杯，铺有玻璃棉的漏斗，量筒，酸式滴定管，锥形瓶，电炉，棕色细口瓶。

（2）试剂：$KMnO_4$（AR），$Na_2C_2O_4$（AR），H_2SO_4（3mol/L）。

四、实验内容

（1）0.02mol/L $KMnO_4$ 标准溶液的配制

配制 0.02mol/L $KMnO_4$ 溶液 700mL。称取一定质量的 $KMnO_4$ 固体（具体质量自行计算），用去离子水进行配制，配制后放置一周。若需现配现用，则应称取一定量的 $KMnO_4$ 固体，加入所需体积的去离子水，加热搅拌煮沸。

（2）$KMnO_4$ 标准溶液的过滤

取一只铺有玻璃棉的大漏斗，将放置一周或加热煮沸但冷却的 $KMnO_4$ 标准溶液过滤到棕色瓶中（过滤方法见 2.10.2）。

（3）0.02mol/L $KMnO_4$ 溶液的标定

用分析天平准确称取＿＿＿ g $Na_2C_2O_4$ 基准物质 3 份，各置于 250mL 烧杯（或锥形瓶）中，每份先加入新煮沸的去离子水约 40mL 及 3mol/L H_2SO_4 10mL。待试样溶解后，加热至 75～80℃（即加热到溶液开始冒蒸气），立即用待标定的 $KMnO_4$ 溶液滴定。滴定时第一滴 $KMnO_4$ 溶液褪色很慢，在没有完全褪色以前请不要加入第二滴 $KMnO_4$ 溶液，之后随反应进行速度加快可加快滴加速度。当被滴定溶液出现浅粉色且 15～30s 不消失即为滴定终点，滴定结束时，被滴溶液温度不应低于 60℃，根据 $KMnO_4$ 溶液所消耗的体积计算 $KMnO_4$ 溶液的浓度。

五、思考题

（1）$KMnO_4$ 标准溶液是否可以直接配制？为什么？

（2）$KMnO_4$ 标准溶液过滤时能否采用置有滤纸的漏斗？为什么？

（3）如何在滴定管中读有色溶液的读数？

（4）$KMnO_4$ 氧化还原滴定法应注意哪些实验条件的控制？

（5）请比较本实验方法与行标方法的主要异同点，并说明各自的主要优、缺点，本实验方法或行标方法应如何改进或完善？

扩展与链接 基准试剂草酸钠标准简介

"GB 1254 工作基准试剂草酸钠"

规定了工作基准试剂——草酸钠的性状、规格、试验、检验规则和包装及标志，适用于滴定分析用工作基准试剂——草酸钠的检验。

实验 31 钙盐中钙含量的测定

一、实验目的

① 进一步掌握 $KMnO_4$ 法的基本原理；

② 进一步理解 $KMnO_4$ 标准溶液滴定 $H_2C_2O_4$ 的反应条件;

③ 理解晶型沉淀的沉淀条件;

④ 学会定量分析中沉淀的过滤和洗涤操作。

二、实验原理

利用 Ca^{2+} 与 $C_2O_4^{2-}$ 生成难溶 CaC_2O_4 ($k_{sp}^{\ominus}$ 为 2.32×10^{-9}) 沉淀,然后将 CaC_2O_4 沉淀洗净,用 H_2SO_4 溶解,最后用已标定的 $KMnO_4$ 标准溶液滴定产生的 $H_2C_2O_4$,其反应如下:

$$Ca^{2+}+C_2O_4^{2-}=\!=\!=CaC_2O_4\downarrow$$
$$CaC_2O_4+2H^+=\!=\!=H_2C_2O_4+Ca^{2+}$$
$$2MnO_4^-+5C_2O_4^{2-}+16H^+=\!=\!=2Mn^{2+}+10CO_2\uparrow+8H_2O$$

根据所消耗 $KMnO_4$ 标准溶液的体积可求出 Ca 的质量分数。

预习报告中请列出标定结果的计算式。

三、仪器与试剂

(1) 仪器:分析天平,烧杯,表面皿,长颈漏斗,量筒,酸式滴定管,锥形瓶,电炉。

(2) 试剂:钙盐(待测样品),HCl(6mol/L、3mol/L),H_2SO_4(3mol/L),$(NH_4)_2C_2O_4$(0.25mol/L),$NH_3\cdot H_2O$(6mol/L、1+10),$AgNO_3$(0.1mol/L),甲基橙,$KMnO_4$ 标准溶液。

四、实验内容

(1) 草酸钙沉淀的制备

准确称取钙盐样品两份,每份约 $0.15\sim0.2g$,置于 400mL 烧杯中。

以少量的水润湿试样,盖上表面皿,从烧杯嘴沿杯壁缓缓加入 10mL 6mol/L 盐酸。轻轻摇动烧杯,加热到样品全部溶解后,用洗瓶吹洗表面皿及杯壁,并加水稀释到总体积约 200mL。两只烧杯中各放入一支玻璃棒,盖上相应的表面皿(再次提醒,玻璃棒放入后就不能离开烧杯,直至测定全过程结束)。

加入 35mL 0.25mol/L $(NH_4)_2C_2O_4$ 溶液。若有沉淀生成,则滴加 3mol/L 盐酸到沉淀溶解(切勿加入大量的盐酸,为什么?)。然后滴加甲基橙指示剂 $1\sim2$ 滴,加热到 $70\sim80℃$。边搅拌边缓慢滴加 6mol/L $NH_3\cdot H_2O$,使溶液由红色恰好转为黄色并过量 5 滴。

沉淀过夜陈化。若不陈化,也可将溶液在不断搅拌的情况下加热几分钟,然后停止加热,令其静置约 15min。

(2) 钙盐中钙含量测定

沉淀用倾滗法过滤,尽量滗尽沉淀母液。过滤完毕,先用冷的 1+10 $NH_3\cdot H_2O$ 溶液洗涤 $3\sim4$ 次,再用冷去离子水洗 $4\sim5$ 次,洗涤液每次用量约 20mL。至检验滤液不含 $C_2O_4^{2-}$ 或 Cl^- 为止完成沉淀洗涤(见 2.10.5)。

将漏斗中带有沉淀的滤纸用干净的手小心取出,贴在原来放沉淀所用的烧杯内壁上。加入 $15\sim20mL$ 3mol/L H_2SO_4,用玻璃棒小心将滤纸上的沉淀移至烧杯底部,加热使沉淀溶解。加水约 100mL,并将滤纸用玻璃棒移至烧杯内壁上。加热至 $70\sim80℃$,用 $KMnO_4$ 标准溶液滴至粉红色。用玻璃棒小心将烧杯内壁上的滤纸浸入溶液中,轻轻搅动。如果溶液颜色褪色,再将滤纸移至烧杯内壁上,继续用 $KMnO_4$ 标准溶液滴定,直至浅粉红色约 30 秒不褪色为滴定终点。根据样品质量及用去 $KMnO_4$ 标准溶液的体积计算样品中钙的质量分数。

五、思考题

（1）沉淀 CaC_2O_4 时应控制哪些条件？为什么？

（2）为什么要将 CaC_2O_4 沉淀进行洗涤？为什么要洗涤到滤液不含 $C_2O_4^{2-}$ 或 Cl^- 离子？如何检验？

（3）用 6mol/L $NH_3 \cdot H_2O$ 调节酸度时，为什么溶液的颜色由红色恰好转为黄色还要过量 5 滴？不这样做是否可以？为什么？

（4）根据测定结果，分析产生误差的主要原因。

（5）请比较本实验方法与行标方法的主要异同点，并说明各自的主要优、缺点，本实验方法或行标方法应如何改进或完善？

扩展与链接　碳酸钙及其测定相关标准简介

"**GB/T 19281 碳酸钙分析方法**" 规定了碳酸钙中各种元素、离子及相关物理性能的分析方法，适用于各种碳酸钙产品。

"**QB 1413 食品添加剂 生物碳酸钙**" 规定了食品添加剂生物碳酸钙的要求、试验方法、检验规则和包装、标志、储存、运输，适用于牡蛎壳精制加工后而得的碳酸钙，该产品在食品加工中主要用作营养强化剂、疏松剂。

实验 32　苯酚的测定

一、实验目的

① 学习溴酸盐-碘量法测定苯酚的原理和方法；

② 学习使用碘量瓶进行滴定。

二、实验原理

溴酸钾法与碘量法配合可用于测定苯酚的含量。在酸性溶液中加入一定量的 $KBrO_3$-KBr 标准溶液，可产生一定量的 Br_2。Br_2 与苯酚发生取代反应，生成三溴苯酚白色沉淀。反应式如下：

$$5KBr + KBrO_3 + 6HCl = 3Br_2 + 6KCl + 3H_2O$$

剩余的 Br_2 用过量的 KI 还原，析出的 I_2 用 $Na_2S_2O_3$ 标准溶液滴定。反应式如下：

$$Br_2(剩余) + 2KI = I_2 + 2KBr$$

$$I_2 + 2Na_2S_2O_3 = 2NaI + Na_2S_4O_6$$

从加入的 $KBrO_3$ 量中减去剩余 Br_2 的量，即可算出试样中苯酚的含量。

苯酚是重要的有机化工原料，广泛应用于化工、材料、医药、农药、染料、涂料和炼油等方面。由于苯酚的生产和应用造成了环境污染，因此挥发酚也是常规环境监测的项目之一。

三、仪器与试剂

（1）仪器：碱式滴定管，碘量瓶，移液管，洗耳球，台秤，量筒。

（2）试剂：苯酚试液，$KBrO_3$-KBr 混合液（0.01667mol/L），HCl（1+1），KI（AR），$Na_2S_2O_3$ 标准溶液（浓度已标定），淀粉溶液（5g/L）。

四、实验内容

（1）准确吸取 25.00mL 待测苯酚溶液，至 250mL 碘量瓶中，然后准确加入 25mL KBrO₃-KBr 混合液，加 10mL（1+1）HCl 酸化，迅速将瓶塞塞紧，水封。振摇 1～2min 后于暗处放置 10min。充分摇荡后沿水封加入 1g KI，保持水封，振摇并放置 5min，用少量水冲洗瓶塞及瓶壁，立即用 Na₂S₂O₃ 标准溶液滴定至淡黄色，加 2mL 5g/L 淀粉溶液，继续滴定至蓝色消失，滴定用去 Na₂S₂O₃ 的体积为 V_1。

（2）另取 25.00mL 去离子水代替苯酚试样置于 250mL 碘量瓶中，以上述（1）中同样步骤进行空白测定，消耗 Na₂S₂O₃ 的体积为 V_2。

平行测定三次。每升试样中苯酚的含量由下式计算，苯酚的相对分子质量为 94.11。

$$c(苯酚, g/L) = \frac{\frac{1}{6} c_{Na_2S_2O_3} \cdot (V_2 - V_1) \cdot M_{苯酚}}{25.00}$$

五、思考题

（1）能否直接用 Br₂ 标准溶液滴定苯酚？

（2）本实验中能否用 Na₂S₂O₃ 标准溶液直接滴定过量的 Br₂？

（3）本实验中为什么要使用碘量瓶？加入 HCl 或 KI 溶液时为什么要剧烈摇动？

（4）试从你的实验过程或实验结果中，找出可能存在的问题，如何改进及提高？

实验 33　EDTA 标准溶液的配制与浓度的标定（一）

一、实验目的

① 学会 EDTA 标准溶液的配制和标定方法；

② 掌握 EDTA 配位滴定法的基本原理，了解配位滴定的特点；

③ 了解钙指示剂和铬黑 T 指示剂的变色原理及滴定终点的判断。

二、实验原理

EDTA 是一种氨羧配位剂，为乙二胺四乙酸的英文缩写，常用 H_4Y 表示。由于溶解度的原因，实际使用时常用其二钠盐 Na₂H₂Y·2H₂O（简称 EDTA）。EDTA 二钠盐饱和溶液的浓度约为 0.3mol/L，用于滴定分析的浓度一般为 0.02mol/L 或 0.03mol/L。EDTA 标准溶液一般采用间接法配制。

可用于标定 EDTA 溶液的基准物，有 Zn、Cu、Pb、Ni 等金属以及 ZnO、MgO、CaCO₃、MgSO₄·7H₂O 等金属氧化物或其盐类。通常选用与被测物相同或相近的物质作为基准物，以此保持标定条件与测定条件的一致性，减小滴定误差。

EDTA 溶液用于测定水样的硬度或白云石中 CaO、MgO 时，一般采用 CaCO₃ 或 MgSO₄·7H₂O 等为基准物，以钙指示剂或铬黑 T（EBT）为指示剂。本实验采用 CaCO₃ 为基准物，氨缓冲溶液控制酸度（pH≈10），铬黑 T 为指示剂。

金属指示剂铬黑 T 在适宜的酸度范围内（pH = 8～11）与许多金属离子能形成酒红色的配合物。

$$Ca^{2+} + EBT(纯蓝色) \longrightarrow CaEBT(酒红色)$$

当滴入 EDTA 标准溶液后，由于金属离子与 EDTA 形成的配合物稳定性大于金属离子与金属指示剂所形成的配合物稳定性，于是发生了置换反应：

$$CaEBT(酒红色) + Y^{4-} \longrightarrow CaY^{2-} + EBT(纯蓝色)$$

实际滴定反应为： $$Ca^{2+} + Y^{4-} \Longrightarrow CaY^{2-}$$

因此滴定前加入了金属指示剂后，溶液的颜色为显色配合物的颜色；滴定终点溶液的颜色为游离金属指示剂的颜色。

正因为 EDTA 配位滴定法以及金属指示剂变色的上述原理，配位滴定的终点一般不是滴出来的，而是摇出来的。如果直接滴到纯蓝色，滴定一般都是过量的。配位滴定终点的判断与控制一般是根据过渡色的变化。例如本实验，滴定过程中，溶液颜色的改变是从酒红色（刚开始），到红紫色，到紫红色，到紫色，到纯蓝色（终点）（金属指示剂变质除外）。因此紫色的出现非常关键，一般紫色出现后，应暂停滴定，充分摇匀后再滴加一滴，甚至半滴。

由于 Ca^{2+} 与铬黑 T 所形成的显色配合物不够稳定，而 Mg^{2+} 与铬黑 T 所形成的显色配合物终点变色较为敏锐。因此，本实验在滴定前还需要加入硫酸镁溶液，制备 MgEBT 溶液。

实验也可以采用钙指示剂指示滴定终点，不需要使用硫酸镁。

三、仪器与试剂

（1）仪器：酸式滴定管，容量瓶，移液管，洗耳球，锥形瓶，量筒，电子天平，分析天平，试剂瓶，烧杯，表面皿等。

（2）试剂：$Na_2H_2Y \cdot 2H_2O$（AR），$CaCO_3$（AR），HCl（1+1），$MgSO_4$ 溶液（0.02mol/L），$NH_3 \cdot H_2O-NH_4Cl$ 缓冲溶液（pH≈10），NaOH 溶液（200g/L），铬黑 T 指示剂，钙指示剂。

四、实验内容

（1）0.02mol/L EDTA 标准溶液的配制

称取化学纯或分析纯乙二胺四乙酸钠（$Na_2H_2Y \cdot 2H_2O$）_____ g，溶于 $300\sim$ 400mL 温水中，搅拌溶解。冷却后转入 1000mL 试剂瓶中加去离子水稀释至 1L。长期放置时应储存于聚乙烯瓶中（一般长期储存的 EDTA 标准溶液的浓度为 0.05mol/L，需要时再稀释至滴定所用浓度）。

（2）标准钙盐溶液的配制

准确称取分析纯 $CaCO_3$ _____ g 于 250mL 的烧杯中，用少量去离子水润湿，盖上表面皿，从烧杯嘴中缓缓逐滴加入（1+1）盐酸直至 $CaCO_3$ 全部溶解，以少量水冲洗表面皿，定量转移至 250mL 容量瓶中，定容，摇匀（请阅读 2.12.2）。

（3）EDTA 标准溶液的标定（实验前请确认所用指示剂）

① 以铬黑 T 为指示剂 量取 $2\sim3$mL $MgSO_4$ 溶液于 250mL 锥形瓶中，加入去离子水 20mL、铬黑 T 指示剂 $2\sim3$ 滴及 $NH_3 \cdot H_2O-NH_4Cl$ 缓冲溶液 10mL，用 EDTA 溶液滴定至溶液从酒红色，经过过渡色紫色，恰好转变为纯蓝色时记下滴定管读数，此读数作为初读数。准确移取 25.00mL 标准钙盐溶液于此锥形瓶中，此时溶液又变为酒红色，继续用 EDTA 溶液滴定至溶液经由过渡色恰好转变为纯蓝色时，停止滴定。记录消耗的 EDTA 溶液的体积，重复平行测定三次，计算 EDTA 标准溶液的物质的量浓度。

② 以钙指示剂标定 EDTA 的浓度 准确移取 25.00mL 标准钙盐溶液于 250mL 锥形瓶中，加 25mL 去离子水和少量钙指示剂（约绿豆大小的体积），逐滴加入 200g/L NaOH 溶液，至溶液呈现稳定的酒红色时，再加 200g/L NaOH 0.5~1mL（以不产生沉淀为宜）。在用待标定的 EDTA 标准溶液滴定至溶液由酒红色经过渡色，恰好转变为纯蓝色时即达终点。记录消耗的 EDTA 溶液的体积，重复平行测定三次，计算 EDTA 标准溶液的物质的量浓度。

五、思考题

（1）EDTA 二钠盐的基本性质如何？与 EDTA 相比有何优点？能否取一定量的纯品直接配制标准溶液？

（2）用标准钙盐溶液并以铬黑 T 作指示剂标定 EDTA 溶液时，加数毫升 $MgSO_4$ 的目的何在？与 Mg^{2+} 配位的 EDTA 溶液的体积（mL）是否应计算在所耗 EDTA 溶液的总体积中？

（3）以 $CaCO_3$ 为基准物进行 EDTA 标准溶液的标定时，溶液的酸度应控制在什么范围？为什么？如何控制？

（4）请比较本实验方法与行标方法的主要异同点，并说明各自的主要优、缺点，本实验方法或行标方法应如何改进或完善？

扩展与链接　基准试剂碳酸钙标准简介

"GB12596 工作基准试剂碳酸钙"

规定了工作基准试剂碳酸钙的性状、规格、试验、检验规则和包装及标志，适用于滴定分析用工作基准试剂 碳酸钙的检验。

实验 34　水的总硬度的测定

一、实验目的

① 进一步理解配位滴定的基本原理；

② 了解水的硬度测定的意义和常用的硬度表示方法；

③ 学会用配位滴定法测定水样的总硬度。

二、实验原理

水的硬度主要是由水中含有的钙盐和镁盐产生的，其他金属离子如铁、铝、锰、锌等离子也形成硬度，但一般含量甚微，在测定硬度时可忽略不计。水中钙、镁的含量越高，水的硬度就越大。

水的硬度分为暂时硬度和永久硬度。暂时硬度是指水中含有钙、镁的酸式碳酸盐，遇热即成碳酸盐沉淀而失去硬度；永久硬度是指水中含有钙、镁的硫酸盐、氯化物和硝酸盐，遇热也不沉淀，不会失去硬度。暂时硬度和永久硬度的总和，即水中 Ca^{2+}、Mg^{2+} 的总量，称为水的总硬度。

水的硬度有多种表示方法，随各国习惯而有所不同。常用的有两种：一种以 Ca^{2+}、Mg^{2+} 总量折合成 CaO 来表示，以度（°）计，是采用德国表示水硬度的方法，所以也称德国度（符号为°DH），每升水中含 10mg CaO 就称为 1 度，即 $1°=10$ mg/L CaO；另一种以 Ca^{2+}、Mg^{2+} 总量折合成 $CaCO_3$ 的质量（mg）来表示，这种方法美国使用较多。

水的硬度是饮用水和工业用水的重要指标之一。测定水的总硬度采用配位滴定法，测定水中 Ca^{2+}、Mg^{2+} 的含量，一般以铬黑 T 为指示剂，以 $NH_3 \cdot H_2O\text{-}NH_4Cl$ 缓冲溶液控制溶液的 pH 为 10 左右，用 EDTA 标准溶液滴定。总硬度计算公式如下：

$$总硬度(°) = \frac{c(EDTA)V(EDTA)M(CaO)}{10V_{水样}} \times 1000$$

式中，$c(EDTA)$ 为 EDTA 溶液的浓度，mol/L；$V(EDTA)$ 为 EDTA 溶液的体积，mL；$M(CaO)$ 为 CaO 的摩尔质量，g/mol；$V_{水样}$ 为水样的体积，mL。

三、仪器与试剂

（1）仪器：酸式滴定管，移液管，洗耳球，锥形瓶，量筒，烧杯。

（2）试剂：水样，EDTA 标准溶液（0.02mol/L），$NH_3 \cdot H_2O-NH_4Cl$ 缓冲溶液（pH≈10），Na_2S 溶液（2%），三乙醇胺溶液，铬黑 T。

四、实验内容

取一只洁净、干燥的烧杯，向指导教师领取待分析的水样。用移液管吸取 25.00mL，水样于锥形瓶中，加 $NH_3 \cdot H_2O-NH_4Cl$ 缓冲溶液 5mL，铬黑 T 指示剂 2~3 滴。用已标定的 EDTA 标准溶液滴定至溶液由酒红色经过渡色，恰好转变为纯蓝色时即达终点。记录消耗的 EDTA 溶液的体积，平行测定三次，由 EDTA 溶液的浓度和用量计算水的总硬度。

若水样不澄清必须过滤，如水样中有少量 Fe^{3+}、Al^{3+}、Mn^{2+} 等离子存在，可加 1~3mL（1+2）的三乙醇胺溶液掩蔽，如有 Cu^{2+} 存在可使滴定终点不明显，可加 1mL 2% Na_2S 溶液，生成 CuS 沉淀过滤除去。

五、思考题

（1）什么叫水的硬度？硬度的表示方法有几种？它们之间的换算关系如何？

（2）Ca^{2+}、Mg^{2+} 与 EDTA 配位哪个稳定？为什么 Mg^{2+} 滴定时要控制 pH=10，而 Ca^{2+} 滴定时 pH>12？

（3）水样中若有 Fe^{3+}、Al^{3+}、Mn^{2+} 等离子存在，对测定水样的硬度有何干扰？如有干扰应怎样除去？

（4）若水样中有 Cu^{2+} 存在，会使滴定终点不明显，应采用什么方式消除？

（5）请比较本实验方法与行标方法的主要异同点，并说明各自的主要优、缺点，本实验方法或行标方法应如何改进或完善？

扩展与链接　镁及水的硬度测定相关标准简介

"GB/T21525 无机化工产品中镁含量测定的通用方法络合滴定法" 规定了测定无机化工产品中镁含量的通用方法——络合滴定法，适用于乙二胺四乙酸二钠（EDTA）作络合剂，以滴定法测定无机化工产品中镁含量，适用于试验溶液中镁离子含量为 1~200mg。

"GB/T6909 锅炉用水和冷却水分析方法 硬度的测定" 适用于天然水、冷却水、软化水、H 型阳离子交换器出水、锅炉给水水样硬度的测定。使用铬黑 T 作指示剂时，硬度测定范围为 0.1~5mmol/L，硬度超过 5mmol/L 时，可适当减少取样体积，稀释到 100mL 后测定；使用酸性铬兰 K 作指示剂时，硬度测定范围为 1~100 μmol/L。

实验 35　EDTA 标准溶液的配制与浓度的标定（二）

一、实验目的

① 进一步理解配位滴定中标准溶液浓度标定所用基准物的选择；

② 熟悉二甲酚橙指示剂的应用条件和确定终点的方法；

③ 进一步理解配位滴定的特点。

二、实验原理

EDTA 标准溶液用于测定 Pb^{2+}、Bi^{3+} 等易水解金属离子时，一般采用 ZnO 或 Zn 为基准物，以二甲酚橙为指示剂，进行浓度的标定。

二甲酚橙（XO）属于三苯甲烷类显色剂，易溶于水，在溶液 pH<6.0 时呈黄色，pH>6.3 时呈红色，与金属离子形成红色络合物，因此只能在 pH<6.0 的酸性溶液中使用。

本实验采用氧化锌为基准物，以六亚甲基四胺为缓冲系统，二甲酚橙为指示剂。

$$Zn^{2+}+XO(亮黄色) = ZnXO(玫瑰红色)$$

$$ZnXO(玫瑰红色) + Y^{4-} \Longrightarrow ZnY^{2-} + XO(亮黄色)$$

滴定过程中的颜色变化大致经过玫瑰红色、红橙色、橙红色、橙色、亮黄色。

实际滴定反应为：$Zn^{2+} + Y^{4-} \Longrightarrow ZnY^{2-}$

预习时请列出标定结果的计算式。

三、仪器与试剂

（1）仪器：酸式滴定管，容量瓶，移液管，洗耳球，锥形瓶，量筒，分析天平，烧杯，表面皿。

（2）试剂：ZnO（AR），HCl 溶液（1+1），EDTA 标准溶液（0.02mol/L），氨水溶液（1+1），六亚甲基四胺溶液（200g/L），二甲酚橙指示剂。

四、实验内容

（1）标准锌溶液的配制

准确称取 ZnO（或 Zn）_____ g 于 250mL 烧杯中，盖上表面皿，从烧杯嘴中缓缓逐滴加入（1+1）盐酸 5mL，以少量水冲洗表面皿，定量转移至 250mL 容量瓶中，定容，摇匀（请阅读 2.12.2）。

（2）EDTA 标准溶液浓度的标定

准确移取 25.00mL 标准锌溶液于 250mL 锥形瓶中，加水约 30mL，二甲酚橙指示剂 2~3 滴。先滴加（1+1）氨水至溶液由黄色变为橙色（不能多加），再滴加 200g/L 六亚甲基四胺至溶液呈稳定的紫红色后，再过量 3mL。用待标定的 EDTA 标准溶液滴定至溶液由玫瑰红色，经过渡色，恰好变为亮黄色时即达终点。记录消耗的 EDTA 溶液的体积，平行测定三次，计算 EDTA 标准溶液的物质的量浓度。

五、思考题

（1）配位滴定中为什么要加入缓冲溶液？

（2）以二甲酚橙指示剂标定 EDTA 溶液时，在滴加 200 g/L 六亚甲基四胺溶液之前，为什么要先滴加（1+1）氨水？

（3）以二甲酚橙为指示剂时，为什么？要采用六亚甲基四胺为缓冲溶液？

（4）用 HCl 溶液溶解基准物 ZnO 或 Zn 时，在操作过程中应注意哪些事项？

扩展与链接　基准试剂氧化锌标准简介

"GB 1260 工业基准试剂氧化锌"

规定了工作基准试剂氧化锌的性状、规则、试验、检验规则和包装及标志，适用于滴定分析用工作基准试剂氧化锌的检验。

实验 36　铅、铋混合液中 Pb^{2+}、Bi^{3+} 的连续滴定

一、实验目的

① 掌握控制溶液的酸度进行混合离子连续滴定的原理和方法；

② 进一步熟悉二甲酚橙指示剂的应用条件和确定终点的方法。

二、实验原理

Pb^{2+}、Bi^{3+} 均能与 EDTA 形成稳定的 1:1 配合物，$\lg K_{稳}^{\ominus}$ 分别为 18.3 和 27.94，由于两者的 $\lg K_{稳}^{\ominus}$ 相差较大，故可通过控制酸度，分别进行滴定。通常在 pH≈1 时滴定 Bi^{3+}，在 pH≈5~6 时滴定 Pb^{2+}。

在铅铋混合液中，首先调节溶液的 pH≈1，以二甲酚橙为指示剂，用 EDTA 标准溶液

滴定 Bi^{3+}，此时 Bi^{3+} 与指示剂形成玫瑰红色配合物（Pb^{2+} 在此酸度条件下不形成显色配合物），然后用 EDTA 标准溶液滴定至溶液突变为黄色，即为测定 Bi^{3+} 的终点。

在滴定 Bi^{3+} 后的溶液中，加入六亚甲基四胺，调节溶液的 pH 为 5~6，此时 Pb^{2+} 与二甲酚橙形成显色配合物，溶液呈现出紫红色，然后用 EDTA 标准溶液继续滴定至溶液由紫红色经过渡色恰好变为亮黄色，即为测定 Pb^{2+} 的终点。

预习时，请列出两种元素测定结果的计算式。

三、仪器与试剂

（1）仪器：酸式滴定管，容量瓶，移液管，洗耳球。

（2）试剂：EDTA 标准溶液（0.02mol/L），Pb^{2+}、Bi^{3+} 混合试液，HNO_3 溶液（0.1mol/L），NaOH 溶液（0.1mol/L），六亚甲基四胺溶液（200g/L），二甲酚橙指示剂。

四、实验内容

用一洗净的 250mL 容量瓶向指导教师领取待测定的 Pb^{2+}、Bi^{3+} 混合液，用去离子水稀释至刻度，摇匀备用。

（1）Bi^{3+} 含量的测定

用移液管准确移取 25.00mL 上述稀释试液于 250mL 锥形瓶中，调节溶液的酸度，使 pH≈1.0（可用 0.1mol/L NaOH 和 0.1mol/L HNO_3 调节），然后加入 1mL 0.1mol/L HNO_3、1~2 滴二甲酚橙指示剂，用 EDTA 标准溶液滴定至溶液由玫瑰红色，经过渡色恰好变为黄色，即为终点。根据滴定时消耗的 EDTA 溶液的体积，计算出混合试液中 Bi^{3+} 的含量。

（2）Pb^{2+} 含量的测定

在滴定 Bi^{3+} 后的溶液中，加入 20% 六亚甲基四胺溶液至溶液呈现稳定的紫红色后，再过量 5mL，此时溶液的 pH 约为 5~6，再以 EDTA 标准溶液滴定至溶液由紫红色，经过渡色恰好变为亮黄色，即为终点。根据滴定时消耗的 EDTA 溶液的体积，计算出混合试液中 Pb^{2+} 的含量。

平行测定三次，其精密度不应超过 0.3%。

实验中调节酸度时，测试 pH 的次数不宜太多，以免影响测定结果。而且滴定过程中也不可用去离子水多次冲洗，以免体积太大，特别是金属离子的水解，影响终点的变色。

五、思考题

（1）为什么能在 Pb^{2+} 存在下直接以 EDTA 标准溶液滴定 Bi^{3+}？

（2）能否在同一份试液中先滴定 Pb^{2+} 而后滴定 Bi^{3+}？

（3）若在第一次终点到达之前的滴定中，不断加入去离子水，可能会出现什么问题？

（4）测定混合液中的 Pb^{2+} 和 Bi^{3+}，可否采用铬黑 T 指示剂？为什么？

（5）为何从林邦曲线上查得的 Bi^{3+}、Pb^{2+} 滴定的最低 pH 分别为 0.7、3.4 左右，而滴定却在 pH≈1、5~6 进行？它们滴定的 pH 分别再高一点是否可行？为什么？

（6）试从你的实验过程或实验结果中，找出可能存在的问题，如何改进及提高？

实验 37　陈醋的电势滴定

一、实验目的

① 了解电势滴定的基本原理；

② 学习电势滴定的基本操作。

二、实验原理

滴定终点的确定一般有指示剂法和一些仪器分析方法，前面所做的滴定分析实验都是以指示剂的颜色变化来确定终点，本实验所采用的电势滴定法则是根据滴定过程中化学电池电动势的突跃来确定滴定终点。其原理是以 NaOH 标准溶液为滴定剂，采用 pH 玻璃电极为指示电极，饱和甘汞电极为参比电极，将这两支电极（或一支 pH 复合玻璃电极）插入 HAc 溶液中组成化学电池。

由于参比电极的电极电势不发生变化，电池电动势仅由溶液中 H^+ 决定，在滴定过程中，随着 NaOH 标准溶液的不断加入，溶液的 H^+ 活度不断发生变化，导致电池的电动势相应改变。将电压表测得的电池电动势进行转换即可直接读出被测溶液的 pH。此电池的电动势 $E＝常数＋0.059pH$。

实验中可用酸度计来观察记录滴定过程中电动势（或 pH）的变化，然后以滴定剂的体积（V）为横坐标，相应的 pH 为纵坐标作图，即可得到如图 5-1 所示的滴定曲线。

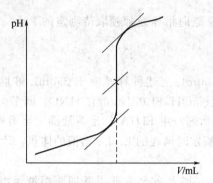

图 5-1　酸碱电势滴定曲线及拐点的确定

此滴定曲线的拐点（作出两条与滴定曲线上下两台阶成 45°倾斜角的切线，两条切线的等分线与滴定曲线的交叉点即为拐点）就是滴定终点。拐点所对应的体积即为滴定终点时消耗滴定剂的体积 $V_终$，据此即可求出 HAc 的含量。

陈醋（本实验用镇江陈醋）是一种含有醋酸的有色调味品，采用酸碱指示剂的常规酸碱滴定测定其中的醋酸含量，滴定终点难以判断，而电势滴定就不存在这个问题。

试应用计算机进行数据处理，绘制出滴定曲线，并求出醋酸的含量。

预习时请设计出符合要求的预习报告。

三、仪器与试剂

（1）仪器：酸度计，玻璃电极，甘汞电极（或 pH 复合玻璃电极），碱式滴定管，吸量管，烧杯，电磁搅拌器，搅拌子。

（2）试剂：标准缓冲溶液（pH＝4.00、6.86、9.18），NaOH（0.1mol/L），HAc（待测样品）。

四、实验内容

（1）用 pH＝9.18（25℃）的标准缓冲溶液校正酸度计。

（2）准确吸取 HAc 试液 1mL 于 100mL 烧杯中，加水约 60mL，并在烧杯中放入已洗净的搅拌子一只。

（3）将盛有试液的烧杯放在电磁搅拌器中央，打开搅拌器开关，调节搅拌子转速充分搅拌试液。

（4）将两支电极或一支 pH 复合玻璃电极小心浸入试液中，以标定好的 0.1mol/L NaOH 标准溶液滴定。在每次滴加标准溶液后应充分搅拌溶液，然后停止搅拌，读取溶液的 pH，并做好记录（体积、pH）。

五、注意事项

（1）在用电极夹固定电极时应使 pH 玻璃电极位置比饱和甘汞电极位置高些，以免电极不慎降落或搅拌时碰坏 pH 玻璃电极的玻璃球泡。

（2）在滴定终点附近，每次滴入量应减少（如 0.1～0.2mL），之前可以加快些。

六、思考题

（1）酸碱滴定中滴定终点的确定有哪些方法？本实验中如何确定滴定终点？

（2）如何选择标准缓冲溶液校正酸度计？

（3）试从你的实验过程或实验结果中，找出可能存在的问题，如何改进及提高？

扩展与链接　电位滴定及酿造食醋相关标准简介

(1) 电位滴定法相关标准简介

"GB/T 23840 无机化工产品电位滴定法通则"　规定了无机化工产品电位滴定法对仪器的要求和定量分析的通用规则，适用于无机化工产品酸碱滴定、沉淀滴定、氧化还原滴定和非水滴定，特别适用于混浊、有色溶液的滴定以及缺乏合适指示剂的滴定分析方法。

"GB/T 9725 化学试剂电位滴定法通则"　规定了通过测量电极电位来确定滴定终点的方法，适用于酸碱滴定、沉淀滴定、氧化还原滴定和非水滴定，特别适用于浑浊、有色溶液的滴定以及缺乏合适指示剂的滴定分析方法。

(2) "GB 18187 酿造食醋"简介

该标准规定了酿造食醋的定义、产品分类、技术要求、试验方法、检验规则和标签、包装、运输、储存的要求，仅适用于标准所规定的调味用酿造食醋，不适用于保健用酿造食蜡。

实验 38　磺基水杨酸法测定铁的含量

一、实验目的

① 巩固吸光光度法的基本理论，掌握吸收曲线及标准曲线的绘制及其应用；

② 进一步掌握分光光度计的工作原理及使用方法。

二、实验原理

根据朗伯-比尔定律：$A = \varepsilon bc$，当入射光波长 λ 及光程 b 一定时，在一定的浓度范围内，有色物质的吸光度与其浓度 c 成正比。只要绘出 $A - c$ 标准曲线，测出待测试液的吸光度，就可以由标准曲线查得待测试液的浓度值，求得未知试样的含量。

由于 Fe^{3+} 在浓度极稀时颜色极淡，几乎不易察觉，因此不宜直接测定，需要先显色，使之转变为吸光度较大的有色物质。本实验选用磺基水杨酸（SSal）为显色剂，这是一种无色晶体，易溶于水，在不同 pH 的溶液中与 Fe^{3+} 能形成组成和颜色都不同的配合物。在 pH＝8～11 的碱性溶液中，形成黄色的 $[Fe(SSal)_3]^{3-}$。反应如下：

请参见 1.6.2，试应用计算机进行数据处理，绘制出吸收曲线与标准曲线，并求出未知溶液中铁的含量。

预习时请设计出符合要求的预习报告。

预习时请设计出符合要求的预习报告。

三、仪器与试剂

(1) 仪器：可见光分光光度计，1cm 比色皿，5mL 吸量管，50mL 容量瓶，烧杯。

(2) 试剂：Fe^{3+} 标准溶液 $(100\mu g/mL)$，$NH_3 \cdot H_2O(1+1)$，磺基水杨酸 $(200g/L)$。

四、实验内容

(1) 溶液的配制

① 100μg/mL 铁标准溶液的配制 准确称取 0.7030g 硫酸亚铁铵 $[(NH_4)_2Fe(SO_4)_2 \cdot 6H_2O]$ 于 100mL 烧杯中，加入 50mL 1mol/L HCl 溶液，完全溶解后，移入 1L 容量瓶中，再加入 50mL 1mol/L HCl 溶液，用蒸馏水稀释至刻度，摇匀。

② 系列标准溶液的配制 取 6 支 50mL 容量瓶，编号。用吸量管分别移取 0.00mL、0.50mL、1.00mL、1.50mL、2.00mL、2.50mL Fe^{3+} 标准溶液，依次加入各容量瓶中，再于每份试液中分别加入 2.5mL 200g/L 磺基水杨酸，然后滴加 (1+1) 氨水至溶液由红色转变为稳定的黄色，再过量 1mL，定容，摇匀。

(2) 吸收曲线的绘制

用 1cm 比色皿，以 1 号空白溶液为参比，选取 4 号标准溶液为待测液，在波长 400～500nm 的范围内，每隔 10nm 测定一次吸光度。绘制 $A-\lambda$ 吸收曲线，找出最大吸收波长 λ_{max}。

(3) 标准曲线的绘制

以最大吸收波长为测量波长（约为 420nm），用 1cm 比色皿，以 1 号空白溶液为参比，分别测定 1～6 号标准系列溶液的吸光度。重复测定一次后取平均值。以吸光度 A 为纵坐标，以标准溶液浓度 c 为横坐标，绘制 $A-c$ 曲线。

(4) 未知液中铁含量的测定

取一只洁净的 50mL 容量瓶，从指导教师处领取一份未知液，放入 50mL 容量瓶中，按以上方法显色并测定其吸光度。然后在标准曲线上查出相应的浓度，求得未知液的铁含量。

五、思考题

(1) 溶液酸度对磺基水杨酸-铁配合物的吸光度有何影响？

(2) 本实验哪些试剂应准确加入？哪些试剂可不必严格准确加入？为什么？

(3) 请比较本实验方法与行标方法的主要异同点，并说明各自的主要优、缺点，本实验方法或行标方法应如何改进或完善？

扩展与链接 铁含量测定相关标准简介

"GB/T 3049 工业用化工产品铁含量测定的通用方法 1,10-菲啰啉分光光度法" 简介

规定了化工产品中铁含量测定的通用方法 1,10-菲啰啉分光光度法。描述了溶液中铁含量的测定技术。在制备试液溶液时，应参考与所分析产品有关的标准对本方法进行必要的修改使其适合产品的测定。

其他对象铁含量测定的标准：HG/T 3539 工业循环冷却水中铁含量的测定 邻菲啰啉分光光度法；GB/T 4348.3 工业用氢氧化钠 铁含量的测定 1,10-菲啰啉分光光度法；GB/T 8570.7 液体无水氨的测定方法 第 7 部分：铁含量 邻菲啰啉分光光度法；GB/T 6276.6 工业用碳酸氢铵的测定方法第 6 部分：铁含量 邻菲啰啉分光光度法；GB/T 2441.4 尿素的测定方法 第 4 部分：铁含量 邻菲啰啉分光光度法；HJ/T 345 水质铁的测定邻菲啰啉分光光度法（试行）等。

实验 39 天然水中亚硝酸盐氮的测定(盐酸-α 萘胺分光光度法)

一、实验目的

① 掌握水中亚硝酸盐氮的测定方法与原理；

② 了解分光光度法在环境分析中的应用。

二、实验原理

水中的亚硝酸盐氮是氮循环的中间产物，不稳定。在缺氧环境中，水中的亚硝酸盐也可受微生物作用，还原为氨；在富氧环境中，水中的氨也可转变为亚硝酸盐。亚硝酸盐可使人体正常的低铁血红蛋白氧化成高铁血红蛋白，使血红蛋白在体内失去运输氧的能力，出现组织缺氧的症状。此外，亚硝酸盐可与仲胺类物质反应生成具有致癌性的亚硝胺类物质，尤其在低 pH 下，更有利于亚硝胺类物质的形成，因此水中亚硝酸盐氮的测定对水质的监控具有重要意义。

当 pH 为 2.0～2.5 时，亚硝酸盐和对氨基苯磺酸反应生成重氮盐，然后与盐酸-α 萘胺发生偶联反应生成紫红色染料，其色度与亚硝酸盐含量成正比。反应式为：

$$H_2N-\!\!\!\!\!\!\bigcirc\!\!\!\!\!\!-SO_3H + NaNO_2 + 2CH_3COOH \longrightarrow CH_3COO-N=N-\!\!\!\!\!\!\bigcirc\!\!\!\!\!\!-SO_3H + CH_3COONa + 2H_2O$$

$$CH_3COO-N=N-\!\!\!\!\!\!\bigcirc\!\!\!\!\!\!-SO_3H + \text{（萘胺）} \cdot NH_2 \cdot HCl \longrightarrow HO_3S-\!\!\!\!\!\!\bigcirc\!\!\!\!\!\!-N=N-\text{（萘胺）} + CH_3COOH$$

预习时请设计出符合要求的预习报告。

三、仪器与试剂

(1) 仪器：可见光分光光度计，10mL 吸量管，50mL 容量瓶。

(2) 试剂：不含亚硝酸盐的去离子水，对氨基苯磺酸溶液（0.03mol/L），盐酸-α 萘胺溶液（0.03mol/L），HCl，$NaNO_2$ 标准溶液（1.00×10^{-3} mg/mL），NaAc 溶液（2mol/L）。

四、实验内容

(1) 溶液的配制

① 不含亚硝酸盐的去离子水　在去离子水中加入少许高锰酸钾晶体，再加入氢氧化钙或氢氧化钡，使之呈碱性。重蒸馏后，弃去 50mL 初滤液，收集中间 70%的无亚硝酸盐馏分。

② 0.03mol/L 对氨基苯磺酸溶液　称取 0.60g 分析纯对氨基苯磺酸，溶于 70mL 去离子水中。冷却后，加 20mL HCl，用去离子水稀释至 100mL，储于棕色瓶中。

③ 0.03mol/L 盐酸-α 萘胺溶液　称取 0.60g 分析纯盐酸-α 萘胺置于烧杯中，加少量水搅拌，使之充分润湿，再加 1.0mL HCl，用去离子水稀释到 100mL。当测定结果重现性不好时，应重配。

④ 1.00×10^{-3} mg/mL 亚硝酸钠标准溶液　称取 0.2460g 分析纯亚硝酸钠，溶于去离子水，稀释至 1L。吸取此溶液 20mL，再稀释至 1L，即为标准溶液。于此标准溶液中加入 1mL 氯仿保存。

(2) 标准系列溶液的配制

取 50mL 容量瓶 8 个，分别用吸量管加入亚硝酸钠标准溶液（1.00×10^{-3} mg/mL）0.00、0.50、0.80、1.00、2.00、4.00、6.00、8.00mL。再于各容量瓶中依次加入 30mL 去离子水、2mL 对氨基苯磺酸溶液，摇匀。经 3～5min 后，继续加入对氨基苯磺酸溶液和盐酸-α 萘胺溶液各 2mL，用去离子水稀释至刻度，摇匀。10min 后即可测定。

(3) 绘制吸收曲线

取 6 号标准溶液，用 1cm 比色皿，以 1 号空白溶液为参比，在 440～600nm 范围内，每隔 20nm 测一次吸光度，其中 500～530nm 每隔 5nm 测一次。根据波长和相应的吸光度值，绘制吸收曲线，找出最大吸收波长 λ_{max}。

（4）绘制工作曲线

用 1cm 比色皿，以 1 号空白溶液为参比，以最大吸收波长为测量波长，测量标准系列溶液的吸光度。绘制 $A-c$ 工作曲线。

（5）水样的测定

取水样 50mL，用快速滤纸过滤。用量筒取 40mL 水样于 50mL 容量瓶中。按照与标准系列溶液相同的方法显色。用 1cm 比色皿，以 1 号空白溶液为参比，以最大吸收波长为测量波长，测量未知溶液的吸光度。从标准曲线上查得水样的含氮量，计算水的含氮量（mg/L）。

五、思考题

（1）水中的三氮指什么？分别如何测定？

（2）本实验的主要误差来源有哪些？怎样减免？

（3）请比较本实验方法与行标方法的主要异同点，并说明各自的主要优、缺点，本实验方法或行标方法应如何改进或完善？

扩展与链接　水中亚硝酸盐测定标准简介

"HG/T 3516 工业循环冷却水中亚硝酸盐的测定　分子吸收分光光度法"简介

规定了采用分子吸收分光光度法测定工业循环冷却水中亚硝酸盐的方法，适用于工业循环冷却水中亚硝酸盐含量在 0.062~0.25mg/L 的测定，也适用于饮用水、生活用水和废水中的亚硝酸盐的测定。

实验 40　$Cr_2O_7^{2-}$、MnO_4^- 混合溶液的分光光度分析

一、实验目的

① 了解分光光度法在测定多组分试样中的应用；

② 理解吸光度的加和性及其应用；

③ 进一步掌握分光光度计的使用方法。

二、实验原理

如果混合溶液中含有数种吸光物质，彼此无相互作用，但吸收曲线部分重叠，如图 5-2 所示。则任一吸收波长处所测得的吸光度是两种吸光物质所产生的吸光度之和（吸光度的加和性）。

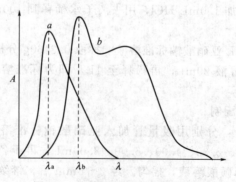

图 5-2　某种混合系统的吸收曲线

利用吸光度的加和性原理，可以不必预先分离而直接对同一溶液中的不同组分进行测定，这样可以大大简化分析操作步骤。

假设溶液中存在 x 和 y 两种组分，它们的吸收曲线部分重叠，找出两个合适的波长 λ_1 和 λ_2，在两个波长处 x 和 y 两组分的吸光度差 ΔA 较大，则可分别在波长 λ_1 和 λ_2 处测得

混合试液的总吸光度 A_1 和 A_2，由吸光度的加和性可建立联立方程：

$$A_1 = \varepsilon_{x1}bc_x + \varepsilon_{y1}bc_y$$
$$A_2 = \varepsilon_{x2}bc_x + \varepsilon_{y2}bc_y$$

式中　A_1、A_2——λ_1、λ_2 处 x 和 y 的总吸光度；

　　　c_x、c_y——x、y 的浓度；

　　　ε_{x1}、ε_{y1}——x、y 在波长 λ_1 时的摩尔吸收系数；

　　　ε_{x2}、ε_{y2}——x、y 在波长 λ_2 时的摩尔吸收系数。

摩尔吸收系数可以分别由 x、y 的纯溶液在两个波长下测得。

预习时请设计出符合要求的预习报告。

三、仪器与试剂

（1）仪器：可见光分光光度计，1cm 比色皿，吸量管，容量瓶，滴定管，锥形瓶，加热装置。

（2）试剂：$K_2Cr_2O_7$ 标准溶液（1.00×10^{-3} mol/L），$KMnO_4$ 溶液（约 0.00033mol/L，待标定），H_2SO_4 溶液（3mol/L），$Na_2C_2O_4$（AR），混合离子试液。

四、实验内容

（1）标准溶液配制（由实验室准备）

① 1.00×10^{-3} mol/L $K_2Cr_2O_7$ 标准溶液　准确称取 0.2942g $K_2Cr_2O_7$ 基准物，用去离子水溶解，转移至 1L 容量瓶中，定容，混匀。

② $KMnO_4$ 标准溶液　称取一定量固体 $KMnO_4$，溶于 1L 去离子水中，煮沸 1~2h，放置过夜。用 4 号玻璃砂漏斗过滤，储于棕色瓶中，暗处存放。其近似浓度为 0.00033mol/L，准确浓度须用 $Na_2C_2O_4$ 基准物标定。

（2）吸收曲线的绘制

以去离子水为参比，用 1cm 比色皿，分别以 $K_2Cr_2O_7$ 标准溶液、$KMnO_4$ 标准溶液为测试液，在波长 400~600nm 范围内，每隔 10nm 测一次吸光度 A。以吸光度为纵坐标，波长为横坐标，绘制两条吸收曲线，并在图上找出 λ_1 和 λ_2。根据 $\varepsilon = \dfrac{A}{bc}$ 求出 λ_1 和 λ_2 处的摩尔吸收系数 $\varepsilon_{Cr,\lambda1}$、$\varepsilon_{Cr,\lambda2}$、$\varepsilon_{Mn,\lambda1}$ 和 $\varepsilon_{Mn,\lambda2}$。

（3）混合试样的测定

从实验指导老师处领取一份含有 MnO_4^-、$Cr_2O_7^{2-}$ 混合离子的试液，放入 50mL 容量瓶中，稀释至刻度，混匀。以 1cm 比色皿，在 λ_1 和 λ_2 处分别测得吸光度 A_1 和 A_2，代入前述联立方程中，即可求出 MnO_4^-、$Cr_2O_7^{2-}$ 的浓度。

五、思考题

（1）混合物中各组分吸收曲线重叠时，为什么要在吸光度差值 ΔA 较大的两个波长处测定？

（2）如果吸收曲线重叠，而又不遵从朗伯－比尔定律时，该法是否还可以应用？

（3）试从你的实验过程或实验结果中，找出可能存在的问题，如何改进及提高？

实验 41　钴和铁的离子交换色谱分离与测定

一、实验目的

① 了解离子交换分离方法的应用；

② 学习装柱、交换、淋洗等基本操作。

二、实验原理

许多金属离子，例如 Fe^{3+}、Co^{2+}、Ni^{2+}、Mn^{2+}、Zn^{2+}、Cu^{2+} 等，能与 Cl^- 生成配离子，即

$$M^{n+} + mCl^- \longrightarrow MCl_m{}^{n-m}$$

当 $m>n$ 时，M^{n+} 与 Cl^- 形成配阴离子而被阴离子交换树脂吸附。由于各种金属配阴离子的稳定性不同，生成配阴离子所需的 Cl^- 浓度也不同，因而在一定浓度的盐酸体系中，有的金属离子生成配阴离子而被阴离子交换树脂吸附，而另外一些金属离子则呈阳离子状态，不被树脂吸附。当都被吸附时，可改变洗脱液盐酸的浓度，使金属离子先后解吸下来进入流出液。本实验就是通过改变流经离子交换树脂的盐酸浓度来分离混合试液中的 Fe^{3+} 和 Co^{2+}。用 4mol/L HCl 淋洗时，$CoCl_4^{2-}$ 可转变为 Co^{2+} 随洗脱液从交换柱上淋洗下来，当 HCl 浓度降为 0.5mol/L 时，$FeCl_6^{3-}$ 也转变为 Fe^{3+} 从树脂上被洗脱下来。分离出来的 Fe^{3+} 和 Co^{2+} 可以用各种分析方法予以测定。本实验由于铁、钴含量较低，故采用吸光光度法测定。

预习时请设计出符合要求的预习报告。

三、仪器与试剂

(1) 仪器：分光光度计，1cm 比色皿，$1 \times 25cm$ 离子交换柱（可用 25mL 酸式滴定管代替），烧杯，容量瓶，吸量管。

(2) 试剂：HCl 溶液（10mol/L、9mol/L、5mol/L、4mol/L、0.5mol/L），NaOH 溶液（0.5mol/L），铁标准溶液（10.0mg/mL、100μg/mL），钴标准溶液（10.0mg/mL、50μg/mL），铁钴混合溶液（铁、钴浓度均为 0.8mg/mL），盐酸羟胺溶液（100g/L），邻二氮菲溶液（3g/L），醋酸钠溶液（2mol/L），亚硝基 R 盐溶液（1g/L），苯乙烯型强碱性阴离子交换树脂 $50 \sim 100$ 目，NH_4SCN 溶液（50g/L）。

四、实验内容

(1) 溶液配制

① 10.0mg/mL、100μg/mL 铁标准溶液　准确称取纯净铁丝 10.000g，用 50mL (1+1) HNO_3 溶解，溶解后加热除去 NO_2，冷却，定量转移入 1L 容量瓶中，用蒸馏水稀释至刻度，摇匀，即得 10.0mg/mL 的铁标准溶液。吸取 1.0mL 10.0mg/mL 的铁标准溶液于 100mL 容量瓶，稀释，定容，得到 100μg/mL 的铁标准溶液。

② 10.0mg/mL、50μg/mL 钴标准溶液　准确称取纯金属钴 10.000g，用 50mL (1+1) HNO_3 在水浴上加热溶解。溶解后加热除去 NO_2，冷却后，定量转移入 1L 容量瓶中，用蒸馏水稀释至刻度，摇匀，即得 10.0mg/mL 的钴标准溶液。吸取 0.50mL 10.0mg/mL 的钴标准溶液于 100mL 容量瓶，稀释，定容，即得到 50μg/mL 的钴标准溶液。

③ 铁钴混合溶液　准确吸取 10.0mg/mL 铁、钴标准溶液各 8mL 于 100mL 容量瓶中，用 10mol/L 盐酸稀释至刻度，即得到含铁、钴各 0.8mg/L 的混合溶液。

(2) 色谱分离

① 树脂处理　将阴离子交换树脂先后用 0.5mol/L NaOH、水、5mol/L 盐酸及水浸泡，漂洗干净，使树脂溶胀并去除杂质，浸于水中备用。

② 装柱　取 $1 \times 25cm$ 交换柱（可用 25mL 酸式滴定管代替），洗净后底部填上少许玻璃纤维，关闭开关，装水至管高的 1/3。将准备好的树脂缓缓倒入。树脂在水中沉降后，呈均匀、无气泡状态，树脂床上面应保持一段水层，注意勿使水面低于树脂层，以免树脂干涸，混入空气。树脂装至 16cm 高。

③ **分离** 将 9mol/L HCl 20mL 分两批小心地加入交换柱，待液面下降到接近树脂层时，关闭活塞。用移液管向交换柱内移入 1.00mL 铁钴混合试液（要慢慢沿壁加入，尽量勿使树脂层翻动）。开启活塞，再加 2mL 9mol/L HCl。待试样完全进入树脂层后，关闭活塞，静置 5min，然后用 4mol/L HCl 淋洗，调节淋洗流速为 2.0mL/min。调节淋洗流速的方法是：在未加试样前，先仔细调节流速至恰好为 2.0mL/min，固定活塞，在活塞下端套一带有夹子的橡皮管，当淋洗时，只要将夹子放松，流速即为 2.0mL/min。

取 10 个 100mL 容量瓶，每个容量瓶里收集淋洗液 4.0mL。收集完后，检验淋洗液内是否还有 Co^{2+}。检验方法是：在 1mL NH_4SCN 丙酮饱和溶液中，加入数毫克 NaF 固体，然后滴 1～2 滴淋洗液，若溶液未出现蓝色，说明 Co^{2+} 已全部洗脱下来了。

当淋洗液内已无 Co^{2+} 后，改用 0.5mol/L HCl 淋洗 Fe^{3+}。再次调节淋洗流速为 2.0mL/min。在 10 个 100mL 容量瓶中各收集淋洗液 4.0mL。收集完后，检验淋洗液内是否还有 Fe^{3+}。检验方法是：在 1mL 50g/L 的 NH_4SCN 溶液中滴入 1～2 滴淋洗液，若溶液呈血红色，表明淋洗液中尚有 Fe^{3+}，若溶液不变色，说明无 Fe^{3+}。若还有 Fe^{3+}，须继续收集。

(3) 测定

① Co^{2+} **的测定** 分别吸取钴标准溶液（50μg/mL）0.00、0.50、1.00、1.50、2.00、2.50、3.00mL 置于 7 个 100mL 容量瓶中，依次加入 10mL 2mol/L 的 NaAc 溶液、5mL 1g/L 的亚硝基 R 盐溶液，摇匀，在水浴中煮沸并保持 2～3min，冷却后用蒸馏水定容，摇匀。用分光光度计，在 500nm 处，用 1cm 比色皿，以试剂空白为参比，测定吸光度，绘制 Co^{2+} 的标准曲线。

将 Co^{2+} 的淋洗收集液（共 10 瓶）以同样方法显色，测其吸光度，作 Co^{2+} 的淋洗曲线。

② Fe^{3+} **的测定** 分别吸取铁标准溶液（100μg/mL）0.00、0.50、1.00、1.50、2.00、2.50、3.00mL 置于 7 个 100mL 容量瓶中，再各加入 5mL 100g/L 盐酸羟胺溶液，一小张刚果红试纸，用 2mol/L NaAc 溶液调节到试纸刚好从蓝色变为红色，然后加入 5mL 3g/mL 邻二氮菲溶液，用蒸馏水定容，摇匀。用分光光度计，在 510nm 处，用 1cm 比色皿，以试剂空白为参比，测定吸光度，绘制 Fe^{3+} 的标准曲线。

将 Fe^{3+} 的淋洗收集液（共 10 瓶）以同样方法显色，测其吸光度，作 Fe^{3+} 的淋洗曲线。

③ **回收率的测定** 以测定淋洗曲线相同的方法，进行回收率的测定，加入试样量相同，淋洗 Co^{2+}（4mol/L HCl）和 Fe^{3+}（0.5mol/L HCl）时所用的淋洗液总体积由实验步骤（3）确定。将 Co^{2+} 和 Fe^{3+} 的淋洗液分别收集在两个 100mL 容量瓶中，待淋洗完毕后用蒸馏水定容，摇匀。然后各吸取 10.00mL，分别测出 Co^{2+} 和 Fe^{3+} 的含量，计算它们的回收率。

(4) 交换柱的再生

以 20～30mL 9mol/L HCl 溶液处理交换柱，使之再生，以备下次交换时用。

五、思考题

(1) 离子交换树脂使用前为什么要先用碱、酸溶液浸泡？

(2) 交换柱的直径大小和流速快慢对分离有什么影响？

(3) 为什么离子交换树脂中不允许进入空气？

(4) 试从你的实验过程或实验结果中，找出可能存在的问题，如何改进及提高？

第6章 探究性与综合设计实验

本章预习时，请根据实验内容以及个人对实验操作、实验技能掌握的情况，选择性复习第1章、第2章等章节相关知识与基础，特别注意安全问题。根据具体实验以及指导老师的安排，完成资料查阅（1.6.1）、综述、实验方案设计、实验操作、实验数据处理、结果讨论、实验报告或小论文的撰写。参考1.6.2，学习使用 Word 并以插入图表方式，完成规范的、论文形式的实验报告，或采用 Excel 或 Origin 进行数据处理，绘制相关图表，并粘贴于实验报告中相应的位置。

实验42 从硝酸锌废液中回收硫酸锌

一、实验目的
① 应用已学过的沉淀平衡基础知识，了解从含硝酸锌废液中制取硫酸锌的过程；
② 巩固沉淀过滤、洗涤、蒸发、结晶等基本操作；
③ 学习三废综合利用的初步知识。

二、实验原理
在刻制印刷锌版时，用稀硝酸腐蚀锌版后常产生大量废液。稀硝酸腐蚀锌板的主要反应为：

$$4Zn + 10HNO_3(稀) = 4Zn(NO_3)_2 + N_2O\uparrow + 5H_2O$$

所以该废液中含有大量的 $Zn(NO_3)_2$ 和少量由自来水带进的 Cl^-、Fe^{3+} 等杂质离子。从废液中回收锌，不仅可以为国家创造财富，还能防止大量废液对环境的污染，具有重要意义。

从废液制取 $ZnSO_4 \cdot 7H_2O$ 晶体的过程是：先用 NaOH 将 $Zn(NO_3)_2$ 转变为 $Zn(OH)_2$ 沉淀，然后将沉淀溶解在稀 H_2SO_4 中，再蒸发、结晶。为了制得较纯的产品，还须除去 NO_3^-、Cl^- 和 Fe^{3+} 等杂质离子。

由于 $Zn(OH)_2$ 难溶于水，而硝酸盐和大部分氯化物易溶于水，因此用去离子水反复洗涤 $Zn(OH)_2$ 沉淀，就可以除去 NO_3^- 和 Cl^- 等杂质离子。

在用 NaOH 沉淀 Zn^{2+} 时，杂质 Fe^{3+} 也成为 $Fe(OH)_3$ 沉淀，可以在用稀 H_2SO_4 溶解 $Zn(OH)_2$ 沉淀时，调节溶液的 pH 使 $Fe(OH)_3$ 沉淀与 Zn^{2+} 分离。

三、实验内容
在烧杯中加入 100mL 含硝酸锌的废液，在不断搅动下，加入约 40mL 6mol/L NaOH。

注意：NaOH 溶液不要一次全部加入，先加一部分，用 pH 试纸检验溶液的 pH 值，然后再逐滴加入，直到溶液 pH＝8 时为止。这时大部分 $Zn(NO_3)_2$ 已成为 $Zn(OH)_2$ 沉淀。6mol/L NaOH 的用量可根据废液的酸度和 Zn^{2+} 含量不同而有所增减，关键在于调节溶液的 pH 到 8 为止。

用吸滤法过滤。将布氏漏斗上的 $Zn(OH)_2$ 沉淀转移至烧杯中，加约 100mL 去离子水，搅匀，再用吸滤法过滤，并用少量去离子水洗涤烧杯，然后一起倒入布氏漏斗中抽滤。再用同样方法洗涤沉淀两次。

将洗净的 $Zn(OH)_2$ 沉淀放入洁净的烧杯中，逐滴加入 $2mol/L$ H_2SO_4 约 $18mL$。

注意：切不可一次全部加入，先加一部分，然后在加热和不断搅动下，再慢慢滴加 $2mol/L$ H_2SO_4 直至 $pH=4$ 为止。加入 $2mol/L$ H_2SO_4 的量以溶液的 pH 达到 4 时为准，可以有所增减。

加热煮沸，促使铁盐水解完全。此时，杂质 Fe^{3+} 成为 $Fe(OH)_3$ 沉淀。趁热过滤，弃去沉淀，滤液即为 $ZnSO_4$ 溶液。

将滤液倒入洁净的蒸发皿中，加入数滴 $2mol/L$ H_2SO_4，使溶液 $pH=2$，以防止锌盐水解而产生 $Zn(OH)_2$ 沉淀。然后小心用小火加热，至液面出现一层微晶膜时，停止加热。冷却后用吸滤法过滤，尽量抽干。取出 $ZnSO_4·7H_2O$ 晶体，再用滤纸压干，称出产品的质量。

四、产品检验

取少量产品用 $10mL$ 去离子水溶解，然后分装在三支试管中，编号为①、②、③。另取三支试管，分别装入 $2mL$ 废液，编号为①′、②′、③′。

(1) Cl^- 的检验

在①、①′两支试管中，分别加入 $0.1mol/L$ $AgNO_3$ 溶液 $1\sim2$ 滴，观察两支试管中，是否有白色 $AgCl$ 沉淀生成。

(2) NO_3^- 的检验

在②、②′两支试管中，分别加入 $FeSO_4$ 晶体少许，然后将试管斜持，小心沿管壁加入 H_2SO_4 约 $1mL$（注意：不要摇动试管），静置片刻，观察在液体分界面处是否有棕色环形成。

(3) Fe^{3+} 的检验

在③、③′两支试管中，分别加入 $2\sim3$ 滴 $2mol/L$ HCl 酸化，然后分别加入 $0.1mol/L$ KSCN 溶液数滴。对比溶液是否呈红色。

根据检验结果，试评定产品纯度。

五、实验前应准备的问题

（1）怎样将硝酸锌转变为硫酸锌？

（2）从废液制取 $ZnSO_4·7H_2O$ 结晶的过程中，如何除去可溶性杂质？

（3）沉淀 $Zn(OH)_2$ 时调节 $pH=8$，去除 Fe^{3+} 时调节 $pH=4$，蒸发硫酸锌时为什么要调节 $pH=2$？

（4）无论是制备，还是纯度检验，你是否还有更好的方案？若有，请与指导老师联系，并附于实验报告后。

实验 43　过氧化钙的制备及含量分析

一、实验目的

① 综合练习无机化合物制备的操作；

② 了解过氧化钙的制备原理及条件；

③ 了解碱金属和碱土金属过氧化物的性质。

二、实验原理

过氧化钙是一种比较稳定的金属过氧化物，它可在室温下长期保存而不分解。它的氧化性较缓和，属于安全无毒的化学品，可应用于环保、食品及医药工业。

本实验以大理石为原料。大理石的主要成分是碳酸钙，还含有其他金属离子及不溶性杂质。先将大理石溶解除去杂质，制得纯的碳酸钙固体。再将碳酸钙溶于适量的盐酸中，在低温、碱性条件下与过氧化氢反应制得过氧化钙。水溶液中制得的过氧化钙含有结晶水，颜色近乎白色。其结晶水的含量随制备方法及反应温度的不同而有所变化，最高可达 8 份结晶水。含结晶水的过氧化钙在加热后逐渐脱水，100℃以上完全失水，生成米黄色的无水过氧化钙。加热至 350℃左右，过氧化钙迅速分解，生成氧化钙，并放出氧气。反应方程式为：

$$2CaO_2 \xrightarrow{\triangle} 2CaO + O_2 \uparrow$$

三、实验内容

(1) 制取纯的 CaCO₃

称取 10g 大理石，溶于 50mL 浓度为 6mol/L HNO₃ 溶液中。反应完全后，将溶液加热至沸腾。然后，加 100mL 水稀释并用（1+1）氨水调节溶液的 pH 至呈弱碱性。再将溶液煮沸，趁热常压过滤，弃去沉淀。另取 15g(NH₄)₂CO₃ 固体，溶于 70mL 水中。在不断搅拌下，将它缓慢地加到上述热的滤液中，再加 10mL 氨水。搅拌后放置片刻，减压过滤，用热水洗涤沉淀数次。最后将沉淀抽干。

(2) 过氧化钙的制备

将以上制得的 CaCO₃ 置于烧杯中，逐滴加入 6mol/L HCl，直至烧杯中仅剩余极少量的 CaCO₃ 固体为止。将溶液加热煮沸，趁热常压过滤以除去未溶的 CaCO₃。另外，量取 60mL 浓度为 60g/L H₂O₂ 溶液，将它加入 30mL（1+2）氨水中，将所得的 CaCl₂ 溶液和 NH₃·H₂O 溶液都置于冰水浴中冷却。

待溶液充分冷却后，在剧烈搅拌下将 CaCl₂ 溶液逐滴滴入 NH₃·H₂O 溶液中（滴加时溶液仍置于冰水浴内）。加毕继续在冰水浴内放置半小时。然后减压过滤，用少量冰水（蒸馏水）洗涤晶体 2~3 次。晶体抽干后，取出置于烘箱内在 120℃下烘 1.5h。最后冷却，称重，计算产率。

(3) 性质试验

① CaO₂ 的性质试验　在试管中放入少许 CaO₂ 固体，逐滴加入水，观察固体的溶解情况。取出一滴溶液，用 KI-淀粉试纸试验。在原试管中滴入少许稀盐酸，观察固体的溶解情况，从中再取出一滴溶液，用 KI-淀粉试纸试验。

② H₂O₂ 的催化分解　取三支试管，各加入 1mL 上述试管中的溶液。在其中一支试管内再加 1 滴浓度为 2mol/L Fe(NO₃)₃ 溶液，在第二支试管中滴 2mol/L NaOH 溶液。比较三支试管中 H₂O₂ 分解放出氧气的速度。

③ 过氧化钙含量分析　称取干燥产物 0.1~0.2g，加入 100mL 水中。取 100g/L KI 溶液 20mL 与 15mL 6mol/L HCl 混合后加入上述水中。充分摇匀后放置 10min 使作用完全。以淀粉溶液作指示剂，用 0.05mol/L 硫代硫酸钠标准溶液滴定，蓝色褪去为终点，计算产物中 CaO₂ 含量。

四、须准备的工作

(1) 查阅相关的资料，了解过氧化钙制备、应用等的最新动态。

(2) 提出自己的实验方案，并附在实验报告之后。

实验 44　硫代硫酸钠的制备和应用

一、实验目的

① 了解非水溶剂重结晶的一般原理；

② 练习冷凝管的安装和回流操作；

③ 掌握硫代硫酸钠合成过程中的一些基本反应原理、反应条件；

④ 综合训练有关实验的基本操作技能。

二、实验原理

(1) 非水溶剂重结晶法提纯硫化钠

纯硫化钠为含有不同数目结晶水的无色晶体（如 $Na_2S \cdot 5H_2O$、$Na_2S \cdot 9H_2O$）。工业硫化钠由于含有大量杂质，如重金属硫化物、煤粉等，而呈红褐色。本实验是利用硫化钠能溶于热酒精的性质，使其他杂质或在趁热过滤时除去，或在冷却后硫化钠结晶析出时留在母液中除去。

(2) 硫代硫酸钠的制备

用硫化钠制备硫代硫酸钠的反应大致可分为三步进行。

① Na_2CO_3 与 SO_2 中和而生成 Na_2SO_3。

$$Na_2CO_3 + SO_2 \Longrightarrow Na_2SO_3 + CO_2$$

② Na_2S 与 SO_2 反应生成 Na_2SO_3 和 H_2S。

$$Na_2S + SO_2 + H_2O \Longrightarrow Na_2SO_3 + H_2S$$

H_2S 是一个强还原剂，遇到 SO_2 时析出 S。

$$2H_2S + SO_2 \Longrightarrow 3S\downarrow + 2H_2O$$

③ Na_2SO_3 与硫反应而生成 $Na_2S_2O_3$。

$$Na_2SO_3 + S \xrightarrow{\triangle} Na_2S_2O_3$$

总反应为：
$$2Na_2S + Na_2CO_3 + 4SO_2 \Longrightarrow 3Na_2S_2O_3 + CO_2$$

含有硫化钠和碳酸钠的溶液，用二氧化硫气体饱和。反应中碳酸钠用量不宜过少，如用量过少，则中间产物亚硫酸钠量少，使析出的硫不能全部生成硫代硫酸钠。Na_2S 和 Na_2CO_3 以 2：1 的摩尔比取量较为适宜。

反应完毕后，过滤得到硫代硫酸钠溶液，然后浓缩蒸发，冷却，析出晶体为 $Na_2S_2O_3 \cdot 5H_2O$，干燥后即为产品。

三、实验内容

(1) 硫化钠的提纯

取粉碎的工业级硫化钠 36g 装进 500mL 的烧瓶中，再加入 300mL 95％（体积分数）乙醇和 15mL 水。将烧瓶放在水浴锅上，烧瓶上装一支 300mm 长的直管（或球形）冷凝管，并向冷凝管中通入冷却水（装置如图 6-1 所示）。水浴锅的水保持沸腾回流约 40min，停止加热并使烧瓶在水浴锅上静置 5min。然后取下烧瓶，用两层滤纸趁热抽滤，以除去不溶性杂质。将滤液转入一只 500mL 的烧杯中，不断搅拌以促使硫化钠晶体大量析出。再放置一段时间，冷却至室温。冷却后倾析出上层母液。硫化钠晶体每次用少量 95％（体积分数）的乙醇在烧杯中用倾析法洗涤一至二次，然后抽滤。抽干后，再用滤纸吸干。母液装入指定的回收瓶中。

按本方法制得的产品组成相当于 $Na_2S \cdot 5H_2O$。

(2) 硫代硫酸钠的制备

称取提纯后的硫化钠 30g，并根据化学反应方程式计算出所需碳酸钠的用量，按此用量进行称量。然后将硫化钠和碳酸钠一并放入 250mL 三口烧瓶中，注入 150mL 蒸馏水使其溶解（可微热，促其溶解）。按图 6-2 安装制备硫代硫酸钠的装置。

在分液漏斗中，注入浓盐酸，蒸馏烧瓶中加入亚硫酸钠固体（比理论量稍多些），以产

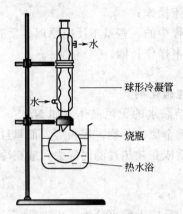

图 6-1　硫化钠的纯化装置

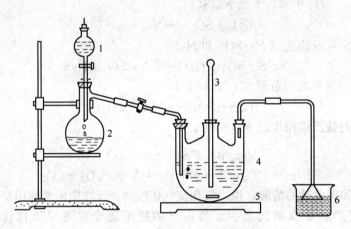

图 6-2　硫代硫酸钠的制备装置
1—分液漏斗；2—蒸馏瓶；3—温度计；4—三口瓶；
5—电磁搅拌器；6—吸收瓶

生二氧化硫气体。在碱吸收瓶中注入 6mol/L NaOH 溶液，以吸收多余的二氧化硫气体。

打开分液漏斗，使盐酸慢慢滴下，打开螺旋夹。适当调节螺旋夹（防止倒吸），使反应产生的二氧化硫气体较均匀地通入 $Na_2S-Na_2CO_3$ 溶液中，并用电磁搅拌器搅动。随着二氧化硫气体的通入，逐渐有大量浅黄色的硫析出。继续通 SO_2 气体，反应进行约半小时，溶液的 pH 接近于 7 时（注意不要小于 7），停止通入二氧化硫气体，过滤所得的硫代硫酸钠溶液。然后将其转移至烧杯中，进行浓缩，直至溶液中有一些晶体析出时，停止蒸发，冷却。使 $Na_2S_2O_3 \cdot 5H_2O$ 结晶析出，过滤。将晶体放在烘箱中，在 40℃ 干燥 40～60min。称量，计算产率。

$$Na_2S_2O_3 \cdot 5H_2O(\%) = \frac{b \times 2 \times 78.06 \times 100}{a \times 3 \times 248.21}$$

式中　b——所得 $Na_2S_2O_3 \cdot 5H_2O$ 晶体的质量，g；

　　　a——硫化钠的用量，g；

　78.06——硫化钠的分子量；

248.21——$Na_2S_2O_3 \cdot 5H_2O$ 的分子量。

四、产品检验

(1) 硫化钠含量的检验

称取 1g $Na_2S_2O_3 \cdot 5H_2O$ 试样，溶于 10mL 蒸馏水中，取少量 100g/L Pb(Ac)$_2$ 溶液，

逐滴滴入 100g/L NaOH 溶液，至白色沉淀刚刚溶解，然后取 0.5mL 此碱性 Pb(Ac)$_2$ 溶液加入 10mL 上述 Na$_2$S$_2$O$_3$ 溶液中，若溶液不变色或不变暗，即符合标准。

（2）五水硫代硫酸钠含量测定

精确称取 0.5g Na$_2$S$_2$O$_3$·5H$_2$O 样品，用少量水溶解，再加入 pH＝5.0 的 HAc-NaAc 缓冲溶液 10mL，以保证溶液的弱酸性。然后用 0.1mol/L 碘标准液滴定，以淀粉为指示剂，直到 1min 内溶液的蓝色不褪掉为止。

五、实验前应准备的问题

（1）将工业硫化钠溶于酒精并加热时，为什么要采用在水浴锅上加热并回流的方法？

（2）由硫化钠制取硫代硫酸钠时，在 Na$_2$S-Na$_2$CO$_3$ 溶液中通入 SO$_2$ 的反应是放热反应，还是吸热反应？为什么？

（3）制备 Na$_2$S$_2$O$_3$·5H$_2$O 时通 SO$_2$ 为什么必须严格控制 pH 等于 7，而不能小于 7？

（4）如果没有晶体析出，该如何处理？

（5）说明产品分析中硫化钠含量检验和硫代硫酸钠含量测定的原理。

（6）无论是制备，还是产品检验，你是否还有更好的方案？若有，请与指导老师联系，并附于实验报告后。

实验 45　磁性体法处理含铬废水

一、实验目的

① 了解磁性体法处理含铬废水的基本原理和操作过程；

② 进一步练习可见光分光光度计的操作方法。

二、实验原理

磁性体法处理含铬废水的基本原理是：在含铬废水中，加入过量的硫酸亚铁溶液，使其中的 +6 价铬和亚铁离子发生氧化还原反应，此时 +6 价铬被还原为 +3 价铬，而亚铁离子则被氧化为 +3 价铁离子。调节溶液的 pH 值，使 Cr^{3+}、Fe^{3+} 和 Fe^{2+} 转化为氢氧化物沉淀。然后加入 H$_2$O$_2$，再使部分 +2 价铁氧化为 +3 价铁，组成类似于 Fe$_3$O$_4$·xH$_2$O 的磁性氧化物。这种氧化物又称为铁氧体，其组成也可写作 Fe^{3+}[Fe^{2+}Fe$^{3+}_{1-x}$Cr$_x$]O$_4$，其中部分 +3 价铁可被 +3 价铬代替，因此可使铬成为铁氧体的组分而沉淀出来。其反应为：

$$\text{Fe}^{2+} + \text{Fe}^{3+} + \text{Cr}^{3+} + \text{OH}^- \longrightarrow \text{Fe}^{3+}[\text{Fe}^{2+}\text{Fe}^{3+}_{1-x}\text{Cr}_x]\text{O}_4 \quad （铁氧体）$$

式中，x 在 0～1 之间。

含铬的铁氧体是一种磁性材料，可以应用在电子工业上。

处理后废水中的 Cr(Ⅵ) 可与二苯基碳酰二肼作用产生红紫色配合物，根据颜色的深浅进行比色分析，即可测定废水中的残留 +6 价铬含量。

三、实验内容

① 取 200mL 含铬废水（含 K$_2$Cr$_2$O$_7$ 1450mg/L），将含铬量换算为 CrO$_3$，再按 CrO$_3$：FeSO$_4$·7H$_2$O＝1：16 的质量比算出所需的 FeSO$_4$·7H$_2$O 晶体的质量。用台秤称出所需质量的 FeSO$_4$·7H$_2$O 晶体，加到含铬废水中，滴加 3mol/L H$_2$SO$_4$，并不断搅动，直至 pH≈2，溶液呈绿色时为止。

② 用 6mol/L NaOH 调节溶液的 pH 至 7～8。

③ 将溶液在电炉上加热至 70℃，加入 6～10 滴 30g/L 的 H$_2$O$_2$，搅动后，静置，使沉淀沉降。

④ 将部分上层清液用普通漏斗过滤，用移液管移取 25mL 滤液于 50mL 容量瓶中，加入 2.5mL 二苯基碳酰二肼溶液，用去离子水稀释至刻度，摇匀后，过 10min 进行比色。在可见光分光光度计上以 540nm 为测量波长测定其吸光度。

⑤ 根据测得的吸光度，在标准曲线上查出相对应的 Cr(Ⅵ) 的质量，再用下面的公式算出每升试样中 Cr(Ⅵ) 的含量。

$$Cr(Ⅵ)含量 = \frac{1000m}{25}(mg/L)$$

式中，m 为在标准曲线上查得的 Cr(Ⅵ) 含量，mg；25 为所取试样的体积，mL。

⑥ 用磁铁将沉淀吸出，放入指定的回收瓶中，弃去废水。

四、实验前应准备的问题

(1) 什么叫作铁氧体？

(2) 在含铬废水中加入 $FeSO_4$ 后，为什么要调节 pH≈2？为什么又要加入 NaOH 调节溶液的 pH 至 7～8？为什么又要加入 H_2O_2？在这些过程中，发生了什么反应？

(3) 含铬废水处理后，怎样测定含铬量是否已降低到国家排放标准（每升含 Cr(Ⅵ) < 0.5mg）？

(4) 此实验你是否还有更好的方案？若有，请与指导老师联系，并附于实验报告后。

附：微量 Cr(Ⅵ) 的比色测定中标准曲线的绘制法（供实验室准备用）。

① Cr(Ⅵ)储备液的配制　先将分析纯级的 $K_2Cr_2O_7$ 在 110～120℃ 的烘箱中干燥 2h，在干燥器中冷却后，准确称取 0.2828g，溶于去离子水中，移入 1000mL 容量瓶中，稀释至刻度。此溶液每毫升含 Cr(Ⅵ) 量为 0.100mg。

② Cr(Ⅵ)标准液的配制　准确移取 10mL 上面的 Cr(Ⅵ) 储备液于 100mL 容量瓶中，用去离子水稀释至刻度。此标准液每毫升含 Cr(Ⅵ) 量为 0.010mg。

③ 取 6 个 50mL 容量瓶，分别加入上面的标准溶液 0.0、1.0、2.0、3.0、4.0、5.0mL，再各加入 40mL 左右去离子水和 2.5mL 二苯碳酰肼溶液，稀释至刻度，摇匀后过 10min 进行比色。用可见光分光光度计，在 540nm 波长处测定吸光度。

④ 将 Cr(Ⅵ) 含量为横坐标，测得的吸光度为纵坐标，绘制标准曲线。

实验 46　三氯化六氨合钴(Ⅲ)的制备及组成的测定

一、实验目的

① 学习配位化合物的制备方法；

② 加深理解配合物的形成对三价钴稳定性的影响；

③ 了解三氯化六氨合钴（Ⅲ）组成测定的方法。

二、实验原理

根据有关电对的标准电极电势可以知道，在通常情况下，二价钴盐较三价钴盐稳定得多，而在它们的配合物状态下却正相反，三价钴所形成的配合物比二价钴更稳定。因此，通常采用空气或过氧化氢氧化二价钴配合物的方法，来制备三价钴的配合物。

氯化钴（Ⅲ）的氨合物有许多种，主要有三氯化六氨合钴（Ⅲ）$[Co(NH_3)_6]Cl_3$（橙黄色晶体）、三氯化一水五氨合钴（Ⅲ）$[Co(NH_3)_5H_2O]Cl_3$（砖红色晶体）、二氯化一氯五氨合钴（Ⅲ）$[CoCl(NH_3)_5]Cl_2$（紫红色晶体）等。它们的制备条件各不相同。三氯化六氨合钴（Ⅲ）的制备条件是：以活性炭为催化剂，用过氧化氢氧化有氨及氯化铵存在的氯化钴（Ⅱ）溶液。反应式为：

$$2CoCl_2+2NH_4Cl+10NH_3+H_2O_2 = 2[Co(NH_3)_6]Cl_3+2H_2O$$

所得产品 $[Co(NH_3)_6]$ Cl_3 为橙黄色单斜晶体，20℃时在水中的溶解度为 0.26mol/L。

三、实验内容

(1) 三氯化六氨合钴（Ⅲ）的制备

将 9g 氯化钴 $CoCl_2 \cdot 6H_2O$ 和 6g 氯化铵加入 10mL 水中，加热溶解。倾入一盛有 0.5g 活性炭的 100mL 锥形瓶内。冷却后，加 20mL 浓氨水，进一步冷至 10℃ 以下，缓慢加入 20mL 60g/L 过氧化氢，充分搅拌。在水浴上加热至 60℃，恒温 20min。以水流冷却后再以冰水冷却之。用布氏漏斗抽滤。将沉淀溶于含有 3mL 浓盐酸的 80mL 沸水中，趁热过滤。加 10mL 浓盐酸于滤液中。以冰水冷却，即有晶体析出。过滤，抽干。将固体置于 105℃ 以下烘干。

(2) 三氯化六氨合钴（Ⅲ）组成的测定

① 氨的测定　精确称取所制产品 0.2g 左右，用少量水溶解，加入如图 6-3 所示的三颈烧瓶中，然后逐滴加入 5mL 200g/L 氢氧化钠溶液，通入蒸汽，蒸馏出游离的氨。用 0.5mol/L 标准盐酸溶液吸收。通蒸汽约 1h 左右（若逸出蒸汽的速度太慢，可适当地加热盛放样品的烧瓶）。取下接收瓶，并用 0.5mol/L 标准碱液滴定过剩的盐酸，用 1g/L 甲基红酒精溶液作指示剂。计算氨的质量分数，与理论值比较。

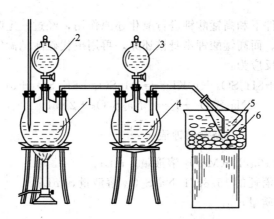

图 6-3　氨的测定装置

1,2—水；3—200g/L NaOH；4—样品溶液；

5—0.5mol/L 盐酸；6—冰盐水

② 钴的测定　精确称取 0.2g 左右的产品于 250mL 烧杯中，加水溶解。加入 100g/L 氢氧化钠溶液 10mL。将烧杯放在水浴上加热。待氨全部被赶走后（如何检查?）冷却，加入 1g 碘化钾固体及 10mL 6mol/L HCl 溶液，于暗处放置 5min 左右。用 0.05mol/L 的标准硫代硫酸钠溶液滴定到浅黄色，加入 5mL 新配制的 1g/L 的淀粉溶液后，再滴定至蓝色消失。计算钴的质量分数，与理论值比较。

③ 氯的测定

a. 采用 0.1mol/L $AgNO_3$ 标准溶液滴定样品中的氯含量。

b. 试根据所学的知识，进行计算，并配制样品液。

c. 测定时，以 50g/L K_2CrO_4 溶液为指示剂（每次 1mL），用 0.1mol/L $AgNO_3$ 标准溶液滴定至出现淡红棕色不再消失为终点。

d. 按照滴定的数据，计算氯的质量分数。

由以上分析钴、氨、氯的结果，写出产品的实验式。

四、实验前应准备的问题

（1）在制备过程中，为什么在溶液中加了过氧化氢以后要在 60℃ 恒温一段时间？为什么在滤液中加 10mL 浓盐酸？为什么用冷的稀盐酸洗涤产品？

（2）要使三氯化六氨合钴（Ⅲ）合成产率高，你认为哪些步骤是比较关键的？为什么？

（3）若钴的分析结果偏低，估计一下产生结果偏低的可能因素有哪些。

（4）无论是制备，还是产品检验，你是否还有更好的方案？若有，请与指导老师联系，并附于实验报告后。

实验 47　纸浆的高锰酸钾值的测定

一、实验目的

① 了解什么是纸浆高锰酸钾值；

② 掌握碘量法滴定。

二、实验原理

在造纸工业上，纸浆高锰酸钾值是指 1g 绝干浆在特定条件下所消耗浓度为 3.16g/L 的高锰酸钾溶液的体积。

基于纸浆在特定条件下和高锰酸钾进行氧化还原作用，经过一定时间后用碘化钾来停止高锰酸钾对纸浆的作用。而高锰酸钾本身被还原，再用硫代硫酸钠滴定析出的碘，由此计算消耗高锰酸钾的量。其反应为：

$$2KMnO_4 + 8H_2SO_4 + 10KI =\!=\!= 2MnSO_4 + 6K_2SO_4 + 5I_2 + 8H_2O$$

$$2Na_2S_2O_3 + I_2 =\!=\!= Na_2S_4O_6 + 2NaI$$

$$高锰酸钾值 = \frac{V_1 - V_2}{m}$$

式中　V_1——加入的 3.16g/L $KMnO_4$ 溶液量，mL；

　　　V_2——滴定时所消耗的 15.8g/L $Na_2S_2O_3$ 溶液量，mL；

　　　m——绝干浆料质量，g。

三、实验内容

（1）试样准备

① 干浆板的准备　取部分化学平均试样，撕碎后放入盛有水的带橡皮塞的 1000mL 广口瓶中，加入数十粒玻璃球，往复振荡，至浆料完全离解为止，分离出玻璃球，用布袋装浆料并拧干，并分成小块，置于带玻璃塞的广口瓶中。经水分平衡后，测水分含量，备用。

② 湿浆的准备　将经筛选分离粗渣的浆料，装入布袋并拧干，分散成小块置于带玻璃塞的广口瓶中，经水分平衡后，测其水分含量，备用。

（2）试样处理

称取相当于 1g（称准至 0.005g）绝干重量的试样于容量为 1000mL 的烧杯中，并将烧杯放在搅拌器下，以（500±100）r/min 的电动搅拌器，加 400mL 水，开动搅拌器使纸浆完全分散。

（3）滴定

用滴定管准确量取 25mL 3.16g/L $KMnO_4$ 溶液于一小烧杯中。再用移液管吸取 25mL 196g/L 硫酸溶液于另一大烧杯中，加入 300mL 水，并将烧杯浸入恒温水浴锅内，调节温度为 25℃±1℃。

调节反应烧杯中浆液的温度为（25±1）℃，将大部分硫酸溶液倾入反应杯中，保留小部分硫酸溶液作洗净盛 KMnO₄ 溶液的小烧杯用。开动搅拌器，迅速加入 25mL 3.16g/L KMnO₄ 溶液，并同时用秒表计时。随即用预先保留的少量硫酸溶液洗净小烧杯，洗液亦倾入反应杯中（反应杯中溶液总量应为 750mL），反应进行恰好 5min 时，立即加入 5mL 100g/L KI 溶液并停止搅拌，迅速用 15.8g/L Na₂S₂O₃ 溶液滴定析出的碘。滴定至溶液呈淡黄色时，加入 2～3mL 5g/L 淀粉溶液，继续滴定至蓝色刚好消失为止，记下耗用的 Na₂S₂O₃ 溶液量（mL）。

四、注意事项

（1）上述方法适用于测定高锰酸钾值小于 20 的浆料。若大于此值，则应加入 40mL 3.16g/L 的 KMnO₄ 溶液，40mL 98g/L 硫酸溶液及 1120mL 水，最后反应杯中溶液总量应为 1200mL，其余步骤完全相同。

（2）测定时所用的 KMnO₄ 溶液浓度应恰好为 3.16g/L，否则应根据实际浓度换算成相当于 25mL 或 40mL 3.16g/L 的 KMnO₄ 溶液量，再准确量取；滴定时所用的 Na₂S₂O₃ 溶液浓度若不为 15.8g/L 时，亦应将所耗用的 Na₂S₂O₃ 溶液换算成相当于 15.8g/L Na₂S₂O₃ 溶液量后，再代入公式进行计算。

五、实验前应准备的问题

（1）什么是纸浆高锰酸钾值？

（2）用间接碘量法滴定时，应该注意那些问题？

（3）试对本实验结果进行分析，同时提出改进意见。

实验 48　Ni^{2+}、Co^{2+}、Fe^{3+} 交换色谱分离与测定

一、实验目的

① 学习离子交换色谱分离的操作；

② 学习配位滴定的应用。

二、实验原理

从理论课的学习中已知 Ni^{2+}、Co^{2+}、Fe^{3+} 离子交换色谱分离的情况，在浓盐酸溶液中只有 Ni^{2+} 除外，其他两种离子都形成配阴离子：$CoCl_4^{2-}$、$FeCl_6^{3-}$。把它们放入阴离子交换柱中，以 8mol/L HCl 溶液洗脱时，Ni^{2+} 不交换，首先被洗脱下来；再以 2.0mol/L HCl 溶液洗脱，$CoCl_4^{2-}$ 成 Co^{2+} 被洗下来；再以 0.01mol/L HCl 溶液洗下 Fe^{3+}。然后分别用 EDTA 标准溶液滴定。

三、实验内容

(1) 层析分离

① 交换柱的准备　717 强碱性阴离子交换树脂漂净，用去离子水泡一昼夜，以 3mol/L HCl 浸一昼夜，倾去盐酸溶液，以去离子水洗净，浸于水中备用。

取 1cm×30cm 的交换柱，底部塞少许玻璃棉。将柱洗干净，溶胀的树脂和水一齐装入柱中，树脂层高度约为 20cm，上面铺一层玻璃棉调节柱下端的螺丝夹子，使流速约为 1.0mL/min。待水面下降到近树脂层的上端时，分数次加入 8mol/L HCl 溶液处理。加入盐酸溶液总量约为 20～30mL。

② 试样的准备　取试液置于 50mL 容量瓶中，以水稀释至刻度，摇匀后吸取 2mL 于 50mL 小烧杯中，加入 4mL HCl，使溶液中 HCl 的浓度为 8mol/L。

③ 交换及 Ni²⁺ 的洗脱 将试液小心加入交换柱中进行交换。交换柱下部以 250mL 锥形瓶收集流出液，流速仍为 1.0mL/min，交换完毕，以 30mL 8mol/L HCl 洗脱。开始时以少量 8mol/L HCl 洗净盛试样用的小烧杯，每次 2～3mL，洗涤 3～4 次。洗液都倒入交换柱中，以保证试液全部移入交换柱中，然后把 8mol/L HCl 分数次倒入交换柱中，每次约 5mL，收集流出液以备测定 Ni²⁺。待洗脱近结束时，取一滴流出液，以浓 $NH_3 \cdot H_2O$ 碱化，加入一滴 10g/L 丁二酮肟乙醇溶液，以检查 Ni²⁺ 是否洗脱完全。

④ Co²⁺ 的洗脱 用 40mL 的 2.0mol/L HCl，分 5 次洗，每次用 8mL。收集流出液于锥形瓶中，以备测定 Co²⁺。待洗脱近结束时，取一滴流出液检验 Co²⁺。将此滴流出液置于点滴板上，加 KSCN 晶体数粒，滴加丙酮。

⑤ Fe³⁺ 的洗脱 用 40～50mL 的 0.01mol/L HCl 溶液洗脱 Fe³⁺，分数次洗。收集流出液以备测定 Fe³⁺。Fe³⁺ 的检出，可用 2 滴流出液加 1 滴 200g/L KSCN 溶液，出现血红色，则有 Fe³⁺。

(2) 各种组分的测定

① Ni²⁺ 的测定 取流出液的一半，用移液管准确量取，用 6mol/L NaOH 中和至酚酞终点，此时由于中和热使溶液温度升高，可置锥形瓶于流水下冷却。滴加 6mol/L HCl 至红色褪去，再多加 5 滴，自滴定管中加入 10.00mL EDTA 标准溶液及 5mL 200g/L 六亚甲基四胺，控制酸度为 pH=5～5.5。加入二甲酚橙指示剂。此时溶液如呈紫红色或橙红色，应滴加 6mol/L HCl 至刚变为黄色，以标准锌溶液滴定至由黄色转变为红橙色。

② Co²⁺ 的测定 按上述同样测定方法测定流出液中的 Co²⁺。

③ Fe³⁺ 的测定 滴加 6mol/L $NH_3 \cdot H_2O$ 中和至刚出现 $Fe(OH)_3$ 沉淀，再滴加 2.5mol/L HCl 至沉淀刚溶解，此时溶液的 pH 为 2.0～2.5（以 pH 试纸试之），加入 2mol/L 氯乙酸 10mL，控制 pH 为 1.5～1.8，加热至 50～60℃，加入 50g/L 磺基水杨酸 2mL，以 0.02mol/L EDTA 标准溶液滴定至紫红色变黄色或无色。

根据测定结果计算试样中各组分的浓度，以 g/L 表示。

(3) 交换柱的再生

以 8mol/L HCl 20～30mL 处理交换柱，使之再生，以备第二次交换时用。

四、实验前应准备的问题

(1) Ni²⁺、Co²⁺、Fe³⁺ 在不同浓度的盐酸溶液中存在形式有何不同？

(2) 阴离子交换树脂如何准备、交换、洗脱、再生？

(3) 配位滴定时，为何要调节溶液的 pH？如何调节？

(4) 你对这一体系的分离是否有更好的方案？或改进的意见？若有，请附在实验报告之后。

实验 49 蘑菇罐头中溶锡量的测定

一、实验目的

① 初步学会查阅一般文献资料，自拟实验方案的方法；

② 初步学会复杂物质的分析步骤；

③ 综合运用所学知识，分析解决实际问题。

二、实验要求

(1) 资料查阅训练

资料的查阅：从图书馆现有馆藏数字资源的图书资料中查阅（超星数字图书馆及 CNKI

中国知网等）有关锡测定方法资料 3～5 篇（测定对象不局限于粮油食品中的锡）；查阅有关蘑菇罐头等食品或复杂样品的取样、分解方法（教材、图书等）；本实验所提供的参考方法中各种溶液的配制方法。

信息的整理：所查资料的方法及其主要影响因素有哪些？方法的准确度（回收率或显著性检验）、精密度（变异系数）及选择性（干扰）如何？主要用于什么样品中锡的测定？采样、制样（特别是食品中微量元素测定）的主要方法？

资料信息整理后的文档，实验后连同实验报告一并递交。

(2) 实验环节训练

样品的处理及锡含量的测定：为了实验室准备工作的方便，请采用本实验提供的参考方法。

实验方案的拟定：方法的原理；主要仪器及试剂的名称、型号或规格（根据平时实验所用确定）；溶液的配制方法；试液制备的方法；吸收曲线的绘制；标准曲线的绘制；样品中锡含量及回收率的测定。

回收率严格来说应是方法回收率，验证方法从样品处理开始到测定完成，整个过程中方法的损失与干扰情况，是认定方法可靠性与准确性的一种方法。更为严密的方法是采用数理统计，进行显著性检验来判定所建立的方法与原有方法（国标或行标，或公认的经典方法）是否存在系统误差。回收率一般是通过**回收试验**求取，该试验是在样品中加入标准，与不加标准的样品以及试剂空白一起，同时、同样处理，即取两份等量的样品于两只相应的容器中，其中一只加入与样品所测组分含量等数量级的标准，另取一个同样洗净的容器，一样进行分解、转移、定容并摇匀、测定，由扣除空白所得两个试液的测定结果得到回收量，再根据标准加入量求出回收率。在不知样品中被测组分含量大致范围的情况下，标准的加入量只能控制在测定的线性范围之内，一般在检测限以上至线性范围中部偏低端。目前大多数的回收试验是取两份等量的处理后试液，一份加入标准，另一份不加标准，以此方式来测定回收率的高低。这种回收试验没有验证方法样品前处理部分所选择的处理法及其条件是否有问题，只验证了方法测定部分的条件以及共存组分的干扰。其实，方法的样品前处理部分同样很重要，若被测组分不能被定量提取或转变为被测形式并排除部分干扰，后面的方法灵敏度再高，选择性再好也是徒劳的。

实验方案实验前须准备好，实际所用仪器、试剂的型号或规格以及生产厂家在实验中观察并记录。

(3) 结果报告训练

请用 Word 或 Excel 完成本实验的实验报告（作图请参阅 1.6），并对实验结果进行讨论。数据的处理请参阅教材有关章节。

将实验方案连同结果及讨论整理后所形成的实验报告实验后递交。

三、罐头食品中溶锡量测定的参考方法

(1) 方法原理

在 $0.5mol/L \ H_2SO_4$ 介质中，CTAB（溴化十六烷基三甲基铵）能与苯芴酮锡形成三元配合物。锡的含量在 $0～20\mu g/50mL$ 范围内服从朗伯-比耳定律。由于阳离子表面活性剂 CTAB 的存在，方法的灵敏度高达 $\varepsilon = 1.19 \times 10^5$。在室温条件下，草酸的存在能使显色反应迅速完成，并保持在 6h 内不褪色；显色体系中 Ti $60\mu g$、Sb $50\mu g$、Ge $2\mu g$、Mo $2\mu g$、W $2\mu g$、Al $2mg$、KI $2mg$、Fe $2mg$、Co $2mg$、Ni $67mg$、Cu $200mg$、As $4mg$、Cr $1mg$、Ca $10mg$、Bi $0.2mg$ 以下均不干扰测定。

(2) 样品的处理

取经高速组织捣碎机或食品多功能加工机处理的样品 10g（准确至 0.1g），分解（方法于实验前自定）后转入 50mL 容量瓶中备用。

（3）锡的测定

① 吸收曲线的绘制　取以下配制的标准系列中含锡 1.00mL 的锡标准溶液，使用 1cm 的比色皿，试剂空白为参比，在可见光分光光度计上测出 490～530nm 波长区间的吸光度，并绘制出此三元配合物的吸收曲线，并确定锡的测量波长。

② 标准曲线的绘制　分别取 10μg/mL 锡标准溶液（由 500μg/mL 锡标准母液稀释得到，其中 HCl 浓度为 2mol/L，H_2SO_4 浓度为 0.5mol/L）0.00、0.50、1.00、1.50、2.00、2.50mL 于 50mL 容量瓶中，加 5mol/L H_2SO_4 5mL，滴加 10g/L $KMnO_4$ 至溶液变红色，用 50g/L Vc 溶液还原至无色，加 0.01mol/L $H_2C_2O_4$ 溶液 3mL、50g/L Vc 5mL，摇匀。加 10g/L CTAB 溶液 5mL，摇匀。加 0.3g/L 苯芴酮乙醇溶液（其中每百毫升溶液中含 5mL 1mol/L H_2SO_4）4mL，用水稀释至刻度，摇匀。以试剂空白为参比，用 1cm 比色皿，在所选测量波长处进行测定。

③ 溶锡量的测定　取样品溶液 5mL 于 50mL 容量瓶中，按以上标准系列的配制及其测定方法测定溶锡量。

本方法在干扰严重的情况下可采用反萃取方法消除，具体可参阅有关资料。

实验 50　活性氧化锌的制备及其部分化学指标测定

一、概述

活性氧化锌是 ZnO 压电陶瓷重要的主晶相材料，以及橡胶的补强剂、活化剂，在磁性材料、显像管、医药、食品或饲料添加剂、油漆涂料、催化剂等方面具有广泛的用途。在不同的应用领域对活性氧化锌理化指标的要求有所不同，相对而言，压电陶瓷等电子元器件制造中对活性氧化锌的理化指标要求较高。

活性氧化锌是淡黄色微细粉末，具有较大的比表面积或较小的平均粒径。在空气中能缓慢吸收 CO_2 或 H_2O，生成碱式碳酸锌。难溶于水和醇，易溶于稀酸、氢氧化钠和氯化锌溶液，是一种两性氧化物。

工业上制备活性氧化锌的方法主要有硫酸法、盐酸法以及氨法等。这几种方法后道工序基本相同，都是通过碱式碳酸锌的分解得到活性氧化锌，前道工序主要在于锌原料溶解时所用的溶剂及处理方式不同，碱式碳酸锌合成上有所不同。所用原料有闪锌矿（ZnS）或菱锌矿（$ZnCO_3$）等锌矿、冶炼锌的锌灰（ZnO）、吊白块及保险粉生产的下脚料 $Zn(OH)_2$ 以及锌矿通过直接法所得的粗制氧化锌（ZnO）等，其他原辅材料则根据不同的工艺路线而不同。

二、实验要求

现给定以下原辅材料，请按要求设计任意工艺路线，制备活性氧化锌。

（1）主要原辅材料

含锌废料（氢氧化锌为主，含少量碳酸锌，含水 20%，干基以 Zn 计 65%），H_2SO_4（98%），HCl（36%），$NH_3 \cdot H_2O$（15%），Na_2CO_3（97%），NH_4HCO_3（95%）。

去除 Fe^{3+}、Cu^{2+}、Pb^{2+}、Cd^{2+} 等杂质（含量均＜0.1%计）所用的少量辅助材料自行选择。

（2）要求

① 通过校图书馆馆藏数字资源 CNKI 中的期刊论文、硕士论文、专利以及超星数字图书馆中的图书等，查阅资料（至少 5 篇），选择工艺简单、成本低的路线（成本在此主要考虑不同工艺路线原辅材料的相对消耗），写出实验方法与步骤（包括仪器、设备、药品、试剂以及溶液配制、检测方法、除杂与制备方法及步骤等）。

② 主含量（干基氧化锌计）的测定参考实验 35，"用纯金属锌标定 EDTA"，请将其设计为氧化锌含量的测定；Fe^{3+} 用分光光度法（参考实验 2、3、35 设计），同时请拟定用目视比色法判定样品中含铁量是否合格（过去称为**限量法**。请参考最新版 **GB/T 7532 有机化工产品中重金属的测定　目视比色法**的实验方案）；Cl^-（参考最新版 **GB/T 23945 无机化工产品中氯化物含量测定的通用方法　目视比浊法**）或 SO_4^{2-} 采用比浊法（参考最新版 **GB/T 23844 无机化工产品中硫酸盐测定通用方法　目视比浊法**）；粉末比表面积的测定请自行查阅相关资料并拟定方法。

③ 制备出主含量 w（干基 ZnO 计）$\geqslant 90\%$；$w(Fe^{3+}) \leqslant 0.0010\%$；$w(Cl^-) \leqslant 0.010\%$ 或 $w(SO_4^{2-}) \leqslant 0.020\%$；比表面积 $> 60m^2/g$ 的活性氧化锌。

④ 对使用的原辅材料及半成品、成品要有计量并计算得率。

⑤ 测出产品实际主含量、杂质含量以及比表面积。

⑥ 写出完整、规范的论文形式的实验报告，并递交电子文档。

实验 51　由天青石矿制备高纯碳酸锶及产品质量鉴定

一、概述

高纯碳酸锶（$\geqslant 99.5\% SrCO_3$）作为陶瓷改性剂和众多陶瓷主晶相材料，在正温系数热敏元件，高、中、低压陶瓷电容，陶瓷滤波器等电子元件中起到关键作用，目前已经成为一种重要的新型电子化工材料，市场需求日益增加。

国内外高纯碳酸锶生产主要通过对工业级碳酸锶的化学提纯加以完成，工艺较复杂、成本高，且环境污染较为严重。天青石矿（主要成分为硫酸锶）在我国的蕴藏量较为丰富，江苏、重庆等地均已大量开发应用。因此，研究从天青石矿直接制备高纯碳酸锶有明显的经济意义。

二、高纯碳酸锶的主要理化指标

见下表。

项　目		指标(质量分数/%)	项　目		指标(质量分数/%)
碳酸锶含量（以 $SrCO_3$ 计）	$\geqslant$	99.5	钙和镁（以 Ca^{2+} 计）	$\leqslant$	0.02
盐酸不溶物	$\leqslant$	0.007	铁(Fe)	$\leqslant$	0.001
氯化物(Cl^- 计)	$\leqslant$	0.001	铅(Pb)	$\leqslant$	0.002
硫酸盐（以 SO_4^{2-} 计）	$\leqslant$	0.01	钡(Ba)	$\leqslant$	0.02
硝酸盐(NO_3^- 计)	$\leqslant$	0.001			

注：平均粒径及其分布 $D_{50} \leqslant 2\mu m$。

三、工艺路线框图及主要化学反应式

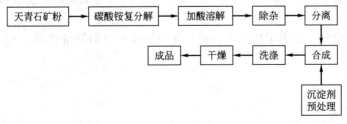

$$SrSO_4 + (NH_4)_2CO_3 \Longrightarrow SrCO_3 + (NH_4)_2SO_4$$
$$SrCO_3 + 2HCl \Longrightarrow SrCl_2 + CO_2 + H_2O$$
$$SrCl_2 + 2NaOH \Longrightarrow Sr(OH)_2 + 2NaCl$$

$$Sr(OH)_2 + NH_4HCO_3 =\!=\!=\!= SrCO_3 + NH_3 \cdot H_2O + H_2O$$

四、实验要求

① 网上查阅天青石矿的相关信息，以及参考 **HG/T 2428 天青石矿石中碳酸锶含量的测定**，根据矿粉中可能存在的主要物质及其含量，拟订除杂的基本方法与条件。

② 通过校图书馆馆藏数字资源 CNKI 中的期刊论文、硕士论文、专利以及超星数字图书馆中的图书等，查阅资料（至少 5 篇），拟定实验方案，写出实验方法与步骤（包括仪器、设备、药品、试剂以及溶液配制、检测方法、制备方法与步骤等）。

③ $SrCO_3$ 主含量的测定请参照 **HG/T 2969 工业碳酸锶中** 4.1 锶钡合量（$SrCO_3 + BaCO_3$）的测定，请将其设计为碳酸锶含量的测定方法；氯化物测定请见实验 25 的提示；铁含量测定参考最新版 **GB/T 3049 工业用化工产品铁含量测定的通用方法 1,10-菲啰啉分光光度法**；粒径及其分布的测定请自行查阅相关资料并拟定方法。

④ 制备出 $SrCO_3$ 主含量 $\geqslant 99.5\%$、氯化物与铁含量均 $\leqslant 0.001\%$、粒径及其分布 $D_{50} \leqslant 2\mu m$ 的碳酸锶。

⑤ 测出产品实际主含量、杂质含量以及 D_{50}。

⑥ 写出完整、规范的论文形式的实验报告，并递交电子文档。

实验 52　简单提纯

实验内容与要求

2～3 人为一组，完成下列工作：

(1) 查阅资料并讨论、设计实验除去下列物质中的杂质

① KCl 中的 $MnCl_2$。

② NaCl 中的 $FeCl_3$。

③ K_2SO_4 中的 K_2CO_3。

④ $ZnSO_4$ 中的 $CuSO_4$。

要求不引进二次杂质，并提出完整的除杂方案。

(2) 查阅资料，提出适宜的检测方法，测定除杂前后的杂质含量

实验 53　价态分析

实验内容与要求

2～3 人为一组，完成下列工作：

① 用实验证明 Pb_3O_4 和 Fe_3O_4 都是两种氧化态的混合氧化物，要求采用常规化学分析方法。

② 用适宜的检测方法测定样品中两种氧化态物质各自的质量分数。

附　录

附录 1　本实验教材试剂溶液的配制方法

试剂名称	浓度	配制方法
奈斯勒试剂		将 11.5g HgI₂ 和 8g KI 溶于水中,稀释至 50mL,再加入 50mL 6mol/L NaOH 溶液,静置后取其清液,储存于棕色瓶中
醋酸铀酰锌		(1)将 10g 醋酸双氧铀 UO₂(Ac)₂·2H₂O 溶于 15mL 6mol/L HAc 溶液中,微热,并搅拌使其溶解,加水稀释至 100mL (2)另将 30g Zn(Ac)₂·3H₂O 溶于 15mL 6mol/L HAc 溶液中,搅拌后加水稀释至 100mL 将上述(1)、(2)两种溶液加热至 70℃后混合,放置 24h 后,取清液储存于棕色瓶中
钴亚硝酸钠 Na₃[Co(NO₂)₆]		将 23g NaNO₂ 溶于 50mL 水中,加入 16.5mL 6mol/L HAc 和 3g Co(NO₃)₂·6H₂O,放置 24h,取其清液稀释至 100mL,储存于棕色瓶中
镁试剂	0.01g/L	将 0.01g 镁试剂(对硝基苯偶氮间苯二酚)溶于 1L 1mol/L NaOH 溶液中
铝试剂	1g/L	将 1g 铝试剂溶于 1L 水中
镍试剂	10g/L	将 10g 镍试剂(丁二酮肟)溶于 1L 95%乙醇溶液中
铁氰化钾 K₃[Fe(CN)₆]	0.25mol/L	将 8.2g K₃[Fe(CN)₆]溶于少量水后稀释至 100mL
亚铁氰化钾 K₄[Fe(CN)₆]	0.25mol/L	将 10.6g K₄[Fe(CN)₆]溶于少量水后稀释至 100mL
硫氰酸汞铵 (NH₄)₂Hg(SCN)₄	0.15mol/L	将 8g HgCl₂ 和 9g NH₄SCN 溶于 100mL 水中
邻菲啰啉	20g/L	将 2g 邻菲啰啉溶于 100mL 水中
亚硝酰铁氰化钠 Na₂[Fe(CN)₅NO]	10g/L	将 1g Na₂[Fe(CN)₅NO]溶于 100mL 水中,储存于棕色瓶中
二苯硫腙	0.1g/L	将 0.01g 二苯硫腙溶于 100mL CCl₄ 中
硫脲	100g/L	将 10g 硫脲溶于 100mL 1mol/L HNO₃ 溶液中
二苯胺	10g/L	将 1g 二苯胺在搅拌下溶于 100mL 浓硫酸中
三氯化锑 SbCl₃	0.1mol/L	将 22.8g SbCl₃ 溶于 330mL 6mol/L HCl 中,加水稀释至 1L
三氯化铋 BiCl₃	0.1mol/L	将 31.6g BiCl₃ 溶于 330mL 6mol/L HCl 中,加水稀释至 1L
氯化亚锡 SnCl₂	0.1mol/L	将 22.6g SnCl₂·2H₂O 溶于 330mL 6mol/L HCl 中,加水稀释至 1L,加入几粒纯锡,以防氧化
三氯化铁 FeCl₃	1mol/L	将 90g FeCl₃·6H₂O 溶于 80mL 6mol/L HCl 中,加水稀释至 1L
三氯化铬 CrCl₃	0.5mol/L	将 44.5g CrCl₃·6H₂O 溶于 40mL 6mol/L HCl 中,加水稀释至 1L

续表

试剂名称	浓度	配 制 方 法
硫酸亚铁 FeSO₄	0.1mol/L	将 27.8g FeSO₄·7H₂O 溶于适量水中，缓慢加入 5mL 浓 H₂SO₄，再用水稀释至 1L，并加入数枚小铁钉，以防氧化
氯化汞 HgCl₂	0.2mol/L	将 54g HgCl₂ 溶于适量水后稀释至 1L
硝酸亚汞 Hg₂(NO₃)₂	0.1mol/L	将 56.1g Hg₂(NO₃)₂·2H₂O 溶于 250mL 6mol/L HNO₃ 中，加水稀释至 1L，并加入少量金属汞
硫化钠 Na₂S	1mol/L	将 240g Na₂S·9H₂O 和 40g NaOH 溶于适量水中，稀释至 1L，混匀
硫化铵 (NH₄)₂S	3mol/L	在 200mL 浓 NH₃·H₂O 中通入 H₂S 气体至饱和，再加入 200mL 浓 NH₃·H₂O 稀释至 1L，混匀
硫代乙酰胺	50g/L	将 5g 硫代乙酰胺溶于 100mL 水中
碳酸铵 (NH₄)₂CO₃	1mol/L	将 96g (NH₄)₂CO₃ 研细，溶于 1L 2mol/L NH₃·H₂O 中
	120g/L	将 120g (NH₄)₂CO₃ 溶于 880mL 水中
硫酸铵 (NH₄)₂SO₄	饱和	将 50g (NH₄)₂SO₄ 溶于 100mL 热水中，冷却后过滤
钼酸铵 (NH₄)₂MoO₄	0.1mol/L	将 124g (NH₄)₂MoO₄ 溶于 1L 水中，然后将所得溶液倒入 1L 6mol/L HNO₃ 中，放置 24h，取其清液
氯化铵 NH₄Cl	3mol/L	将 160g NH₄Cl 溶于适量水后稀释至 1L
醋酸铵 NH₄Ac	3mol/L	将 235g NH₄Cl 溶于适量水后稀释至 1L
醋酸钠 NaAc	3mol/L	将 408g NaAc·3H₂O 溶于 1L 水中
氯水		在水中通入氯气至饱和，氯在 25℃ 时溶解度为 199mL/100g H₂O
溴水		将 50g(约 16mL)液溴注入盛有 1L 水的磨口瓶中，剧烈振荡 2h。每次振荡之后将塞子微开，使溴蒸气放出。将清液倒入试剂瓶中备用。溴在 20℃ 的溶解度为 3.58g/100g H₂O
碘水	0.01mol/L	将 2.5g 碘和 3g KI，加入尽可能少的水中，搅拌至碘完全溶解，加水稀释至 1L
淀粉溶液	5g/L	将 1g 可溶性淀粉加入少量冷水调和均匀。将所得乳浊液在搅拌下倾入 200mL 沸水中，煮沸 2~3min 使溶液透明，冷却即可
KI-淀粉溶液		淀粉溶液中含有 0.1mol/L KI

附录 2　常用酸碱缓冲溶液的配制

pH	配 制 方 法
1.0	0.1mol/L HCl
2.0	0.01mol/L HCl
2.1	将 100g 一氯乙酸溶于 200mL 水中，加 10g 无水 NaAc，溶解，稀释至 1L
2.3	将 150g 氨基乙酸溶于 500mL 水中，加 80mL 浓 HCl，稀释至 1L

pH	配　制　方　法
2.5	将 113g $Na_2HPO_4 \cdot 12H_2O$ 溶于 200mL 水中,加 387g 柠檬酸,溶解,过滤,稀释至 1L
2.8	将 200g 一氯乙酸溶于 200mL 水中,加 40g NaOH,溶解,稀释至 1L
2.9	将 500g 邻苯二甲酸氢钾溶于 500mL 水中,加 80mL 浓 HCl,稀释至 1L
3.6	将 8g NaAc $\cdot 3H_2O$ 溶于适量水中,加 134mL 6mol/L HAc,稀释至 500mL
3.7	将 95g 甲酸和 40g NaOH 溶于 500mL 水中,稀释至 1L
4.0	将 20g NaAc $\cdot 3H_2O$ 溶于适量水中,加 134mL 6mol/L HAc,稀释至 500mL
4.2	将 32g 无水 NaAc 用水溶解后,加 50mL 冰 HAc,稀释至 1L
4.5	将 32g NaAc $\cdot 3H_2O$ 溶于适量水中,加 68mL 6mol/L HAc,稀释至 500mL
4.7	将 83g 无水 NaAc 用水溶解后,加 60mL 冰 HAc,稀释至 1L
5.0	将 50g NaAc $\cdot 3H_2O$ 溶于适量水中,加 34mL 6mol/L HAc,稀释至 500mL
5.4	将 40g 六亚甲基四胺(六次甲基四胺,乌洛托品)溶于 200mL 水中,加 10mL 浓 HCl,稀释至 1L
5.5	将 200g 无水 NaAc 用水溶解后,加 14mL 冰 HAc,稀释至 1L
5.7	将 100g NaAc $\cdot 3H_2O$ 溶于适量水中,加 13mL 6mol/L HAc,稀释至 500mL
6.0	将 600g NH_4Ac 用水溶解后,加 20mL 冰 HAc,稀释至 1L
7.0	将 77g NH_4Ac 用水溶解后,稀释至 500mL
7.5	将 60g NH_4Cl 溶于适量水中,加 1.4mL 15mol/L $NH_3 \cdot H_2O$,稀释至 500mL
8.0	将 50g NH_4Cl 溶于适量水中,加 3.5mL 15mol/L $NH_3 \cdot H_2O$,稀释至 500mL
8.2	将 25g Tris 试剂[三羟甲基氨基甲烷,$H_2NC(HOCH_2)_3$]用水溶解后,加 18mL 浓 HCl,稀释至 1L
8.5	将 40g NH_4Cl 溶于适量水中,加 8.8mL 15mol/L $NH_3 \cdot H_2O$,稀释至 500mL
9.0	将 70g NH_4Cl 溶于适量水中,加 48mL 15mol/L $NH_3 \cdot H_2O$,稀释至 1L
9.2	将 54g NH_4Cl 溶于适量水中,加 63mL 15mol/L $NH_3 \cdot H_2O$,稀释至 1L
9.5	将 54g NH_4Cl 溶于适量水中,加 126mL 15mol/L $NH_3 \cdot H_2O$,稀释至 1L
10.0	将 54g NH_4Cl 溶于适量水中,加 350mL 15mol/L $NH_3 \cdot H_2O$,稀释至 1L
10.5	将 9g NH_4Cl 溶于适量水中,加 175mL 15mol/L $NH_3 \cdot H_2O$,稀释至 500mL
11.0	将 3g NH_4Cl 溶于适量水中,加 207mL 15mol/L $NH_3 \cdot H_2O$,稀释至 500mL
12.0	0.01mol/L NaOH
13.0	0.1mol/L NaOH

附录3　常用 pH 标准缓冲溶液

温度/℃ pH 浓度*	10	15	20	25	30	35
草酸钾(0.05mol/L)	1.67	1.67	1.68	1.68	1.68	1.69
酒石酸氢钾饱和溶液	—	—	—	3.56	3.55	3.55
邻苯二甲酸氢钾(0.05mol/L)	4.00	4.00	4.00	4.00	4.01	4.02

续表

温度/℃ pH 浓度*	10	15	20	25	30	35
磷酸氢二钠(0.025mol/L) 磷酸氢二钾(0.025mol/L)	6.92	6.90	6.88	6.86	6.85	6.84
四硼酸钠(0.01mol/L)	9.33	9.28	9.23	9.18	9.14	9.11
氢氧化钙饱和溶液	13.01	12.82	12.64	12.46	12.29	12.13

*：表中的浓度单位 mol/L，在文献中为 mol/kg。

附录4 常用指示剂的配制方法

4.1 酸碱指示剂

名　称	pH 变色范围	颜色变化	配　制　方　法
百里酚蓝,1g/L	1.2～2.8	红～黄	将 0.1g 百里酚蓝溶于 100mL 20%乙醇中
甲基黄,1g/L	2.9～4.0	红～黄	将 0.1g 甲基黄溶于 100mL 90%乙醇中
甲基橙,1g/L	3.1～4.4	红～黄	将 0.1g 甲基橙溶于 100mL 热水中
溴酚蓝,1g/L	3.0～4.6	黄～紫	将 0.1g 溴酚蓝溶于 100mL 20%乙醇中；或 0.1g 溴酚蓝与 3mL 0.05mol/L NaOH 溶液混匀,加水稀释至 100mL
溴甲酚绿,1g/L	3.8～5.4	黄～蓝	将 0.1g 溴甲酚绿溶于 100mL 20%乙醇中；或 0.1g 溴甲酚绿与 3mL 0.05mol/L NaOH 溶液混匀,加水稀释至 100mL
甲基红,1g/L	4.4～6.2	红～黄	将 0.1g 甲基红溶于 100mL 60%乙醇中
溴百里酚蓝,1g/L	6.2～7.6	黄～蓝	将 0.1g 溴百里酚蓝溶于 100mL 20%乙醇中
中性红,1g/L	6.8～8.0	红～黄橙	将 0.1g 中性红溶于 100mL 60%乙醇中
酚酞,1g/L	8.2～10.0	无色～红	将 0.1g 酚酞溶于 100mL 90%乙醇中
百里酚蓝,1g/L	8.0～9.6	黄～蓝	将 0.1g 百里酚蓝溶于 100mL 20%乙醇中
百里酚酞,1g/L	9.4～10.6	无色～蓝	将 0.1g 百里酚酞溶于 100mL 90%乙醇中
甲基红-溴甲酚绿	5.1	酒红～绿	1 份 0.2%甲基红乙醇溶液与 3 份 0.01%溴甲酚绿乙醇溶液混合
甲酚红-百里酚蓝	8.3	黄～紫	1 份 0.1%甲酚红钠盐水溶液与 3 份 1g/L 百里酚蓝钠盐水溶液
百里酚酞-茜素黄 R	10.2	黄～紫	0.2g 百里酚酞和 0.1g 茜素黄用乙醇溶解并定容至 100mL

4.2 金属指示剂

名　称	颜色		配　制　方　法
	游离态	化合物	
铬黑 T(EBT)	蓝	酒红	(1)将 0.5g 铬黑 T 加入 20mL 三乙醇胺并加水至 100mL (2)将 1g 铬黑 T 与 100g NaCl 研细、混匀
钙指示剂	蓝	红	将 0.5g 钙指示剂与 100g NaCl 研细、混匀
二甲酚橙(XO)	黄	红	将 0.1g 二甲酚橙溶于 100mL 水中
磺基水杨酸	无色	红	将 1g 磺基水杨酸溶于 100mL 水中

名　称	颜色		配　制　方　法
	游离态	化合物	
吡啶偶氮萘酚(PAN)	黄	红	将 0.1g 吡啶偶氮萘酚溶于 100mL 乙醇中
钙镁试剂	红	蓝	将 0.5g 钙镁试剂溶于 100mL 水中

4.3　氧化还原指示剂

名　称	变色电势 $E^{\ominus}/V$	颜　色		配　制　方　法
		氧化态	还原态	
中性红，0.5g/L	0.24	红	无色	将 0.05g 中性红溶于 100mL 60% 乙醇中
次甲基蓝	0.532	天蓝	无色	将 0.05g 次甲基蓝溶于 100mL 水中
二苯胺	0.76	紫	无色	将 1g 二苯胺在搅拌下溶于 100mL 浓硫酸和 100mL 浓磷酸，储于棕色瓶中
二苯胺磺酸钠	0.85	紫	无色	将 0.5g 二苯胺磺酸钠溶于 100mL 水中，必要时过滤
邻苯氨基苯甲酸	0.89	紫红	无色	将 0.2g 邻苯氨基苯甲酸加热溶解在 100mL 2g/L Na_2CO_3 溶液中，必要时过滤
邻二氮菲-亚铁	1.06	浅蓝	红	将 0.5g $FeSO_4 \cdot 7H_2O$ 溶于 100mL 水中，加 2 滴 H_2SO_4，加 0.5g 邻二氮菲

附录 5　常用基准试剂

国家标准编号	名　称	主　要　用　途	使用前的干燥方法
GB 1253—2007	氯化钠	标定 $AgNO_3$ 溶液	500～600℃灼烧至恒重
GB 1254—2007	草酸钠	标定 $KMnO_4$ 溶液	(105±2)℃干燥至恒重
GB 1255—2007	无水碳酸钠	标定 HCl、H_2SO_4 溶液	270～300℃灼烧至恒重
GB 1256—2008	三氧化二砷	标定 I_2 溶液	H_2SO_4 干燥器中干燥至恒重
GB 1257—2007	邻苯二甲酸氢钾	标定 NaOH、$HClO_4$ 溶液	105～110℃干燥至恒重
GB 1258—2008	碘酸钾	标定 $Na_2S_2O_3$ 溶液	(180±2)℃干燥至恒重
GB 1259—2007	重铬酸钾	标定 $Na_2S_2O_3$、$FeSO_4$ 溶液	(120±2)℃干燥至恒重
GB 1260—2008	氧化锌	标定 EDTA 溶液	800℃灼烧至恒重
GB 12593—2007	乙二胺四乙酸二钠	标定金属离子溶液	硝酸镁饱和溶液恒湿器中放置 7 天
GB 12594—2008	溴酸钾	标定 $Na_2S_2O_3$ 溶液、配制标准溶液	(180±2)℃干燥至恒重
GB 12595—2008	硝酸银	标定卤化物及硫氰酸盐溶液	H_2SO_4 干燥器中干燥至恒重
GB 12596—2008	碳酸钙	标定 EDTA 溶液	(110±2)℃干燥至恒重

附录 6　实验室常用洗液

名　称	配　制　方　法	使　用
合成洗涤剂(也可用肥皂水)	将合成洗涤剂粉用热水搅拌浓溶液	用于一般的洗涤,一定要用毛刷反复刷洗,冲净
重铬酸钾洗液	取 $K_2Cr_2O_7$(LR)20g 于 500mL 烧杯中,加水 40mL,加热溶解,冷后,沿杯壁在搅动下缓慢加入 320mL 浓 H_2SO_4 即成(注意边加边搅),储于磨口细口瓶中,盖紧	具有强氧化性和强酸性,用于洗涤油污及有机物。使用前应先尽量除去仪器内的水,防止洗液被水稀释。用后倒回原瓶,可反复使用,直到红棕色溶液变为绿色(Cr^{3+} 色)时,即已失效
高锰酸钾碱性洗液	取 $KMnO_4$(LR)4g,溶于少量水中,缓缓加入 100mL 10% NaOH 溶液	用于洗涤油污及有机物。洗后玻璃壁上附着的 MnO_2 沉淀,可用粗亚铁盐或 Na_2SO_3 溶液洗去
氢氧化钠乙醇溶液	120g NaOH 溶液 150mL 水中,用 95% 乙醇稀释至 1L	用于洗涤油污及某些有机物
酒精-浓硝酸洗液		用于洗涤沾有有机物或油污的结构较复杂的仪器,洗涤时先加少量酒精于脏仪器中,再加入少量浓硝酸
碱性酒精溶液	30%～40%NaOH 酒精溶液	用于洗涤油污
盐酸	取 HCl(CP)与水以 1∶1 体积混合,亦可加入少量 $H_2C_2O_4$	为还原性强酸洗涤剂,可洗去多种金属氧化物及金属离子
盐酸-乙醇洗液	取 HCl(CP)与乙醇按 1∶2 体积比混合	主要用于洗涤被染色的吸收池、比色皿、吸量管等

附录 7　常见无机离子的检出方法

7.1　25 种阳离子的检出方法

离子	试　剂	现　象	条　件
Ag^+	HCl、$NH_3 \cdot H_2O$、HNO_3	白色沉淀(AgCl)	酸性介质
Pb^{2+}	K_2CrO_4	黄色沉淀($PbCrO_4$)	HAc 介质
Hg_2^{2+}	HCl、$NH_3 \cdot H_2O$	沉淀由白色(Hg_2Cl_2)变灰色($HgNH_2Cl+Hg$)	
Hg^{2+}	$SnCl_2$	沉淀由白色(Hg_2Cl_2)变灰黑色(Hg)	酸性介质
Cu^{2+}	$K_4[Fe(CN)_6]$	红棕色沉淀($Cu_2[Fe(CN)_6]$)	中性、弱酸性介质
Cd^{2+}	Na_2S 或 $(NH_4)_2S$	黄色沉淀(CdS)	弱酸性介质
Bi^{3+}	$Na_2Sn(OH)_4$	黑色沉淀(Bi)	强碱性介质
As(Ⅲ)	Zn 粒、$AgNO_3$	沉淀由黄色($Ag_3As \cdot 3AgNO_3$)变黑色(Ag)	强碱性介质
Sb^{3+}	Sn 片	黑色沉淀(Sb)	酸性介质
Sn^{2+}	$HgCl_2$	沉淀由白色(Hg_2Cl_2)变灰黑色(Hg)	酸性介质
Al^{3+}	铝试剂	红色沉淀	HAc-NH_4Ac 介质,加热
	茜素-S(茜素磺酸钠)	红色沉淀	pH=4.9
Cr^{3+}	NaOH、H_2O_2、$Pb(Ac)_2$	黄色沉淀($PbCrO_4$)	酸性介质
Fe^{3+}	NH_4SCN	血红色 $Fe(SCN)_6^{3-}$	酸性介质
	$K_4[Fe(CN)_6]$	蓝色沉淀($Fe_4[Fe(CN)_6]_3$)	酸性介质

离子	试　剂	现　象	条　件
Fe^{2+}	$K_3[Fe(CN)_6]$	蓝色沉淀($Fe_3[Fe(CN)_6]_2$)	酸性介质
	邻二氮菲	红色	酸性介质
Co^{2+}	饱和 NH_4SCN、丙酮	蓝色$[Co(SCN)_4]^{2-}$	中性、弱酸性介质
Ni^{2+}	丁二酮肟	鲜红色丁二酮肟合镍沉淀	NH_3 介质
Mn^{2+}	$NaBiO_3$ 固体	溶液呈紫红色(MnO_4^-)	HNO_3 或 H_2SO_4 介质
Zn^{2+}	二苯硫腙	水层呈粉红色	强碱性介质
	$(NH_4)_2Hg(SCN)_4$	白色沉淀($ZnHg(SCN)_4$)	HAc 介质
Ba^{2+}	K_2CrO_4	黄色沉淀($BaCrO_4$)	$HAc-NH_4Ac$ 介质
Sr^{2+}	浓$(NH_4)_2SO_4$	白色沉淀($SrSO_4$)	
	玫瑰红酸钠	红棕色沉淀	
Ca^{2+}	$(NH_4)_2C_2O_4$	白色沉淀(CaC_2O_4)	$NH_3 \cdot H_2O$ 介质
	GBHA	红色沉淀	碱性介质
Mg^{2+}	$(NH_4)_2HPO_4$	白色沉淀($MgNH_4PO_4 \cdot 6H_2O$)	$NH_3 \cdot H_2O-NH_4Cl$ 介质
	镁试剂	蓝色沉淀	强碱性介质
K^+	$Na_3[Co(NO_2)_6]$	黄色沉淀($K_2Na[Co(NO_2)_6]$)	中性、弱酸性介质
	$NaB(C_6H_5)_4$	白色沉淀($K[B(C_6H_5)_4]$)	
Na^+	醋酸铀酰锌	淡黄色沉淀($NaAc \cdot Zn(Ac)_2 \cdot 3UO_2(Ac)_2 \cdot 9H_2O$)	中性、弱碱性介质
	$KSb(OH)_6$	白色沉淀($NaSb(OH)_6$)	中性、弱碱性介质
NH_4^+	NaOH	湿 pH 试纸变蓝紫色(NH_3)	弱碱性介质
	奈斯勒试剂	红棕色沉淀($I_2Hg_2NH_2I$)	碱性介质

7.2　11 种阴离子的检出方法

离　子	试　剂	现　象	条　件
SO_4^{2-}	$BaCl_2$	白色沉淀($BaSO_4$)	酸性介质
PO_4^{3-}	$(NH_4)_2MoO_4$	黄色磷钼酸铵沉淀	HNO_3 介质、过量试剂
S^{2-}	稀 HCl 或 H_2SO_4	$Pb(Ac)_2$ 试纸变黑(PbS)	酸性介质
	$Na_2[Fe(CN)_5NO]$	紫色 $Na_4[Fe(CN)_5NOS]$	碱性介质
$S_2O_3^{2-}$	稀 HCl 或 H_2SO_4	溶液变白色浑浊(S)	酸性介质,加热
	$AgNO_3$	沉淀由白色($Ag_2S_2O_3$)变黄、棕、黑色(Ag_2S)	
SO_3^{2-}	$BaCl_2$、H_2O_2	白色沉淀($BaSO_4$)	酸性介质
	$Na_2[Fe(CN)_5NO]$、$ZnSO_4$、$K_4[Fe(CN)_6]$	红色沉淀($Zn_2[Fe(CN)_5NOSO_3]$)	
CO_3^{2-}	$Ba(OH)_2$	$Ba(OH)_2$ 溶液变浑浊($BaCO_3$)	酸化试液、气室法
Cl^-	$AgNO_3$、$NH_3 \cdot H_2O$、HNO_3	白色沉淀(AgCl)	酸性介质
Br^-	氯水、CCl_4	CCl_4 层呈黄色或橙黄色(Br_2)	
I^-	氯水、CCl_4	CCl_4 层呈紫红色(I_2)	

续表

离子	试剂	现象	条件
NO_2^-	KI、CCl_4	CCl_4 层呈紫红色(I_2)	HAc 介质
	对氨基苯磺酸、α-萘胺	红色染料	HAc 介质
NO_3^-	$FeSO_4$、浓 H_2SO_4	棕色环	硫酸介质
	二苯胺	蓝色环	硫酸介质

附录 8　常见化学危险品的分类与性质

类别		举例	性质	注意事项
1. 爆炸品		硝酸铵、苦味酸、三硝基甲苯	遇高热摩擦、撞击等，引起剧烈反应，放出大量气体和热量，产生猛烈爆炸	存放于阴凉、低下处。轻拿、轻放
2. 易燃品	易燃液体	丙酮、乙醚、甲醇、乙醇、苯等有机溶剂	沸点低、易挥发，遇火则燃烧，甚至引起爆炸	存放阴凉处，远离热源。使用时注意通风，不得有明火
	易燃固体	赤磷、硫、萘、硝化纤维	燃点低，受热、摩擦、撞击或遇氧化剂，可引起剧烈连续燃烧、爆炸	同上
	易燃气体	氢气、乙炔、甲烷	因撞击、受热引起燃烧。与空气按一定比例混合，则会爆炸	使用时注意通风。如为钢瓶气，不得在实验室存放
	遇水易燃品	钠、钾	遇水剧烈反应，产生可燃气体并放出热量，此反应热会引起燃烧	
	自燃物品	黄磷	在适当温度下被空气氧化、放热，达到燃点而引起自燃	保存于水中
3. 氧化剂		硝酸钾、氯酸钾、过氧化氢、过氧化钠、高锰酸钾	其有强氧化性、遇酸、受热，与有机物、易燃品、还原剂等混合时，因反应引起燃烧或爆炸	不得与易燃品、爆炸品、还原剂等一起存放
4. 剧毒品		氰化钾、三氧化二砷、升汞、氯化钡、六六六	剧毒、少量侵入人体(误食或接触伤口)引起中毒，甚至死亡	专人、专柜保管，现用现领，用后的剩余物，不论是固体或液体都应交回保管人，并应设有使用登记制度
5. 腐蚀性药品		强酸、氟化氢、强碱、溴、酚	具有强腐蚀性，触及物品造成腐蚀、破坏，触及人体皮肤，引起化学灼伤	不要与氧化剂、易燃品、爆炸品放在一起

附录 9　常用酸碱溶液的密度与浓度

试剂名称	浓度/(mol/L)	密度/(g/cm³)	试剂名称	浓度/(mol/L)	密度/(g/cm³)
浓硫酸	18.4	1.84	浓硝酸	15.8	1.40
稀硫酸	3	1.18	稀硝酸	6	1.20
稀硫酸	1	1.06	稀硝酸	2	1.07
浓盐酸	11.9	1.19	浓高氯酸	11.6	1.67
稀盐酸	6	1.10	稀高氯酸	2	1.12
稀盐酸	2	1.03	浓氢氟酸	23	1.13

续表

试剂名称	浓度/(mol/L)	密度/(g/cm³)	试剂名称	浓度/(mol/L)	密度/(g/cm³)
氢溴酸	7	1.38	稀醋酸	2	1.02
氢碘酸	7.5	1.70	浓氢氧化钠	14.4	1.04
冰醋酸	17.5	1.05	浓氨水	14.8	1.44
稀醋酸	6	1.04			

附录 10　部分无机盐在水中不同温度下的溶解度

化学式	273K	283K	293K	303K	313K	323K	333K	343K	353K	363K	373K
$AgBr$	—	—	8.4×10^{-6}	—	—	—	—	—	—	—	3.7×10^{-4}
$AgCl$	—	8.9×10^{-5}	1.5×10^{-4}	—	—	5×10^{-4}	—	—	—	—	2.1×10^{-3}
AgI	—	—	—	3×10^{-7}	—	—	3×10^{-6}	—	—	—	—
$AgNO_3$	122	167	216	265	311	—	440	—	585	652	733
Ag_2SO_4	0.57	0.70	0.80	0.89	0.98	1.08	1.15	1.22	1.30	1.36	1.41
$AlCl_3$	43.9	44.9	45.8	46.6	47.3	—	48.1	—	48.6	—	49.0
$Al(NO_3)_3$	60.0	66.7	73.9	81.8	88.7	—	106	—	132	153	160
$Al_2(SO_4)_3$	31.2	33.5	36.4	40.4	45.8	52.2	59.2	66.1	73.0	80.5	89.0
$BaCl_2 \cdot 2H_2O$	31.2	33.5	35.8	38.1	40.8	43.6	46.2	49.4	52.5	55.8	59.4
$BaCO_3$	—	1.6×10^{-3} (281)	2.2×10^{-3} (291)	2.4×10^{-3} (297.2)	—	—	—	—	—	—	6.5×10^{-3}
$Ba(NO_3)_2$	4.95	6.67	9.02	11.48	14.1	17.1	20.4	—	27.2	—	34.4
$Ba(OH)_2$	1.67	2.48	3.89	5.59	8.22	13.12	20.94	—	101.4	—	—
$BaSO_4$	1.15×10^{-4}	2.0×10^{-4}	2.4×10^{-4}	2.85×10^{-4}	3.36×10^{-4}	—	—	—	—	—	4.13×10^{-4}
$CaCl_2 \cdot 6H_2O$	59.5	64.7	74.5	100	128	—	137	—	147	154	159
CaC_2O_4	—	6.7×10^{-4} (286)	6.8×10^{-4} (298)	—	—	9.5×10^{-4}	—	—	14×10^{-4} (368)	—	—
$Ca(HCO_3)_2$	16.15	—	16.60	—	17.05	—	17.50	—	17.95	—	18.40
$Ca(NO_3)_2 \cdot 4H_2O$	102.0	115	129	152	191	—	—	—	358	—	363
$Ca(OH)_2$	0.189	0.182	0.173	0.160	0.141	0.128	0.121	0.106	0.094	0.086	0.076
$CaSO_4 \cdot \frac{1}{2}H_2O$	—	—	0.32	0.29 (298)	0.26 (308)	0.21 (318)	0.145 (338)	0.12 (348)	—	—	0.071
$CdCl_2 \cdot \frac{5}{2}H_2O$	90	100	113	132	—	—	—	—	—	—	—
$CdCl_2 \cdot H_2O$	—	135	135	135	135	—	136	—	140	—	147
$CoCl_2$	43.5	47.7	52.9	59.7	69.5	—	93.8	—	97.6	101	106
$Co(NO_3)_2$	84.0	89.6	97.4	111	125	—	174	—	204	300	—

续表

化学式	273K	283K	293K	303K	313K	323K	333K	343K	353K	363K	373K
$CoSO_4$	25.50	30.50	36.1	42.0	48.80	—	55.0	—	53.8	45.3	38.9
$CoSO_4 \cdot 7H_2O$	44.8	56.3	65.4	73.0	88.1	—	101	—	—	—	—
$CuCl_2$	68.6	70.9	73.0	77.3	87.6	—	96.5	—	104	108	120
CuI_2	—	—	1.107	—	—	—	—	—	—	—	—
$Cu(NO_3)_2$	83.5	100	125	156	163	—	182	—	208	222	247
$CuSO_4 \cdot 5H_2O$	23.1	27.5	32.0	37.8	44.6	—	61.8	—	83.8	—	114
$FeCl_3 \cdot 6H_2O$	74.4	81.9	91.8	106.8	—	315.1	—	—	525.8	—	535.7
$Fe(NO_3)_2 \cdot 6H_2O$	113	134	—	—	—	—	266	—	—	—	—
$FeSO_4 \cdot 7H_2O$	28.8	40.0	48.0	60.0	73.3	—	100.7	—	79.9	68.3	57.8
H_3BO_3	2.67	3.72	5.04	6.72	8.72	11.54	14.81	18.62	23.62	30.38	40.25
$H_2C_2O_4$	3.54	6.08	9.52	14.23	21.52	—	44.32	—	84.5	125	
Hg_2Cl_2	0.00014	—	0.0002	—	0.0007	—	—	—	—	—	—
$HgCl_2$	3.63	4.82	6.57	8.34	10.2	—	16.3	—	30.0	—	61.3
I_2	0.014	0.020	0.029	0.039	0.052	0.078	0.100	—	0.225	0.315	0.445
KBr	53.5	59.5	65.3	70.7	75.4	80.2	85.5	90.0	95.0	99.2	104.0
$KBrO_3$	3.09	4.72	6.91	9.64	13.1	17.5	22.7	—	34.1	—	49.9
$K_2C_2O_4$	25.5	31.9	36.4	39.9	43.8	—	53.2	—	63.6	69.2	75.3
KCl	28.0	31.2	34.2	37.2	40.1	42.6	45.8	48.3	51.3	54.0	56.3
$KClO_3$	3.3	5.2	7.3	10.1	13.9	19.3	23.8	—	37.6	46	56.3
$KClO_4$	0.76	1.06	1.68	2.56	3.73	6.5	7.3	11.8	13.4	17.7	22.3
$KSCN$	177.0	198	224	255	289	—	372	—	492	571	675
K_2CO_3	105	108	111	114	117	121.2	127	133.1	140	148	156
K_2CrO_4	56.3	60.0	63.7	66.7	67.8	—	70.1	70.4	72.1	74.5	75.6
$K_2Cr_2O_7$	4.7	7.0	12.3	18.1	26.3	34	45.6	52	73	—	80
$K_3Fe(CN)_6$	30.2	38	46	53	59.3	—	70	—	—	—	91
$K_4Fe(CN)_6$	14.3	21.1	28.2	35.1	41.4	—	54.8	—	66.9	71.5	74.2
$KHC_4H_4O_6$	0.231	0.358	0.523	0.762	—	—	—	—	—	—	—
$KHCO_3$	22.5	27.4	33.7	39.9	47.5	—	65.6	—	—	—	—
$KHSO_4$	36.2	—	48.6	54.3	61.0	—	76.4	—	96.1	—	122
KI	128	136	144	153	162	168	176	184	192	198	208
KIO_3	4.60	6.27	8.08	10.03	12.6	—	18.3	—	24.8	—	32.3
$KMnO_4$	2.83	4.31	6.34	9.03	12.6	16.98	22.1	—	—	—	—
KNO_2	279	292	306	320	329	—	348	—	376	390	410
KNO_3	13.9	21.2	31.6	45.3	61.3	85.5	106	138	167	203	245
KOH	95.7	103	112	126	134	140	154	—	—	—	178
K_2SO_4	7.4	9.3	11.10	13.0	14.8	16.50	18.2	19.75	21.4	22.9	24.1
$K_2S_2O_8$	1.65	2.67	4.70	7.75	11.0	—	—	—	—	—	—

化学式	273K	283K	293K	303K	313K	323K	333K	343K	353K	363K	373K
$K_2SO_4 \cdot$ $Al_2(SO_4)_3$	3.00	3.99	5.90	8.39	11.70	17.00	24.80	40.0	71.0	109.0	—
LiCl	69.2	74.5	83.5	86.2	89.8	97	98.4	—	112	121	128
Li_2CO_3	1.54	1.43	1.33	1.26	1.17	1.08	1.01	—	0.85	—	0.72
LiF	—	—	0.27 (291)	—	—	—	—	—	—	—	—
LiOH	11.91	12.11	12.35	12.70	13.22	13.3	14.63	—	16.56	—	19.12
$MgCl_2$	52.9	53.6	54.6	55.8	57.5	—	61.0	—	66.1	69.5	73.3
$Mg(NO_3)_2$	62.1	66.0	69.5	73.6	78.9	—	78.9	—	91.6	106	—
$Mg(OH)_2$	—	—	0.0009 (291)	—	—	—	—	—	—	—	0.004
$MgSO_4$	22.0	28.2	33.7	38.9	44.5	—	54.6	—	55.8	52.9	50.4
$MnCl_2$	63.4	68.1	73.9	80.8	88.5	98.15	109	—	113	114	115
$Mn(NO_3)_2$	102	118.0	139	206	—	—	—	—	—	—	—
MnC_2O_4	0.020	0.024	0.028	0.033	—	—	—	—	—	—	—
$MnSO_4$	52.9	59.7	62.9	62.9	60.0	—	53.6	—	45.6	40.9	35.3
NH_4SCN	120	144	170	208	234	—	346	—	—	—	—
$(NH_4)_2C_2O_4$	2.2	3.21	4.45	6.09	8.18	10.3	14.0	—	22.4	27.9	34.7
NH_4Cl	29.4	33.3	37.2	41.4	45.8	50.4	55.3	60.2	65.6	71.2	77.3
$(NH_4)_2 \cdot$ $Fe(SO_4)_2$	12.5	17.2	—	—	33	40	—	52	—	—	—
$(NH_4)_2 \cdot$ $Fe_2(SO_4)_4$	—	—	—	44.15 (298)	—	—	—	—	—	—	—
NH_4HCO_3	11.9	16.1	21.7	28.4	36.6	—	59.2	—	109	170	354
$NH_4H_2PO_4$	22.7	29.5	37.4	46.4	56.7	—	82.5	—	118	—	173
$(NH_4)_2HPO_4$	42.9	62.9	68.9	75.1	81.8	—	97.2	—	—	—	—
NH_4NO_3	118.3	—	192	241.8	297.0	344.0	421.0	499.0	580.0	740.0	871.0
$(NH_4)_2SO_4$	70.6	73.0	75.4	78.0	81.0	—	88.0	—	95	—	103
$(NH_4)_2S_2O_8$	58.2	—	—	—	—	—	—	—	—	—	—
NaBr	80.2	85.2	90.8	98.4	107	116.0	118	—	120	121	121
$Na_2B_4O_7$	1.11	1.6	2.56	3.86	6.67	10.5	19.0	24.4	31.4	41.0	52.5
$NaBrO_3$	24.2	30.3	36.4	42.6	48.8	—	62.6	—	75.7	—	90.8
$Na_2C_2O_4$	2.69	3.05	3.41	3.81	4.18	—	4.93	—	5.71	—	6.50
NaCl	35.7	35.8	35.9	36.1	36.4	37.0	37.1	37.8	38.0	38.5	39.2
$NaClO_3$	79.6	87.6	95.9	105	115	—	137	—	167	184	204
Na_2CO_3	7.0	12.5	21.5	39.7	49.0	—	46.0	—	43.9	43.9	—

化学式	273K	283K	293K	303K	313K	323K	333K	343K	353K	363K	373K
Na_2CrO_4	31.70	50.10	84.0	88.0	96.0	104	115	123	125	—	126
$Na_2Cr_2O_7$	163.0	172	183	198	215	244.8	269	316.7	376	405	415
$Na_4Fe(CN)_6$	11.2	14.8	18.8	23.8	29.9	—	43.7		62.1		—
$NaHCO_3$	7.0	8.1	9.6	11.1	12.7	14.45	16.0				
NaH_2PO_4	56.5	69.8	86.9	107	133	157	172	190.3	211	234	—
Na_2HPO_4	1.68	3.53	7.83	22.0	55.3	80.2	82.8	88.1	92.3	102	104
$NaIO_3$	2.48	2.59	8.08	10.7	13.3	—	19.8		26.6	29.5	33.0
$NaNO_3$	73.0	80.8	87.6	94.9	102	104.1	122		148		180
$NaNO_2$	71.2	75.1	80.8	87.6	94.9		111		133		160
$NaOH$	—	98	109	119	129	—	174				
Na_3PO_4	4.5	8.2	12.1	16.3	20.2	—	29.9	—	60.0	68.1	77.0
$Na_4P_2O_7$	3.16	3.95	6.23	9.95	13.50	17.45	21.83	—	30.04	—	40.26
Na_2S	9.6	12.10	15.7	20.5	26.6	36.4	39.1	43.31	55.0	65.3	—
Na_2SO_3	14.4	19.5	26.3	35.5	37.2	—	32.6	—	29.4	27.9	—
Na_2SO_4	4.9	9.1	19.5	40.8	48.8	46.7	45.3	—	43.7	42.7	42.5
$Na_2SO_4 \cdot 7H_2O$	19.5	30.0	44.1	—	—	—	—	—	—	—	—
$Na_2S_2O_3 \cdot 5H_2O$	50.2	59.7	70.1	83.2	104						
$Ni(NO_3)_2$	79.2	—	94.2	105	119	—	158	—	187	188	—
$PbCl_2$	0.67	0.82	1.00	1.20	1.42	1.70	1.94	—	2.54	2.88	3.20
PbI_2	0.044	0.056	0.069	0.090	0.124	0.164	0.193		0.294		0.42
$Pb(NO_2)_2$	37.5	46.2	54.3	63.4	72.1	85	91.6		111		133
$PbSO_4$	0.0028	0.0035	0.0041	0.0049	0.0056	—	—	—	—	—	—
$SbCl_3$	602	—	910	1087	1368	—	—	345K 后混溶			
$SnCl_2$	83.9	—	259.8 (288)	—	—	—	—	—	—	—	—
$SnSO_4$	—	—	33 (298)								18
$SrCl_2$	43.5	47.7	52.9	58.7	65.3	72.4	81.8	85.9	90.5	—	101
$Sr(NO_2)_2$	52.7		65.0	72	79	83.8	97		130	134	139
$Sr(NO_3)_2$	39.5	52.9	69.5	88.7	89.4	—	93.4	—	96.9	98.4	—
$SrSO_4$	0.0113	0.0129	0.0132	0.0138	0.0141	—	0.0131	—	0.0116	0.0115	—
$Zn(NO_3)_2$	98	—	118.3	138	211						
$ZnSO_4$	41.6	47.2	53.8	61.3	70.5	—	75.4	—	71.1	—	60.5

附录11　不同温度下水的饱和蒸气压

温度 $t/℃$	饱和蒸气压 $/×10^3 Pa$	温度 $t/℃$	饱和蒸气压 $/×10^3 Pa$	温度 $t/℃$	饱和蒸气压 $/×10^3 Pa$
0	0.61129	38	6.6298	76	40.205
1	0.65716	39	6.9969	77	41.905
2	0.70605	40	7.3814	78	43.665
3	0.75813	41	7.7840	79	45.487
4	0.81359	42	8.2054	80	47.373
5	0.87260	43	8.6463	81	49.324
6	0.93537	44	9.1075	82	51.342
7	1.0021	45	9.5898	83	53.428
8	1.0730	46	10.094	84	55.585
9	1.1482	47	10.620	85	57.815
10	1.2281	48	11.171	86	60.119
11	1.3129	49	11.745	87	62.499
12	1.4027	50	12.344	88	64.958
13	1.4979	51	12.970	89	67.496
14	1.5988	52	13.623	90	70.117
15	1.7056	53	14.303	91	72.823
16	1.8185	54	15.012	92	75.614
17	1.9380	55	15.752	93	78.494
18	2.0644	56	16.522	94	81.465
19	2.1978	57	17.324	95	84.529
20	2.3388	58	18.159	96	87.688
21	2.4877	59	19.028	97	90.945
22	2.6447	60	19.932	98	94.301
23	2.8104	61	20.873	99	97.759
24	2.9850	62	21.851	100	101.32
25	3.1690	63	22.868	101	104.99
26	3.3629	64	23.925	102	108.77
27	3.5670	65	25.022	103	112.66
28	3.7818	66	26.163	104	116.67
29	4.0078	67	27.347	105	120.79
30	4.2455	68	28.576	106	125.03
31	4.4953	69	29.852	107	129.39
32	4.7578	70	31.176	108	133.88
33	5.0335	71	32.549	109	138.50
34	5.3229	72	33.972	110	143.24
35	5.6267	73	35.448	111	148.12
36	5.9453	74	36.978	112	153.13
37	6.2795	75	38.563	113	158.29

附录 12　常见酸碱溶液的解离常数（298.15K）

12.1　酸

名　称	化　学　式	$K_a^{\ominus}$		$pK_a^{\ominus}$
砷酸	H_3AsO_4	$K_{a1}^{\ominus}$	5.50×10^{-3}	2.26
		$K_{a2}^{\ominus}$	1.74×10^{-7}	6.761
		$K_{a3}^{\ominus}$	5.13×10^{-12}	11.29
亚砷酸	H_3AsO_3		5.13×10^{-10}	9.29
硼酸	H_3BO_3		5.81×10^{-10}	9.236
焦硼酸	$H_2B_4O_7$	$K_{a1}^{\ominus}$	1.00×10^{-4}	4.00
		$K_{a2}^{\ominus}$	1.00×10^{-9}	9.00
碳酸	H_2CO_3	$K_{a1}^{\ominus}$	4.47×10^{-7}	6.35
		$K_{a2}^{\ominus}$	4.68×10^{-11}	10.33
铬酸	H_2CrO_4	$K_{a1}^{\ominus}$	1.80×10^{-1}	0.74
		$K_{a2}^{\ominus}$	3.20×10^{-7}	6.49
氢氟酸	HF		6.31×10^{-4}	3.20
亚硝酸	HNO_2		5.62×10^{-4}	3.25
过氧化氢	H_2O_2		2.4×10^{-12}	11.62
磷酸	H_3PO_4	$K_{a1}^{\ominus}$	6.92×10^{-3}	2.16
		$K_{a2}^{\ominus}$	6.23×10^{-8}	7.21
		$K_{a3}^{\ominus}$	4.80×10^{-13}	12.32
焦磷酸	$H_4P_2O_7$	$K_{a1}^{\ominus}$	1.23×10^{-1}	0.91
		$K_{a2}^{\ominus}$	7.94×10^{-3}	2.10
		$K_{a3}^{\ominus}$	2.00×10^{-7}	6.70
		$K_{a4}^{\ominus}$	4.79×10^{-10}	9.32
氢硫酸	H_2S	$K_{a1}^{\ominus}$	8.90×10^{-8}	7.05
		$K_{a2}^{\ominus}$	1.26×10^{-14}	13.9
亚硫酸	H_2SO_3	$K_{a1}^{\ominus}$	1.40×10^{-2}	1.85
		$K_{a2}^{\ominus}$	6.31×10^{-8}	7.20
硫酸	H_2SO_4	$K_{a2}^{\ominus}$	1.02×10^{-2}	1.99
偏硅酸	H_2SiO_3	$K_{a1}^{\ominus}$	1.70×10^{-10}	9.77
		$K_{a2}^{\ominus}$	1.58×10^{-12}	11.80

名　称	化　学　式		$K_a^{\ominus}$	$pK_a^{\ominus}$
甲酸	HCOOH		1.772×10^{-4}	3.75
醋酸	CH_3COOH		1.74×10^{-5}	4.76
草酸	$H_2C_2O_4$	$K_{a1}^{\ominus}$	5.9×10^{-2}	1.23
		$K_{a2}^{\ominus}$	6.46×10^{-5}	4.19
酒石酸	$HOOC(CHOH)_2COOH$	$K_{a1}^{\ominus}$	1.04×10^{-3}	2.98
		$K_{a2}^{\ominus}$	4.57×10^{-5}	4.34
苯酚	C_6H_5OH		1.02×10^{-10}	9.99
抗坏血酸	O=C—C(OH)=C(OH)—CH—CHCH₂OH （带OH侧链与O桥）	$K_{a1}^{\ominus}$	5.0×10^{-5}	4.10
		$K_{a2}^{\ominus}$	1.5×10^{-12}	11.79
柠檬酸	$HO—C(CH_2COOH)_2COOH$	$K_{a1}^{\ominus}$	7.24×10^{-4}	3.14
		$K_{a2}^{\ominus}$	1.70×10^{-5}	4.77
		$K_{a3}^{\ominus}$	4.07×10^{-7}	6.39
苯甲酸	C_6H_5COOH		6.45×10^{-5}	4.19
邻苯二甲酸	$C_6H_4(COOH)_2$	$K_{a1}^{\ominus}$	1.30×10^{-3}	2.89
		$K_{a2}^{\ominus}$	3.09×10^{-6}	5.51

12.2　碱

名　称	化　学　式		$K_b^{\ominus}$	$pK_b^{\ominus}$
氨水	$NH_3 \cdot H_2O$		1.79×10^{-5}	4.75
甲胺	CH_3NH_2		4.20×10^{-4}	3.38
乙胺	$C_2H_5NH_2$		4.30×10^{-4}	3.37
二甲胺	$(CH_3)_2NH$		5.90×10^{-4}	3.23
二乙胺	$(C_2H_5)_2NH$		6.31×10^{-4}	3.2
苯胺	$C_6H_5NH_2$		3.98×10^{-10}	9.40
乙二胺	$H_2NCH_2CH_2NH_2$	$K_{b1}^{\ominus}$	8.32×10^{-5}	4.08
		$K_{b2}^{\ominus}$	7.10×10^{-8}	7.15
乙醇胺	$HOCH_2CH_2NH_2$		3.2×10^{-5}	4.50
三乙醇胺	$(HOCH_2CH_2)_3N$		5.8×10^{-7}	6.24
六亚甲基四胺	$(CH_2)_6N_4$		1.35×10^{-9}	8.87
吡啶	C_5H_5N		1.80×10^{-9}	8.70

附录 13 常见难溶物的溶度积常数（298.15K，离子强度 $I=0$）

化学式	$K_{sp}^{\ominus}$	$pK_{sp}^{\ominus}$	化学式	$K_{sp}^{\ominus}$	$pK_{sp}^{\ominus}$
AgBr	5.35×10^{-13}	12.27	Hg_2Cl_2	1.43×10^{-18}	17.84
Ag_2CO_3	8.46×10^{-12}	11.07	Hg_2I_2	5.2×10^{-29}	28.72
AgCl	1.77×10^{-10}	9.75	HgS(红)	4.0×10^{-53}	52.40
Ag_2CrO_4	1.12×10^{-12}	11.95	HgS(黑)	1.6×10^{-52}	51.80
AgI	8.52×10^{-17}	16.07	$MgCO_3$	6.82×10^{-6}	5.17
AgOH	2.0×10^{-8}	7.71	$MgC_2O_4 \cdot 2H_2O$	4.83×10^{-6}	5.32
Ag_2S	6.3×10^{-50}	49.20	MgF_2	5.16×10^{-11}	10.29
$Al(OH)_3$(无定形)	1.3×10^{-33}	32.89	$MgNH_4PO_4$	2.5×10^{-13}	12.60
$BaCO_3$	2.58×10^{-9}	8.59	$Mg(OH)_2$	5.61×10^{-12}	11.25
BaC_2O_4	1.6×10^{-7}	6.79	$Mn(OH)_4$	1.9×10^{-13}	12.72
$BaCrO_4$	1.17×10^{-10}	9.93	MnS	2.5×10^{-13}	12.60
$BaSO_4$	1.08×10^{-10}	9.97	$Ni(OH)_2$	5.48×10^{-16}	15.26
$CaCO_3$	3.36×10^{-9}	8.47	NiS(α)	3.2×10^{-19}	18.49
$CaC_2O_4 \cdot H_2O$	2.32×10^{-9}	8.63	NiS(β)	1.0×10^{-24}	24.00
CaF_2	3.45×10^{-11}	10.46	$PbCO_3$	7.40×10^{-14}	13.13
CdS	8.0×10^{-27}	26.10	PbC_2O_4	4.8×10^{-10}	9.32
CoS(α)	4.0×10^{-21}	20.40	$PbCrO_4$	2.8×10^{-13}	12.55
CoS(β)	2.0×10^{-25}	24.70	PbF_2	3.3×10^{-8}	7.48
$Cr(OH)_3$	6.3×10^{-31}	30.20	PbI_2	9.8×10^{-9}	8.01
CuBr	6.27×10^{-9}	8.20	$Pb(OH)_2$	1.43×10^{-20}	19.84
CuCl	1.72×10^{-7}	6.76	PbS	8.0×10^{-28}	27.10
CuI	1.27×10^{-12}	11.90	$PbSO_4$	2.53×10^{-8}	7.60
CuS	6.3×10^{-36}	35.20	$SrCO_3$	5.60×10^{-10}	9.25
Cu_2S	2.5×10^{-48}	47.60	$SrSO_4$	3.44×10^{-7}	6.46
CuSCN	1.77×10^{-13}	12.75	$Sn(OH)_2$	5.45×10^{-27}	26.26
$FeC_2O_4 \cdot 2H_2O$	3.2×10^{-7}	6.50	$Sn(OH)_4$	1.0×10^{-56}	56.00
$Fe(OH)_2$	4.87×10^{-17}	16.31	$Zn(OH)_2$(无定形)	3×10^{-17}	16.5
$Fe(OH)_3$	2.79×10^{-39}	38.55	ZnS(α)	1.6×10^{-24}	23.80
FeS	6.3×10^{-18}	17.20	ZnS(β)	2.5×10^{-22}	21.60

附录 14 常见配合物的稳定常数

配位体	金属离子	n	$lg\beta_n$
NH_3	Ag^+	1,2	3.24,7.05
	Cu^{2+}	1,……,4	4.31,7.98,11.02,13.32
	Ni^{2+}	1,……,6	2.80,5.04,6.77,7.96,8.71,8.74
	Zn^{2+}	1,……,4	2.37,4.81,7.31,9.46

配位体	金属离子	n	$\lg\beta_n$
F$^-$	Al^{3+}	1,……,6	6.10,11.15,15.00,17.75,19.37,19.84
	Fe^{3+}	1,2,3	5.28,9.30,12.06
Cl$^-$	Hg^{2+}	1,……,4	6.74,13.22,14.07,15.07
CN$^-$	Ag$^+$	2,3,4	21.1,21.7,20.6
	Fe^{2+}	6	35.0
	Fe^{3+}	6	42.0
	Ni^{2+}	4	31.3
	Zn^{2+}	4	21.60
S$_2$O$_3^{2-}$	Ag$^+$	1,2	8.82,13.46
	Hg^{2+}	2,3,4	29.44,31.90,33.24
OH$^-$	Al^{3+}	1,4	9.27,33.03
	Bi^{3+}	1,2,4	12.7,15.8,35.2
	Cd^{2+}	1,……,4	4.17,8.33,9.02,8.62
	Cu^{2+}	1,……,4	7.0,13.68,17.00,18.5
	Fe^{2+}	1,……,4	5.56,9.77,9.67,8.58
	Fe^{3+}	1,2,3	11.87,21.17,29.67
	Hg^{2+}	1,2,3	10.6,21.8,20.9
	Mg^{2+}	1	2.58
	Ni^{2+}	1,2,3	4.97,8.55,11.33
	Pb^{2+}	1,2,3,6	7.82,10.85,14.58,61.0
	Sn^{2+}	1,2,3	10.60,20.93,25.38
	Zn^{2+}	1,……,4	4.40,11.30,14.14,17.66
EDTA	Ag$^+$	1	7.32
	Al^{3+}	1	16.11
	Ba^{2+}	1	7.78
	Bi^{3+}	1	27.94
	Ca^{2+}	1	11.0
	Cd^{2+}	1	16.4
	Co^{2+}	1	16.31
	Co^{3+}	1	36.00
	Cr^{3+}	1	23
	Cu^{2+}	1	18.70
	Fe^{2+}	1	14.33
	Fe^{3+}	1	24.23
	Hg^{2+}	1	21.80
	Mg^{2+}	1	8.64
	Mn^{2+}	1	13.8
	Ni^{2+}	1	18.56
	Pb^{2+}	1	18.3
	Sn^{2+}	1	22.1
	Zn^{2+}	1	16.4

注：表中数据为 20～25℃、$I=0$ 的条件下获得。

附录 15　　常见电对的标准电极电势

15.1　在酸性溶液中

电　对	电　极　反　应	$E^{\ominus}/V$
Li^+/Li	$Li^+ + e^- \rightleftharpoons Li$	-3.0401
Cs^+/Cs	$Cs^+ + e^- \rightleftharpoons Cs$	-3.026
K^+/K	$K^+ + e^- \rightleftharpoons K$	-2.931
Ba^{2+}/Ba	$Ba^{2+} + 2e^- \rightleftharpoons Ba$	-2.912
Ca^{2+}/Ca	$Ca^{2+} + 2e^- \rightleftharpoons Ca$	-2.868
Na^+/Na	$Na^+ + e^- \rightleftharpoons Na$	-2.71
Mg^{2+}/Mg	$Mg^{2+} + 2e^- \rightleftharpoons Mg$	-2.372
H_2/H^-	$1/2H_2 + e^- \rightleftharpoons H^-$	-2.23
Al^{3+}/Al	$Al^{3+} + 3e^- \rightleftharpoons Al$	-1.662
Mn^{2+}/Mn	$Mn^{2+} + 2e^- \rightleftharpoons Mn$	-1.185
Zn^{2+}/Zn	$Zn^{2+} + 2e^- \rightleftharpoons Zn$	-0.7618
Cr^{3+}/Cr	$Cr^{3+} + 3e^- \rightleftharpoons Cr$	-0.744
Ag_2S/Ag	$Ag_2S + 2e^- \rightleftharpoons 2Ag + S^{2-}$	-0.691
$CO_2/H_2C_2O_4$	$2CO_2 + 2H^+ + 2e^- \rightleftharpoons H_2C_2O_4$	-0.481
Fe^{2+}/Fe	$Fe^{2+} + 2e^- \rightleftharpoons Fe$	-0.447
Cr^{3+}/Cr^{2+}	$Cr^{3+} + e^- \rightleftharpoons Cr^{2+}$	-0.407
Cd^{2+}/Cd	$Cd^{2+} + 2e^- \rightleftharpoons Cd$	-0.4030
$PbSO_4/Pb$	$PbSO_4 + 2e^- \rightleftharpoons Pb + SO_4^{2-}$	-0.3588
Co^{2+}/Co	$Co^{2+} + 2e^- \rightleftharpoons Co$	-0.28
$PbCl_2/Pb$	$PbCl_2 + 2e^- \rightleftharpoons Pb + 2Cl^-$	-0.2675
Ni^{2+}/Ni	$Ni^{2+} + 2e^- \rightleftharpoons Ni$	-0.257
AgI/Ag	$AgI + e^- \rightleftharpoons Ag + I^-$	-0.15224
Sn^{2+}/Sn	$Sn^{2+} + 2e^- \rightleftharpoons Sn$	-0.1375
Pb^{2+}/Pb	$Pb^{2+} + 2e^- \rightleftharpoons Pb$	-0.1262
Fe^{3+}/Fe	$Fe^{3+} + 3e^- \rightleftharpoons Fe$	-0.037
$AgCN/Ag$	$AgCN + e^- \rightleftharpoons Ag + CN^-$	-0.017
H^+/H_2	$2H^+ + 2e^- \rightleftharpoons H_2$	0.0000
$AgBr/Ag$	$AgBr + e^- \rightleftharpoons Ag + Br^-$	0.07133
S/H_2S	$S + 2H^+ + 2e^- \rightleftharpoons H_2S(aq)$	0.142
Sn^{4+}/Sn^{2+}	$Sn^{4+} + 2e^- \rightleftharpoons Sn^{2+}$	0.151
Cu^{2+}/Cu^+	$Cu^{2+} + e^- \rightleftharpoons Cu^+$	0.153
$AgCl/Ag$	$AgCl + e^- \rightleftharpoons Ag + Cl^-$	0.22233
Hg_2Cl_2/Hg	$Hg_2Cl_2 + 2e^- \rightleftharpoons 2Hg + 2Cl^-$	0.26808
Cu^{2+}/Cu	$Cu^{2+} + 2e^- \rightleftharpoons Cu$	0.3419
$S_2O_3^{2-}/S$	$S_2O_3^{2-} + 6H^+ + 4e^- \rightleftharpoons 2S + 3H_2O$	0.5
Cu^+/Cu	$Cu^+ + e^- \rightleftharpoons Cu$	0.521

电　对	电　极　反　应	$E^\ominus/V$
I_2/I^-	$I_2+2e^- \rightleftharpoons 2I^-$	0.5355
I_3^-/I^-	$I_3^-+2e^- \rightleftharpoons 3I^-$	0.536
MnO_4^-/MnO_4^{2-}	$MnO_4^-+e^- \rightleftharpoons MnO_4^{2-}$	0.558
$H_3AsO_4/HAsO_2^-$	$H_3AsO_4+2H^++2e^- \rightleftharpoons HAsO_2^-+2H_2O$	0.560
Ag_2SO_4/Ag	$Ag_2SO_4+2e^- \rightleftharpoons 2Ag+SO_4^{2-}$	0.654
O_2/H_2O_2	$O_2+2H^++2e^- \rightleftharpoons H_2O_2$	0.695
Fe^{3+}/Fe^{2+}	$Fe^{3+}+e^- \rightleftharpoons Fe^{2+}$	0.771
Hg_2^{2+}/Hg	$Hg_2^{2+}+2e^- \rightleftharpoons 2Hg$	0.7973
Ag^+/Ag	$Ag^++e^- \rightleftharpoons Ag$	0.7996
NO_3^-/N_2O_4	$2NO_3^-+4H^++2e^- \rightleftharpoons N_2O_4+2H_2O$	0.803
Hg^{2+}/Hg	$Hg^{2+}+2e^- \rightleftharpoons Hg$	0.851
Cu^{2+}/CuI	$Cu^{2+}+I^-+e^- \rightleftharpoons CuI$	0.86
Hg^{2+}/Hg_2^{2+}	$2Hg^{2+}+2e^- \rightleftharpoons Hg_2^{2+}$	0.920
NO_3^-/HNO_2	$NO_3^-+3H^++2e^- \rightleftharpoons HNO_2+H_2O$	0.934
NO_3^-/NO	$NO_3^-+4H^++3e^- \rightleftharpoons NO+2H_2O$	0.957
HNO_2/NO	$HNO_2+H^++e^- \rightleftharpoons NO+H_2O$	0.983
$[AuCl_4]^-/Au$	$[AuCl_4]^-+3e^- \rightleftharpoons Au+4Cl^-$	1.002
Br_2/Br^-	$Br_2(l)+2e^- \rightleftharpoons 2Br^-$	1.066
$Cu^{2+}/[Cu(CN)_2]^-$	$Cu^{2+}+2CN^-+e^- \rightleftharpoons [Cu(CN)_2]^-$	1.103
IO_3^-/HIO	$IO_3^-+5H^++4e^- \rightleftharpoons HIO+2H_2O$	1.14
IO_3^-/I_2	$2IO_3^-+12H^++10e^- \rightleftharpoons I_2+6H_2O$	1.195
MnO_2/Mn^{2+}	$MnO_2+4H^++2e^- \rightleftharpoons Mn^{2+}+2H_2O$	1.224
O_2/H_2O	$O_2+4H^++4e^- \rightleftharpoons 2H_2O$	1.229
$Cr_2O_7^{2-}/Cr^{3+}$	$Cr_2O_7^{2-}+14H^++6e^- \rightleftharpoons 2Cr^{3+}+7H_2O$	1.232
Cl_2/Cl^-	$Cl_2(g)+2e^- \rightleftharpoons 2Cl^-$	1.35827
ClO_4^-/Cl_2	$2ClO_4^-+16H^++14e^- \rightleftharpoons Cl_2+8H_2O$	1.39
ClO_3^-/Cl^-	$ClO_3^-+6H^++6e^- \rightleftharpoons Cl^-+3H_2O$	1.451
PbO_2/Pb^{2+}	$PbO_2+4H^++2e^- \rightleftharpoons Pb^{2+}+2H_2O$	1.455
ClO_3^-/Cl_2	$ClO_3^-+6H^++5e^- \rightleftharpoons 1/2Cl_2+3H_2O$	1.47
BrO_3^-/Br_2	$2BrO_3^-+12H^++10e^- \rightleftharpoons Br_2+6H_2O$	1.482
$HClO/Cl^-$	$HClO+H^++2e^- \rightleftharpoons Cl^-+H_2O$	1.482
Au^{3+}/Au	$Au^{3+}+3e^- \rightleftharpoons Au$	1.498
MnO_4^-/Mn^{2+}	$MnO_4^-+8H^++5e^- \rightleftharpoons Mn^{2+}+4H_2O$	1.507
Mn^{3+}/Mn^{2+}	$Mn^{3+}+e^- \rightleftharpoons Mn^{2+}$	1.5415
$HBrO/Br_2$	$2HBrO+2H^++2e^- \rightleftharpoons Br_2+2H_2O$	1.596
H_5IO_6/IO_3^-	$H_5IO_6+H^++2e^- \rightleftharpoons IO_3^-+3H_2O$	1.601
$HClO/Cl_2$	$2HClO+2H^++2e^- \rightleftharpoons Cl_2+2H_2O$	1.611
$HClO_2/HClO$	$HClO_2+2H^++2e^- \rightleftharpoons HClO+H_2O$	1.645

续表

电　对	电　极　反　应	$E^{\ominus}$/V
MnO_4^-/MnO_2	$MnO_4^-+4H^++3e^-\Longleftrightarrow MnO_2+2H_2O$	1.679
$PbO_2/PbSO_4$	$PbO_2+SO_4^{2-}+4H^++2e^-\Longleftrightarrow PbSO_4+2H_2O$	1.6913
H_2O_2/H_2O	$H_2O_2+2H^++2e^-\Longleftrightarrow 2H_2O$	1.776
Co^{3+}/Co^{2+}	$Co^{3+}+e^-\Longleftrightarrow Co^{2+}$	1.92
$S_2O_8^{2-}/SO_4^{2-}$	$S_2O_8^{2-}+2e^-\Longleftrightarrow 2SO_4^{2-}$	2.010
O_3/O_2	$O_3+2H^++2e^-\Longleftrightarrow O_2+H_2O$	2.076
F_2/F^-	$F_2+2e^-\Longleftrightarrow 2F^-$	2.866
F_2/HF	$F_2(g)+2H^++2e^-\Longleftrightarrow 2HF$	3.053

15.2　在碱性溶液中

电　对	电　极　反　应	$E^{\ominus}$/V
$Mn(OH)_2/Mn$	$Mn(OH)_2+2e^-\Longleftrightarrow Mn+2OH^-$	−1.56
$[Zn(CN)_4]^{2-}/Zn$	$[Zn(CN)_4]^{2-}+2e^-\Longleftrightarrow Zn+4CN^-$	−1.34
ZnO_2^{2-}/Zn	$ZnO_2^{2-}+2H_2O+2e^-\Longleftrightarrow Zn+4OH^-$	−1.215
$[Sn(OH)_6]^{2-}/HSnO_2^-$	$[Sn(OH)_6]^{2-}+2e^-\Longleftrightarrow HSnO_2^-+3OH^-+H_2O$	−0.93
SO_4^{2-}/SO_3^{2-}	$SO_4^{2-}+H_2O+2e^-\Longleftrightarrow SO_3^{2-}+2OH^-$	−0.93
$HSnO_2^-/Sn$	$HSnO_2^-+H_2O+2e^-\Longleftrightarrow Sn+3OH^-$	−0.909
H_2O/H_2	$2H_2O+2e^-\Longleftrightarrow H_2+2OH^-$	−0.8277
$Ni(OH)_2/Ni$	$Ni(OH)_2+2e^-\Longleftrightarrow Ni+2OH^-$	−0.72
AsO_4^{3-}/AsO_2^-	$AsO_4^{3-}+2H_2O+2e^-\Longleftrightarrow AsO_2^-+4OH^-$	−0.71
SO_3^{2-}/S	$SO_3^{2-}+3H_2O+4e^-\Longleftrightarrow S+6OH^-$	−0.59
$SO_3^{2-}/S_2O_3^{2-}$	$2SO_3^{2-}+3H_2O+4e^-\Longleftrightarrow S_2O_3^{2-}+6OH^-$	−0.571
S/S^{2-}	$S+2e^-\Longleftrightarrow S^{2-}$	−0.47627
$[Ag(CN)_2]^-/Ag$	$[Ag(CN)_2]^-+e^-\Longleftrightarrow Ag+2CN^-$	−0.31
$CrO_4^{2-}/Cr(OH)_4^-$	$CrO_4^{2-}+4H_2O+3e^-\Longleftrightarrow Cr(OH)_4^-+4OH^-$	−0.13
O_2/HO_2^-	$O_2+H_2O+2e^-\Longleftrightarrow HO_2^-+OH^-$	−0.076
NO_3^-/NO_2^-	$NO_3^-+H_2O+2e^-\Longleftrightarrow NO_2^-+2OH^-$	0.01
$S_4O_6^{2-}/S_2O_3^{2-}$	$S_4O_6^{2-}+2e^-\Longleftrightarrow 2S_2O_3^{2-}$	0.08
$[Co(NH_3)_6]^{3+}/[Co(NH_3)_6]^{2+}$	$[Co(NH_3)_6]^{3+}+e^-\Longleftrightarrow [Co(NH_3)_6]^{2+}$	0.108
$Mn(OH)_3/Mn(OH)_2$	$Mn(OH)_3+e^-\Longleftrightarrow Mn(OH)_2+OH^-$	0.15
Ag_2O/Ag	$Ag_2O+H_2O+2e^-\Longleftrightarrow 2Ag+2OH^-$	0.342
O_2/OH^-	$O_2+2H_2O+4e^-\Longleftrightarrow 4OH^-$	0.401
MnO_4^-/MnO_2	$MnO_4^-+2H_2O+3e^-\Longleftrightarrow MnO_2+4OH^-$	0.595
BrO_3^-/Br^-	$BrO_3^-+3H_2O+6e^-\Longleftrightarrow Br^-+6OH^-$	0.61
BrO^-/Br^-	$BrO^-+H_2O+2e^-\Longleftrightarrow Br^-+2OH^-$	0.761
ClO^-/Cl^-	$ClO^-+H_2O+2e^-\Longleftrightarrow Cl^-+2OH^-$	0.81
H_2O_2/OH^-	$H_2O_2+2e^-\Longleftrightarrow 2OH^-$	0.88
O_3/OH^-	$O_3+H_2O+2e^-\Longleftrightarrow O_2+2OH^-$	1.24

附录 16 常见化合物的分子量

化合物	分子量	化合物	分子量	化合物	分子量
$AgBr$	187.772	$HCOOH$	46.03	NH_4NO_3	80.043
$AgCl$	143.321	H_2CO_3	62.0251	$(NH_4)_2HPO_4$	132.055
$AgCN$	133.886	$H_2C_2O_4$	90.04	$(NH_4)_2S$	68.143
$AgSCN$	165.952	$H_2C_2O_4 \cdot 2H_2O$	126.0665	$(NH_4)_2SO_4$	132.141
Ag_2CrO_4	331.730	$H_2C_4H_4O_6$(酒石酸)	150.09	Na_3AsO_3	191.89
AgI	234.772	HCl	36.461	$Na_2B_4O_7$	201.220
$AgNO_3$	169.873	$HClO_4$	100.459	$Na_2B_4O_7 \cdot 10H_2O$	381.373
$AlCl_3$	133.340	HF	20.006	$NaBiO_3$	279.968
Al_2O_3	101.961	HI	127.912	$NaBr$	102.894
$Al(OH)_3$	78.004	HIO_3	175.910	$NaCN$	49.008
$Al_2(SO_4)_3$	342.154	HNO_3	63.013	$NaSCN$	81.074
As_2O_3	197.841	HNO_2	47.014	$Na_2CO_3 \cdot 10H_2O$	286.142
As_2O_5	229.840	H_2O	18.015	$Na_2C_2O_4$	134.000
As_2S_3	246.041	H_2O_2	34.015	$NaCl$	58.443
$BaCO_3$	197.336	H_3PO_4	97.995	$NaClO$	74.442
BaC_2O_4	225.347	H_2S	34.082	NaI	149.894
$BaCl_2$	208.232	H_2SO_3	82.080	NaF	41.988
$BaCrO_4$	253.321	H_2SO_4	98.080	$NaHCO_3$	84.007
BaO	153.326	$Hg(CN)_2$	252.63	Na_2HPO_4	141.959
$Ba(OH)_2$	171.342	$HgCl_2$	271.50	NaH_2PO_4	119.997
$BaSO_4$	233.391	Hg_2Cl_2	472.09	$Na_2H_2Y \cdot 2H_2O$	372.240
$BiCl_3$	315.338	HgI_2	454.40	$NaNO_2$	68.996
$BiOCl$	260.432	$Hg_2(NO_3)_2$	525.19	$NaNO_3$	84.995
CO_2	44.010	$Hg(NO_3)_2$	324.60	Na_2O	61.979
CaO	56.077	HgO	216.59	Na_2O_2	77.979
$CaCO_3$	100.087	HgS	232.66	$NaOH$	39.997
CaC_2O_4	128.098	$HgSO_4$	296.65	Na_3PO_4	163.94
$CaCl_2$	110.983	Hg_2SO_4	497.24	Na_2S	78.046
CaF_2	78.075	$KAl(SO_4)_2 \cdot 12H_2O$	474.391	Na_2SiF_6	188.056
$Ca(NO_3)_2$	164.087	$KB(C_6H_5)_4$	358.332	Na_2SO_3	126.044
$Ca(OH)_2$	74.093	KBr	119.002	$Na_2S_2O_3$	158.11
$Ca_3(PO_4)_2$	310.177	$KBrO_3$	167.000	Na_2SO_4	142.044
$CaSO_4$	136.142	KCl	74.551	$NiC_8H_{14}O_4N_4$	288.92
$CdCO_3$	172.420	$KClO_3$	122.549	(丁二酮肟合镍)	
$CdCl_2$	183.316	$KClO_4$	138.549	$NiCl_2 \cdot 6H_2O$	237.689
CdS	144.477	KCN	65.116	NiO	74.692
$Ce(SO_4)_2$	332.24	$KSCN$	97.182	$Ni(NO_3)_2 \cdot 6H_2O$	290.794
CH_3COOH	60.05	K_2CO_3	138.206	NiS	90.759
CH_3OH	32.04	K_2CrO_4	194.191	$NiSO_4 \cdot 7H_2O$	280.863
CH_3COCH_3	58.08	$K_2Cr_2O_7$	294.185	P_2O_5	141.945
C_6H_5COOH	122.12	$K_3Fe(CN)_6$	329.246	$PbCO_3$	267.2
C_6H_5COONa	144.11	$K_4Fe(CN)_6$	368.347	PbC_2O_4	295.2
$C_6H_4COOHCOOK$	204.22	$KHC_2O_4 \cdot H_2O$	146.141	$PbCl_2$	278.1
CH_3COONH_4	77.08	$KHC_2O_4 \cdot H_2C_2O_4 \cdot 2H_2O$	254.20	$PbCrO_4$	323.2
CH_3COONa	82.03	$KHC_4H_4O_6$	188.17	$Pb(CH_3COO)_2$	325.3

续表

化合物	分子量	化合物	分子量	化合物	分子量
C_6H_5OH	94.11	$KHSO_4$	136.170	$Pb(CH_3COO)_2 \cdot 3H_2O$	427.3
$(C_9H_7N)_3H_3PO_4 \cdot 12MoO_3$	2212.74	KI	166.003	PbI_2	461.0
（磷钼酸喹啉）		KIO_3	214.001	$Pb(NO_3)_2$	331.2
$COOHCH_2COOH$	104.06	$KIO_3 \cdot HIO_3$	389.91	PbO	223.2
$COOHCH_2COONa$	126.04	$KMnO_4$	158.034	PbO_2	239.2
CCl_4	153.82	$KNaC_4H_4O_6 \cdot 4H_2O$	282.221	Pb_3O_4	685.6
$CoCl_2$	129.838	KNO_3	101.103	$Pb_3(PO_4)_2$	811.5
$Co(NO_3)_2$	182.942	KNO_2	85.104	PbS	239.3
CoS	91.00	K_2O	94.196	$PbSO_4$	303.3
$CoSO_4$	154.997	KOH	56.105	SO_3	80.064
$CO(NH_2)_2$	60.06	K_2SO_4	174.261	SO_2	64.065
$CrCl_3$	158.354	$MgCO_3$	84.314	$SbCl_3$	228.118
$Cr(NO_3)_3$	238.011	$MgCl_2$	95.210	$SbCl_5$	299.024
Cr_2O_3	151.990	$MgC_2O_4 \cdot 2H_2O$	148.355	Sb_2O_3	291.518
$CuCl$	98.999	$Mg(NO_3)_2 \cdot 6H_2O$	256.406	Sb_2S_3	339.718
$CuCl_2$	134.451	$MgNH_4PO_4$	137.82	SiO_2	60.085
$CuSCN$	121.630	MgO	40.304	$SnCO_3$	178.82
CuI	190.450	$Mg(OH)_2$	58.320	$SnCl_2$	189.615
$Cu(NO_3)_2$	187.555	$Mg_2P_2O_7 \cdot 3H_2O$	276.600	$SnCl_4$	260.521
CuO	79.545	$MgSO_4 \cdot 7H_2O$	246.475	SnO_2	150.709
Cu_2O	143.091	$MnCO_3$	114.947	SnS	150.776
CuS	95.612	$MnCl_2 \cdot 4H_2O$	197.905	$SrCO_3$	147.63
$CuSO_4$	159.610	$Mn(NO_3)_2 \cdot 6H_2O$	287.040	SrC_2O_4	175.64
$FeCl_2$	126.750	MnO	70.937	$SrCrO_4$	203.61
$FeCl_3$	162.203	MnO_2	86.937	$Sr(NO_3)_2$	211.63
$Fe(NO_3)_3$	241.862	MnS	87.004	$SrSO_4$	183.68
FeO	71.844	$MnSO_4$	151.002	TiO_2	79.866
Fe_2O_3	159.688	NO	30.006	$UO_2(CH_3COO)_2 \cdot 2H_2O$	422.13
Fe_3O_4	231.533	NO_2	46.006	WO_3	231.84
$Fe(OH)_3$	106.867	NH_3	17.031	$ZnCO_3$	125.40
FeS	87.911	$NH_3 \cdot H_2O$	35.046	$ZnC_2O_4 \cdot 2H_2O$	189.44
Fe_2S_3	207.87	NH_4Cl	53.492	$ZnCl_2$	136.29
$FeSO_4$	151.909	$(NH_4)_2CO_3$	96.086	$Zn(CH_3COO)_2$	183.48
$Fe_2(SO_4)_3$	399.881	$(NH_4)_2C_2O_4$	124.10	$Zn(NO_3)_2$	189.40
H_3AsO_3	125.944	$NH_4Fe(SO_4)_2 \cdot 12H_2O$	482.194	$Zn_2P_2O_7$	304.72
H_3AsO_4	141.944	$(NH_4)_3PO_4 \cdot 12MoO_3$	1876.35	ZnO	81.39
H_3BO_3	61.833	NH_4SCN	76.122	ZnS	97.46
HBr	80.912	$(NH_4)_2HCO_3$	79.056	$ZnSO_4$	161.45
HCN	27.026	$(NH_4)_2MoO_4$	196.04		

注：附录12～附录16数据主要来自：

1. David R Lide, CRC Handbook of Chemistry and Physics, 80th ed, 1999-2000.

2. J A Dean, Lange's Handbook of Chemistry, 15th ed, 1999.

附录 17　原子量

符号	名称	原子量	符号	名称	原子量	符号	名称	原子量	符号	名称	原子量
Ac	锕	[227.03]	Er	铒	167.259	Mo	钼	95.94	S	硫	32.065
Ag	银	107.8682	Es	锿	[252.08]	Mt	鿏	[266.13]	Sb	锑	121.760
Al	铝	26.981538	Eu	铕	151.964	N	氮	14.0067	Sc	钪	44.955910
Am	镅	[243.06]	F	氟	18.9984032	Na	钠	22.989770	Se	硒	78.96
Ar	氩	39.948	Fe	铁	55.845	Nb	铌	92.90638	Sg	𬭶	[263.12]
As	砷	74.92160	Fm	镄	[257.10]	Nd	钕	144.24	Si	硅	28.0855
At	砹	[209.99]	Fr	钫	[223.02]	Ne	氖	20.1797	Sm	钐	150.36
Au	金	196.96655	Ga	镓	69.723	Ni	镍	58.6934	Sn	锡	118.710
B	硼	10.811	Gd	钆	157.25	No	锘	[259.10]	Sr	锶	87.62
Ba	钡	137.327	Ge	锗	72.64	Np	镎	[237.05]	Ta	钽	180.9479
Be	铍	9.012182	H	氢	1.00794	O	氧	15.9994	Tb	铽	158.92534
Bh	𬭳	[264.12]	He	氦	4.002602	Os	锇	190.23	Tc	锝	[97.907]
Bi	铋	208.98038	Hf	铪	178.49	P	磷	30.973761	Te	碲	127.60
Bk	锫	[247.07]	Hg	汞	200.59	Pa	镤	231.03588	Th	钍	232.0381
Br	溴	79.904	Ho	钬	164.93032	Pb	铅	207.2	Ti	钛	47.867
C	碳	12.0107	Hs	𬭴	[265.13]	Pd	钯	106.42	Tl	铊	204.3833
Ca	钙	40.078	I	碘	126.90447	Pm	钷	[144.91]	Tm	铥	168.93421
Cd	镉	112.411	In	铟	114.818	Po	钋	[208.98]	U	铀	238.02891
Ce	铈	140.116	Ir	铱	192.217	Pr	镨	140.90765	V	钒	50.9415
Cf	锎	[251.08]	K	钾	39.0983	Pt	铂	195.078	W	钨	183.84
Cl	氯	35.453	Kr	氪	83.798	Pu	钚	[244.06]	Xe	氙	131.293
Cm	锔	[247.07]	La	镧	138.9055	Ra	镭	[226.03]	Y	钇	88.90585
Co	钴	58.933200	Li	锂	6.941	Rb	铷	85.4678	Yb	镱	173.04
Cr	铬	51.9961	Lr	铹	[260.11]	Re	铼	186.207	Zn	锌	65.409
Cs	铯	132.90545	Lu	镥	174.967	Rf	𬬻	[261.11]	Zr	锆	91.224
Cu	铜	63.546	Md	钔	[258.10]	Rh	铑	102.90550			
Db	𬭊	[262.11]	Mg	镁	24.3050	Rn	氡	[222.02]			
Dy	镝	162.500	Mn	锰	54.938049	Ru	钌	101.07			

注：表中数据引自 2003 年国际原子量表，以 $^{12}C=12$ 为基准，[ ] 中为稳定同位素。

附录 18　相关网站

1. 国家标准网：http://www.biaozhun8.cn/
2. 国家标准查询网：http://cx.spsp.gov.cn/index.aspx? Token＝$Token$&First＝First
3. 全球标准查询网：http://www.standard123.com/
4. 中国化工标准网：http://www.chemstandard.com.cn/
5. 中国专利查询系统：http://cpquery.sipo.gov.cn/
6. 中华人民共和国国家知识产权局：http://www.sipo.gov.cn/

7. 中国专利信息中心：http://www.cnpat.com.cn/

8. 无量专利网：http://www.standard123.com/

9. 欧洲专利局：http://www.epo.org/

10. 中国化学会：http://www.chemsoc.org.cn/

11. 中国化工网：http://china.chemnet.com/

12. 化学信息网：http://chin.csdl.ac.cn/

13. 中国化工仪器网：http://www.chem17.com/

14. 中国化学仪器网：http://www.chemshow.cn/

15. 实验室信息网：http://www.lab365.com/

16. 中国分析网：http://www.analysis.org.cn/

17. 中国化学试剂网：http://www.cnreag-apoa.com/

18. 化工产品查询网：http://www.ichemistry.cn/chemtool/chemicals.asp

19. Alfa Aesar（阿法埃莎）试剂网：http://www.alfachina.cn/AlfaAesarApp/faces/

20. Sigma 试剂网：http://www.sigmaaldrich.com/china-mainland.html

21. 百灵威试剂网：http://www.jkchemical.com/

参 考 文 献

[1] 倪静安，商少明，翟斌. 无机及分析化学（第二版）. 北京：化学工业出版社，2005.05
[2] 倪静安，高世萍，等. 无机及分析化学实验. 北京：高等教育出版社，2007.02
[3] 南京大学《无机及分析化学实验》编写组. 无机及分析化学实验（第四版）. 北京：高等教育出版社，2007.04
[4] 方国女，王燕，周其镇. 大学基础化学实验（Ⅰ）（第二版）. 北京：化学工业出版社，2005.05
[5] 天津大学无机化学教研室. 无机化学实验. 北京：高等教育出版社，2012.08
[6] 大连理工大学无机化学教研室. 无机化学实验（第二版）. 北京：高等教育出版社，2004.06
[7] 北京大学化学与分子工程学院分析化学教学组. 基础分析化学实验. 北京：北京大学出版社，2010.02
[8] 武汉大学主编. 分析化学实验（第五版，上册）. 北京：高等教育出版社，2011.01
[9] 张济新，邹文樵. 实验化学原理与方法. 北京：化学工业出版社，1999.03
[10] 孙尔康. 化学实验基础. 南京：南京大学出版社，1991.09
[11] 刘宗明. 化学实验操作经验集锦. 北京：高等教育出版社，1989.06
[12] 蔡肇霞，耿明华. 定量化学分析仪器的正确使用. 北京：科学出版社，1985.06